Peter S. Maitland

Der Kosmos-Fischführer

Die Süßwasserfische Europas
in Farbe
mit 248 Farbbildern und 121 Zeichnungen

Kosmos · Gesellschaft der Naturfreunde
Franckh'sche Verlagshandlung · Stuttgart

Berechtigte Übertragung aus dem Englischen von Dr. Hans-Heinrich Vogt, Alzenau
Titel der Originalausgabe: "The Hamlyn Guide to Freshwater Fishes of Britain and Europe", erschienen bei The Hamlyn Publishing Group Limited, 1977 unter ISBN 0 600 339 866 und ISBN 0 600 336 247 (cased edition)

Mit 248 farbigen Illustrationen von Keith Linsell und 121 einfarbigen Zeichnungen von Jennifer Middleton

Umschlag von Edgar Dambacher unter Verwendung von 2 Textillustrationen von Keith Linsell. Sie zeigen von oben nach unten: Flußbarsch und Rotfeder

CIP-Kurztitelaufnahme der Deutschen Bibliothek

Maitland, Peter S.
Der Kosmos-Fischführer : d. Süsswasserfische Europas in Farbe / Peter S. Maitland. [Mit 248 farb. Ill. von Keith Linsell u. 121 einfarb. Zeichn. von Jennifer Middleton. Berecht. Übertr. aus d. Engl. von Hans-Heinrich Vogt]. – 2. Aufl. – Stuttgart : Franckh, 1983.
(Kosmos-Naturführer)
Einheitssacht.: The Hamlyn guide to freshwater fishes of Britain and Europe ‹dt.›
ISBN 3-440-05241-9

2. Auflage, 16.–20. Tausend
Franckh'sche Verlagshandlung, W. Keller & Co., Stuttgart / 1983

Printed in Spain / Imprimé en Espagne / LH 14 Ste / ISBN 3-440-005241-9
Satz: Konrad Triltsch, Graph. Betrieb, Würzburg
Herstellung: Printer Industria Grafica, Barcelona D.L.B. 20.915-1983

Der Kosmos-Fischführer

Wie benutzen wir dieses Buch?

Wie andere Bücher dieser Serie (zum Beispiel Bruun / Singer / König, Der Kosmos-Vogelführer) umfaßt auch dieser Führer den Kontinent Europa, begrenzt vom Atlantik, dem Mittelmeer, dem Bosporus, dem Schwarzen Meer, dem Kaukasus, dem Kaspisee, dem Uralfluß, dem Uralgebirge und dem Arktischen Ozean (Bild 1). Dieses ganze Gebiet stellt eine Landmasse von mehr als 10 Millionen Quadratkilometern dar und besitzt sehr verschiedene Süßwasserbiotope: von den kalten, tiefen nördlichen Seen und Flüssen, von denen einige die meiste Zeit des Jahres zugefroren sind, bis zu den warmen, flachen Tümpeln und Strömen im Mittelmeergebiet, die niemals gefrieren.

Das Buch beginnt zunächst mit einer allgemeinen Betrachtung der Fische, ihrem Bau und ihrer Physiologie, ihrem Verhalten und ihrer Entwicklung, ihrer Ökologie und Verbreitung. Darauf folgt ein Überblick über ihre Bedeutung für den Menschen, nicht nur in wirtschaftlicher Hinsicht, sondern auch aus dem Blickwinkel des Sports, der Ästhetik und der Wissenschaft. Das zweite Kapitel bringt einen Bestimmungsschlüssel für die Fischfamilien, die man im europäischen Süßwasserbereich findet. Er basiert auf dem üblichen dichotomen Schema, bei dem der Benutzer, der einen Fisch bestimmen will, jeweils zwischen zwei Alternativen zu wählen hat. Er folgt dann den Kriterien, die auf die Art am besten zutreffen. Nachdem der Leser sich für eine Möglichkeit entschieden hat, geht er zum nächsten Kriterienpaar über, und so gelangt er schließlich zu einer bestimmten Familie. Die Bestätigung erhält der Leser im allgemeinen durch den Hinweis auf eine Abbildung, die das Charakteristische der betreffenden Gruppen wiedergibt. Das dritte Kapitel des Buches ist wahrscheinlich das wichtigste und stellt einen Führer zu den einzelnen Arten dar, und zwar familienweise. Hat man die Familie des fraglichen Fisches nach dem ersten Bestimmungsschlüssel gefunden, so gelangt man auf ähnliche Weise innerhalb der Familie bis zur letzten Identifizierung der Species. Das Ergebnis kann man dann an Hand der Farbabbildung und bis zu einem gewissen Grad auch an der Verbreitungskarte kontrollieren. Doch sollte man sich stets daran erinnern, daß Fische fortwährend in Bewegung sind und neue Lebensräume aufsuchen.

Oft ist es nicht nötig, den ganzen Bestimmungsschlüssel für eine Identifizierung zu benützen. Dies gilt vor allem für stark abweichende oder gut bekannte Arten. Wenn der Leser zum Beispiel einen aalartigen Fisch mit einem Flossenpaar bestimmen will, so entnimmt er der Seite 58 unmittelbar, daß es sich um die Familie Anguillidae handelt. Schlägt er dann die dazugehörige Seite im Artenführer auf, so findet er, daß es – falls ein europäischer Süßwasserfisch vorliegt – nur der gewöhnliche Aal sein kann: *Anguilla anguilla*.

Die deutschen Namen in diesem Führer sind die, die üblicherweise gebraucht werden; es folgt jeweils der dazugehörige wissenschaftliche Name. Er besteht aus zwei Teilen, dem Gattungsnamen (unserem Zunamen vergleichbar) und dem Artnamen (unserem Vornamen entsprechend). Wo es für eine Art keinen deutschen Ausdruck gibt, wird die am besten passende ausländische Bezeichnung oder ihre deutsche Übersetzung angegeben.

Für jede Art findet man Text, Verbreitungskarte und Bild an der gleichen Stelle. Der Text wurde so weit wie möglich vereinheitlicht, um Vergleiche zu erleichtern; er enthält Angaben über Größe, Verbreitung, Brutverhalten und Wachstum, Nahrung und Bedeutung jeder europäischen Art. Die Karten zeigen die Verbreitung im Süßwasser in Rot und, sofern erforderlich, die Verbreitung im Brackwasser in Schwarz. Man möge stets daran denken, daß jede Art innerhalb ihres Verbreitungsgebietes nur in einem geeigneten Wassertyp und nirgendwo anders sonst vorkommt. Im allgemeinen ist eine Art durch eine Abbildung wiedergegeben, ausgenommen dort, wo es größere Geschlechtsunterschiede (wie zum Beispiel beim Dreistacheligen Stichling) oder besondere Farbvarietäten (wie zum Beispiel bei der Orfe) gibt.

Bild 1. Landkarte Europas mit einigen wichtigen Flüssen und Städten.

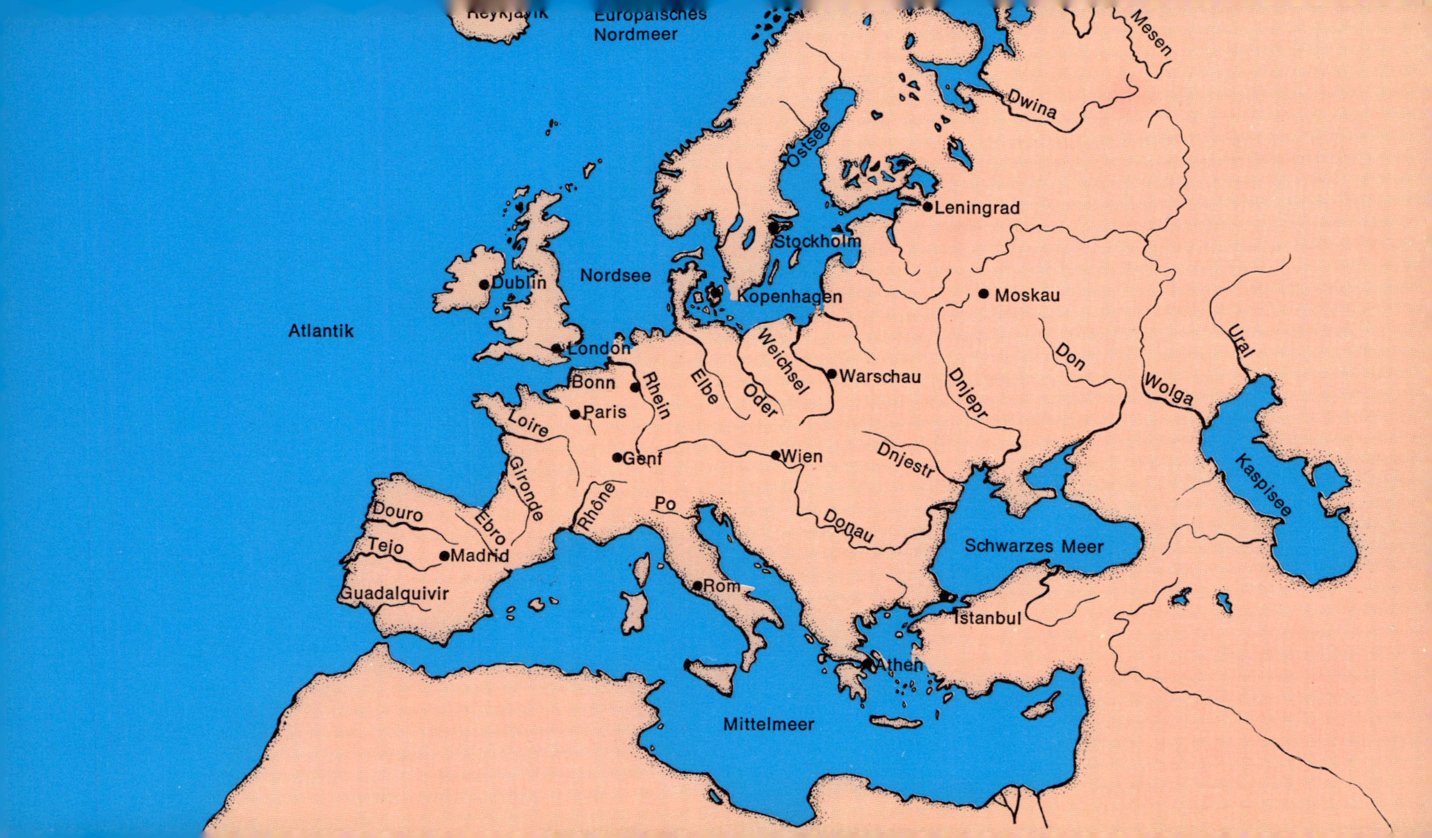

Europäisches Nordmeer
Mesen
Dwina
Ostsee
Leningrad
Stockholm
Nordsee
Dublin
Kopenhagen
Moskau
Atlantik
London
Weichsel
Ural
Don
Warschau
Bonn
Rhein
Elbe
Oder
Dnjepr
Wolga
Paris
Loire
Genf
Wien
Dnjestr
Kaspisee
Gironde
Rhône
Po
Douro
Ebro
Donau
Schwarzes Meer
Tejo
Madrid
Rom
Guadalquivir
Istanbul
Athen
Mittelmeer

Die Süßwasserfische der europäischen Gewässer

Die wichtigsten Bücher über Süßwasserfische sind im Literaturverzeichnis aufgeführt. Viele Arten werden dort oft nur durch Vergleich mit den Bildern bestimmt – eine recht ungenaue Methode. In den meisten älteren Werken fehlen außerdem jene Arten, die erst vor kurzem eingeführt wurden (z. B. Forellenbarsch, Buckellachs). Im vorliegenden Führer dagegen lassen sich alle Fischarten, die wir regelmäßig im europäischen Süß- und Brackwasser antreffen, auf einfache und doch verläßliche Weise bestimmen.
Dieser Führer enthält sowohl Rundmäuler (Cyclostomen) als auch Fische. Da ja die Rundmäuler zu den Agnatha gehören und daher keine Kiefer im eigentlichen Sinn besitzen, sind nur die letztgenannten Tiere echte Fische. In diesem Buch werden aus Gründen der Zweckmäßigkeit unter der Bezeichnung Fische die Rundmäuler und die echten Fische zusammengefaßt.
Leider wissen wir über viele europäische Fische noch sehr wenig, und es ist tatsächlich zweifelhaft, ob verschiedene Arten, die hier aufgeführt sind, wirklich eigene Arten darstellen. Wahrscheinlicher dürfte sein, daß es sich bei ihnen einfach um lokale Rassen einer weiter verbreiteten Art handelt. Bis jedoch die betreffenden Gruppen von kompetenten Systematikern erneut untersucht werden, muß man diese „Arten" als gegeben betrachten.
In diesem Führer werden alle Fischarten berücksichtigt, von denen man weiß, daß sie in Europa im Süßwasser vorkommen. Einige andere Gruppen wurden ebenfalls aufgenommen. Hiervon sind am wichtigsten die Brackwasserformen, die – wenngleich ursprünglich marin – regelmäßig im Brackwasser vorkommen und mitunter auch im Süßwasser. Marine Arten, die man nur hin und wieder im Brackwasser findet, sind allgemein nicht in den Bestimmungsschlüssel miteinbezogen worden. Einige davon sind dort erwähnt, wo Verwechslungen mit echten Brackwasserfischen möglich sein könnten. Notwendigerweise bleibt die Entscheidung, ob die eine oder andere Art aufgenommen werden sollte oder nicht, ziemlich willkürlich. Die Mehrzahl der Süßwasserfischfauna Europas ist einheimisch, es gibt aber auch mehrere eingeführte Arten, die hier sich gut entwickelt und gelaicht haben, wobei sie mitunter beachtliche Areale besiedelten. Solche Arten sind in den folgenden Bestimmungsschlüssel aufgenommen worden. Andere Species von Süßwasserfischen, die für Europa zweifelhaft sind, wurden weggelassen. Das gilt unter anderem für verschiedene tropische Arten, die in Warmwasserabflüssen vorkommen (zum Beispiel den Guppy, *Lebistes reticulatus*), ferner für solche, die in mäßig warmem Wasser vorkommen sollen, für die es aber keinen Beweis einer echten Populationsbildung gibt.
Dieser Führer ist für Feldbeobachtungen gedacht, so daß Fische, die gefangen wurden, wieder lebend ins Wasser zurückgesetzt werden können, nachdem man sie geprüft und bestimmt hat. Hierbei sollten die Exemplare stets so kühl und so feucht wie möglich gehalten werden. Bei den Eigenschaften, die für die Unterscheidung der Familien und Arten benutzt werden, handelt es sich hauptsächlich um äußere Merkmale. Soweit möglich, verwendet der Schlüssel objektive und eindeutige Kriterien. In einigen Fällen ist es jedoch nötig, auf Eigenschaften zurückzugreifen, die das Töten und Zerlegen des Fisches erfordern. Es handelt sich dabei im wesentlichen um Merkmale im Bereich des Kopfes – Schlundknochen (Karpfenfische), Vomer (Lachsfische), Kiemen (Heringe) usw.
Wie schon erwähnt, folgt der Schlüssel dem gegabelten (dichotomen) Schema, das bei vielen Feldbestimmungsbüchern üblich ist. Wo dies möglich war, wurden mehrere unterschiedliche Merkmale an jedem einzelnen Punkt benutzt, und diese Merkmale sollten in Verbindung miteinander gesehen werden. Jede Art ist abgebildet, und nach der Bestimmung mit Hilfe des Textes ist es angebracht, die betreffende Illustration zu Rate zu ziehen. Man muß stets die Möglichkeit im Auge behalten, daß es sich um ein sehr junges oder mißgebildetes Exemplar oder um ein Kreuzungsprodukt handeln kann.
Die häufigsten numerischen Merkmale, die in dem Schlüssel verwendet werden, sind die Zahlen der

Flossenstrahlen und der Schuppen. Bei den Flossenstrahlen, die in diesem Zusammenhang erwähnt werden, enthält die Zahl für jede Flosse sowohl die verzweigten als auch die unverzweigten Strahlen. Die wichtigsten Schuppenzahlen werden entlang der Seitenlinie bestimmt, wobei man bei der ersten Schuppe hinter dem Operculum (Kiemendeckel) beginnt und bei der letzten Schuppe vor der Schwanzflosse endet. Auch einige diagonale Schuppenzahlen finden Verwendung: Sie werden normalerweise von der Seitenlinie aufwärts bis zur Fettflosse gezählt, wo eine solche vorhanden ist, ferner von der Seitenlinie abwärts bis zur Afterflosse. Gelegentlich zählt man von der Seitenlinie nach oben bis zur Rückenflosse und nach unten bis zur Bauchflosse.

Wo im Schlüssel Farben verwendet werden, beziehen sie sich auf den frischen Fisch und sind unabhängig von Größe (über Larven und Jugendstadien), Geschlecht und Zustand, falls nichts anderes angegeben ist. Bei manchen Arten ist die genaue Geschlechtsbestimmung nur durch Sektion der Geschlechtsorgane möglich, insbesondere außerhalb der Brutzeit. Bei anderen gibt es konstante äußere Geschlechtsunterschiede. Diese sind im Schlüssel nicht enthalten.

Verschiedene Fischarten in Europa kreuzen sich in der Natur recht häufig miteinander. Solche Hybriden sind verständlicherweise ziemlich schwer mit einem solchen Schlüssel zu identifizieren, und im allgemeinen liegen ihre Merkmale in der Mitte zwischen denen der beiden Elternarten. Es gehört zum Wesen der Artbildung, daß leider gerade jene Fischarten, die einander sehr ähnlich (und dadurch schwierig zu identifizieren) sind, sich auch sehr leicht miteinander kreuzen. Europa weist eine sehr große Variabilität von Hybriden auf. Am meisten trifft dies auf die Familie der Karpfenfische zu.

Gewichtsumrechnung

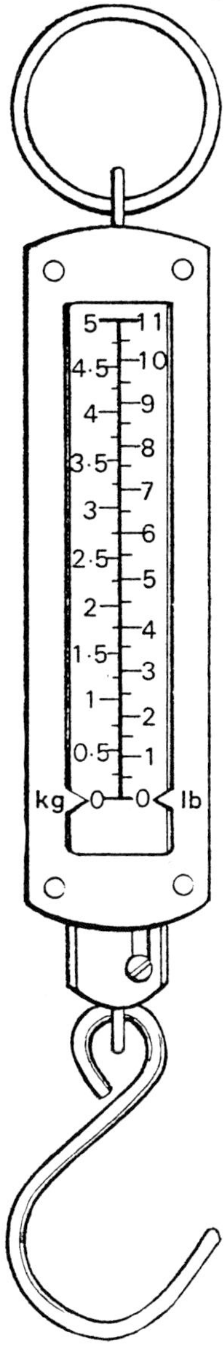

Bild 2. Die in dem Buch verwendeten metrischen Maße in deutschen und englischen Einheiten.

Längenumrechnung

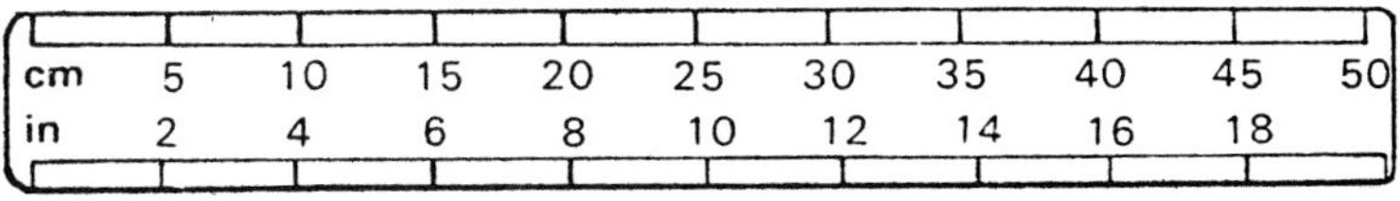

Anatomie

Der Kopf

Die meisten der deutlich sichtbaren äußeren Sinnesorgane liegen bei Fischen am Kopf: ein Paar Augen, die Nasenöffnungen (normalerweise paarig) und häufig Bartfäden, die in Zahl, Größe und Stellung je nach Art schwanken. Der vor dem Maul gelegene Teil des Kopfes heißt Schnauze. Bei einigen Fischarten ist sie als Rüssel ausgebildet. Das Maul kann end-, ober- oder unterständig sein. Systematisch wichtig sind: Oberkiefer (Maxillare), vorderer Oberkieferteil (Prämaxillare), Pflugscharbein (Vomer, Bild 3), Zungenbein (Hyoid), Gaumen (Palatinum) usw. Mehrere dieser Knochen tragen mitunter lange oder kurze Zähne, die ständig oder temporär sein können. Bei erwachsenen Neunaugen sind Mundscheiben mit Zähnen über und unter dem Maul vorhanden (Bild 29). Wo das Maul in den Schlund übergeht, finden sich bei manchen Fischen an der Rückseite sog. Schlundknochen, die für die Bestimmung von Karpfenfischen (Bild 3) äußerst wichtig sind. Bild 4 zeigt Form und Lage der Knochen im Fischmaul.

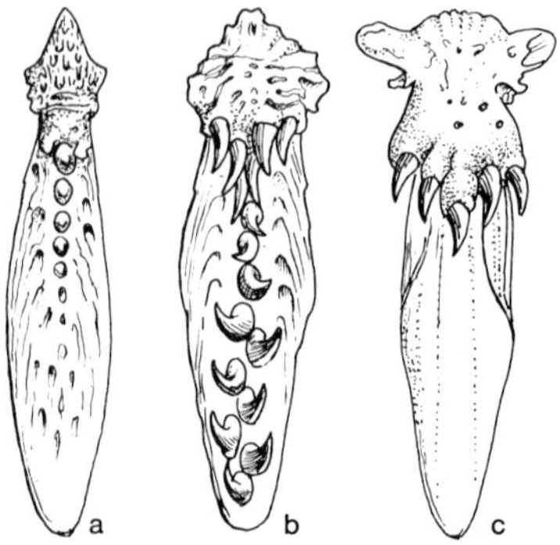

Bild 3 a. Typisches Pflugscharbein eines Lachsfisches: a: Lachs, b: Forelle, c: Seesaibling.

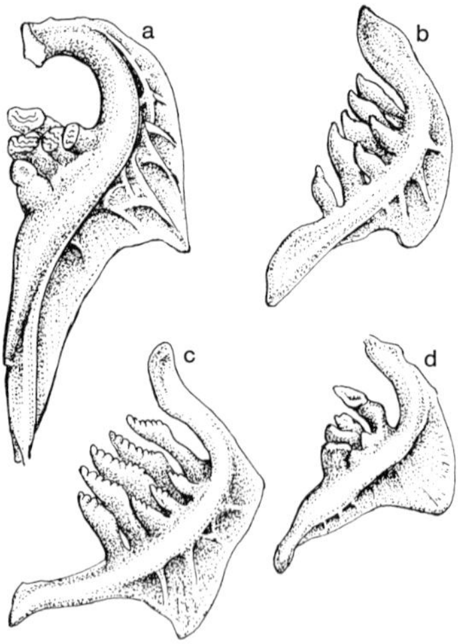

Bild 3 b. Typischer Schlundknochen eines Karpfenfisches: a: Karpfen, b: Brachsen, c: Rotfeder, d: Schleie.

Der Nahrungskanal

Der Schlund geht in die Speiseröhre (Ösophagus) über, die in den Magen mündet. Die aufgenommene Nahrung bleibt einige Zeit im Magen und kommt dann in den Darm, wo sie verdaut wird. Das Unverdaute gelangt über den Enddarm durch den After als Kot nach außen. Die meisten Fische regeln ihren Auftrieb im Wasser mit einer Schwimmblase oberhalb des Darms, die bei manchen Gruppen durch einen lufthaltigen Gang mit der Speiseröhre verbunden ist.

Die Kiemen

Seitlich vom Schlund befinden sich rechts und links Hohlräume, die zu den Hauptatmungsorganen, den Kiemen, führen. Sie bilden die Branchialregion (Bild 5). Jede Kieme besteht im wesentlichen aus einem kräftigen Kiemenbogen, auf dessen einer Seite sich ein Satz kammartiger Zinken befindet. Deren Aufgabe ist es zu verhindern, daß Material aus dem Maul an die empfindlichen blutgefüllten Atmungslamellen gerät, die auf der anderen Seite des Kiemenbogens aufgereiht sind. Normalerweise zählt man vier Kiemen an jeder Seite. Die Durchgänge zwischen ihnen führen an den Kiemenöffnungen nach außen. Bei den meisten Arten werden sie von einem einfachen knöchernen Kiemendeckel auf jeder Seite geschützt, den man Operculum nennt.

Die Haut

Der ganze Körper ist mit Haut bedeckt; darin liegen bei den meisten

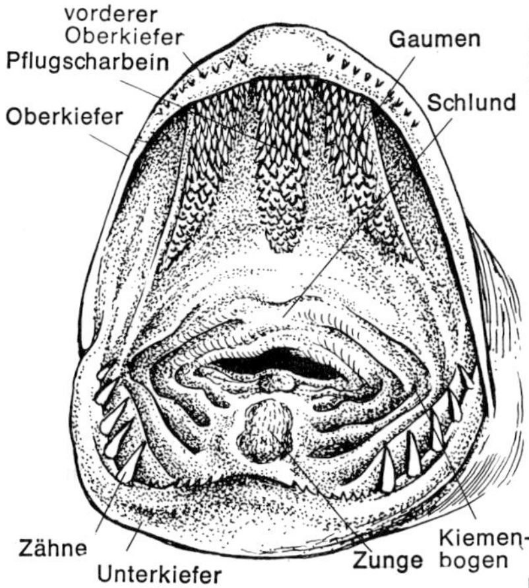

Bild 4. Geöffnetes Maul eines Hechtes mit den wichtigsten Knochen und Zähnen.

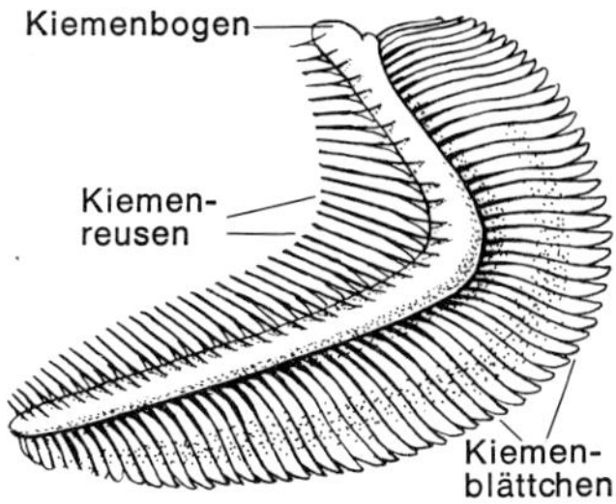

Bild 5. Typische Fischkieme.

Fischen kleine knöcherne Platten, die Schuppen. Sie bilden einen schützenden, doch äußerst biegsamen Überzug, der die meisten Körperteile mit Ausnahme des Kopfes umhüllt. Den Schutz des Kopfes übernehmen die Schädelknochen. Zahl und Aufbau der Schuppen wechseln von Art zu Art, und häufig sind sie zur Bestimmung wichtig (Bild 6). Einige Fischarten haben keine Schuppen; bei anderen werden sie ersetzt durch isoliert liegende knöcherne Schilde, die aus der Haut herausragen. In der Haut befinden sich auch verschiedene Arten von Farbzellen, die an der Färbung der Fische wesentlichen Anteil haben. Obwohl die Farbmusterung ein nützliches Kriterium bei der Unterscheidung verschiedener Fischarten ist, sollte man sie doch mit Vorsicht betrachten, denn selbst innerhalb einer einzigen Art

Bild 6. Fischhaut und Fischschuppen: a = Seitenansicht von Schuppen in der Nähe der Seitenlinie; b = Schnitt durch die Seitenlinie mit den Kanälen, die die einzelnen Schuppen durchziehen; c = Schuppe; d = Lederkarpfen; e = Spiegelkarpfen.

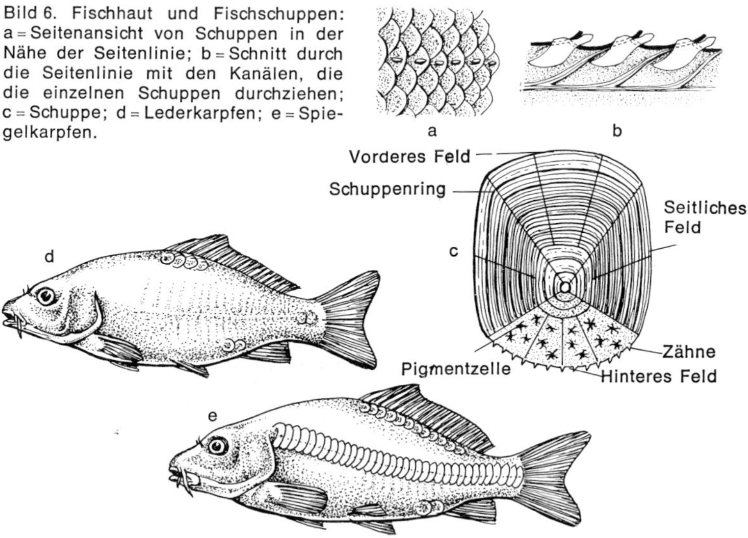

kann die Farbe mit Alter, Geschlecht, Jahreszeit, Tageszeit, Erregungszustand usw. erheblich variieren.
Für den Fischbiologen sind die Schuppen mehr als nur ein Teil der Fischanatomie. Wegen ihres Aufbaues und der Weise, wie sie in der Haut des Fisches angeordnet sind, stellt jede Schuppe eine Art Wachstumskalender ihres Trägers dar, vergleichbar mit den Jahresringen eines Baumes (Bild 7). So kann ein kompetenter Biologe häufig aus einer einzigen Schuppe eines ausgewachsenen Fisches die Art bestimmen, das Alter in Jahren angeben und aussagen, wie oft das Tier gelaicht hat. Bei wandernden Fischen kann er nicht selten feststellen, wie lange das Exemplar sich in Süß- oder Salzwasser aufgehalten hat oder wie lange das Tier im Heimatfluß oder Heimatsee verblieben war. Daher ist eine genaue Kenntnis der Schuppenanatomie für einen guten Ichthyologen unerläßlich.
Die allgemeinen Kriterien von Fischschuppen zeigt Bild 6. Nur einige Fischfamilien haben keine Schuppen. Wo Schuppen vorhanden sind, findet man normalerweise Unterschiede je nach der Herkunft von bestimmten Körperteilen – die aus der Kopfregion, von der Seitenlinie und in der Nachbarschaft der Flossen zeigen gewisse Abweichungen in der Gestalt. Die meisten Bestimmungsschlüssel beziehen sich auf die typischen Körperschuppen (stets die große Mehrzahl), die man über und unter der Seitenlinie zwischen Kopf und Schwanz findet. Die Schuppen überlappen sich wie Ziegel auf einem Dach, jedoch sieht man im Gegensatz zu Dachziegeln normalerweise viel weniger als die Hälfte jeder Schuppe. Die Weite und Zahl der Schuppenringe hängt vom Wachstum der Fische ab: Breite Ringe bedeuten gutes Wachstum (gewöhnlich im Sommer), enge Ringe weisen auf verlangsamtes Wachstum hin (gewöhnlich im Winter). Gruppen von schmalen Ringen bilden sich normalerweise in jedem Winter; man nennt sie Annuli. Außer den Schuppen lassen sich auch andere knöcherne Teile des Körpers zur Altersbestimmung heranziehen, vor allem die Kiemendeckelknochen und die Otolithen (siehe unten).
Bei den meisten Fischen findet sich an jeder Körperseite eine Seitenlinie. Dies ist ein langer, mit Sinneszellen besetzter Kanal dicht unter der Haut. Er steht mit dem freien Wasser durch eine Reihe von Poren in Verbindung. Diese Poren durchziehen oft bestimmte Schuppen. Die Hauptaufgabe der Seitenlinie ist sensorischer Art – der empfindliche Nachweis verschiedener Vibrationen des Wassers. Abzweigungen des

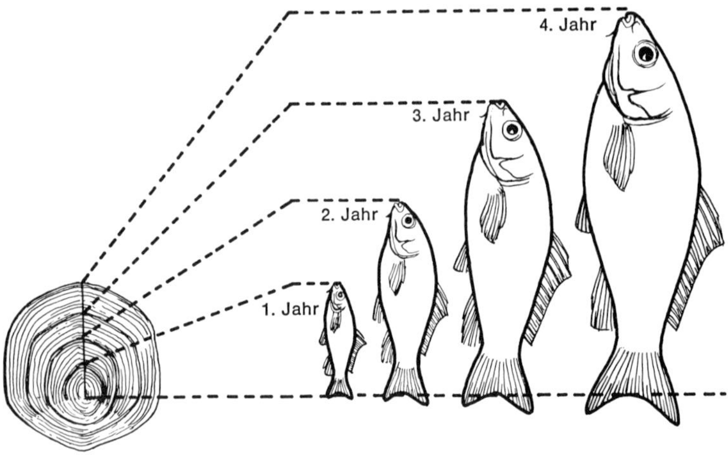

Bild 7. Verhältnis des Körperwachstums zur Schuppengröße bei einem Karpfenfisch.

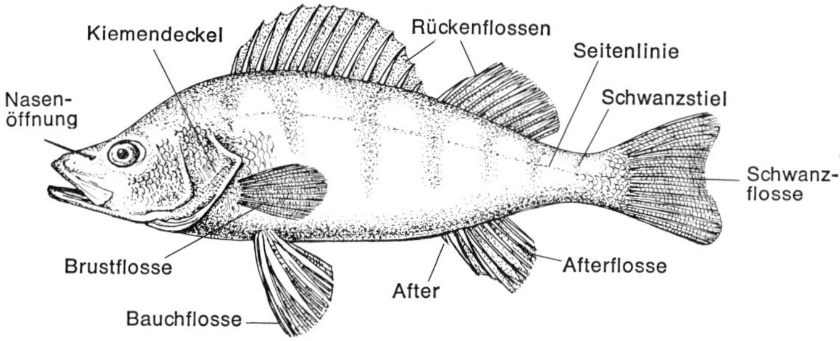

Bild 8. Die wichtigsten äußeren Kennzeichen eines typischen Fisches (Seitenansicht).

gleichen Systems verlaufen nach vorn in die Kopfregion.

Die Flossen

Die typische Anordnung der Flossen bei einem Fisch zeigt Bild 8. Es gibt zwei Arten von paarigen Flossen, die beide an der Unterseite lokalisiert sind, die Brust- und die Bauchflossen. Sie entsprechen den Vorder- und Hinterbeinen der Landwirbeltiere. Der Rücken trägt eine Rückenflosse. Sie kann gelegentlich aus zwei voneinander getrennten Teilen bestehen oder in zwei separate Flossen geteilt sein. Mitunter wird auch der vordere Abschnitt von mehreren isolierten Stacheln gebildet. Hinter der Rückenflosse tragen die Lachsfische und verwandte Familien eine kleine fleischige Flosse ohne Strahlen, die Fettflosse. Der Körperteil hinter dem After ist als Kaudalregion bekannt. Bauchwärts, dicht hinter dem After, liegt die Afterflosse, während noch weiter hinten, wo der Körper sich zum Kaudalstiel verjüngt, die unpaare Schwanzflosse zu finden ist. Die versteifenden Bauteile von Flossen heißen Strahlen. Sie können verzweigt oder unverzweigt sein und stellen oft nützliche systematische Hilfsmittel dar.

Das Skelett und die inneren Organe

Das Körperinnere weist einige wichtige Züge auf, deren Verständnis notwendig ist. Wie bei anderen Wirbeltieren wird der Körper des Fisches von einer knöchernen, doch biegsamen Wirbelsäule gestützt. Hiermit verbunden sind Kopf und Flossen des Fisches, ferner die zahlreichen Muskelpakete (häufig durchsetzt mit feinen Knochen), die auf beiden Seiten des Fischkörpers liegen. Mit Hilfe der Muskeln erfolgt

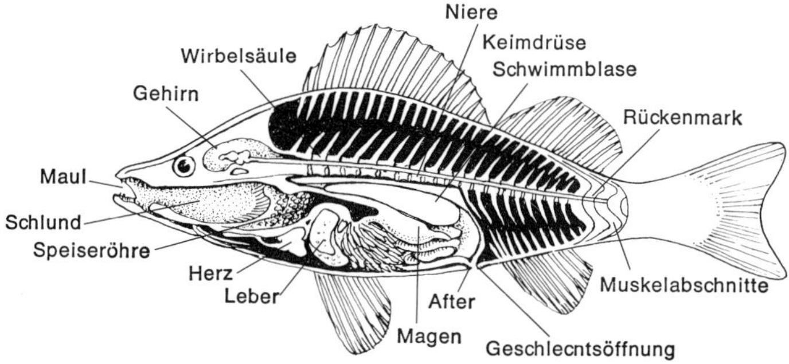

Bild 9. Die wichtigsten inneren Organe eines typischen Fisches (Seitenansicht).

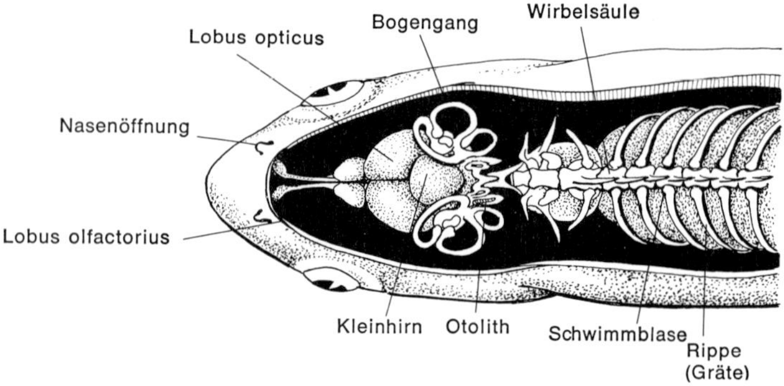

Bild 10. Gehirn und Gleichgewichtsorgane eines Karpfenfisches (Rückenansicht).

der Antrieb, und auf sie haben es Räuber und Menschen abgesehen.
Unter der Wirbelsäule weitet sich die große Körperhöhle des Fisches aus, die viele der lebenswichtigen Organe enthält (Bild 9). Diese lassen sich eigentlich nur durch Sezieren prüfen und werden normalerweise beim Ausnehmen vollständig entfernt. Den Darm haben wir bereits erwähnt. Mit ihm verbunden ist die Leber, die der Mensch häufig als Nahrung oder zur Gewinnung eines hochwertigen Öls verwendet. An jeder Seite oberhalb vom Darm liegen normalerweise die Geschlechtsorgane – verhältnismäßig einfach gebaut bei den meisten Fischen. Sie bestehen aus zwei langgestreckten Beuteln, die neben dem After durch Geschlechtsgänge nach außen münden. Bei vielen Fischen kann das Geschlecht nur an Hand dieser Gonaden bestimmt werden. Die Weibchen haben Eierstöcke (Ovarien), die üblicherweise leicht erkennbare kugelige Eier enthalten, oft gelb oder orange gefärbt. Die Hoden der Männchen sind normal ziemlich glatt und von weißlicher Farbe. Unmittelbar unter der Wirbelsäule liegen bei den meisten Fischen die Nieren und die Schwimmblase. Die letztere gestattet das Aufrechterhalten des geeigneten Auftriebs dadurch, daß sie ihr Volumen durch Gasabgabe an oder Gasaufnahme aus dem Blut den Bedingungen anpaßt. Dies bedeutet, daß der Fisch sich nicht anzustrengen braucht, um die vertikale Position im Wasser zu halten.
Unter dem Kopf und unmittelbar hinter den Kiemen liegt das muskulöse Herz, das dafür verantwortlich ist, daß Blut zur Oxidation durch die Kiemen und dann durch den Körper des Fisches gepumpt wird. Das Gehirn liegt gut geschützt im Inneren einer knöchernen Kapsel. Obwohl es viel einfacher als die vergleichbare Struktur bei Vögeln und Säugetieren gebaut ist, stellt es dennoch ein kompliziert gelapptes Organ dar (Bild 10). Auf der Oberseite des Kopfes – ebenfalls eingeschlossen in Knochen – findet man die inneren Ohrgänge oder Bogengänge. Sie sind besonders wichtig für das Gleichgewichthalten. Darin befindet sich in einer Kammer ein abgeschiedenes loses Stück Calciumcarbonat, das man als Otolithen (s. Seite 10) bezeichnet. Dieses Partikel wächst ebenso wie die Schuppen im Verhältnis zur Größe des Fisches.

Physiologie

Die Verdauung

Wie alle anderen Tiere brauchen Fische zum Leben und Wachsen Nahrung. Diese Nahrung wird zunächst immer von Pflanzen produziert, kann aber in den betreffenden Fisch indirekt auf dem Weg über ein wirbelloses Tier oder über eine noch komplexere Nahrungskette gelangen. Durch Feldbeobachtungen und Experimente im Labor haben die Fischbiologen vieles über das Freßverhalten und die Nahrungsarten sowie über den Nährwert des Futters verschiedener Species herausgefunden. Zahlreiche Arbeiten hierüber sind neueren Datums und stehen in Verbindung mit der Entwicklung der Fischzucht, die noch behandelt werden soll.

Wir haben Maul und Darm eines Fisches schon kurz beschrieben. Oft denkt man nicht daran, daß außer dem Maul auch der Darm dem aufzunehmenden Nahrungstyp angepaßt ist. So sind Speiseröhre und Magen bei räuberischen Fischen sehr dehnbar, was das Verschlingen ganzer Fische möglich macht, die im Verhältnis zu ihren eigenen Dimensionen recht groß sind. Der eigentliche Zweck des Verdauungssystems liegt im Abbau der Nahrungsstoffe (auf mechanischem und biochemischem Wege) in lösliche Substanzen, die durch die Darmwand aufgenommen und vom Fisch für Wachstum und Stoffwechsel genutzt werden können. Nach der Nahrungsaufnahme wird das Verdauliche von verschiedenen Enzymen angegriffen, die vom Darm und seinen Anhangsdrüsen sezerniert werden. Von diesen Organen ist die Leber am wichtigsten. Sie scheidet Gallenflüssigkeit ab, ein wesentliches Hilfsmittel bei der Verdauung. Die Leber fungiert auch als Vorratsbehälter und Reaktionsgefäß für Nahrungsstoffe, nachdem diese absorbiert worden sind.

Bewegungswellen der sich zusammenziehenden Muskeln in der Darmwand schieben die Nahrung im Darm weiter. Obwohl bei einigen Fischen in geringem Ausmaß Absorption im Magen stattfindet, werden doch die meisten Nahrungsstoffe erst im Darm dem Blutstrom zugeführt, und zwar in Form löslicher Fette, Eiweiße und Kohlenhydrate. Nach der Verdauung kann die Nahrung dann zur Erzeugung von Bewegungsenergie genutzt werden, zum Ersatz verbrauchter Substanz, zur Regeneration alter Zellen oder für das Wachstum. Da ja die Körpertemperatur eines Fisches von der Temperatur seiner Umgebung abhängt, verlaufen all diese Stoffwechselvorgänge in der Wärme schnell und bei Kälte langsam. Der Nahrungsumsatz eines Fisches ist sehr variabel, aber man weiß zum Beispiel, daß Regenbogenforellen an Brutplätzen einen Umsetzungsfaktor von 3,5 aufweisen, d. h. je 3,5 Kilogramm aufgenommene Nahrung nehmen sie 1 Kilogramm an Gewicht zu.

Das Wachstum

Das Wachstum eines Fisches hängt eng mit der Qualität und Quantität der Nahrung zusammen, obwohl noch viele andere Faktoren (Raum, Temperatur usw.) eine Rolle spielen. Ein auffallendes Charakteristikum von Fischen ist ihre außergewöhnliche Anpassungsfähigkeit hinsichtlich des Wachstums. Wenn das Nahrungsangebot und andere Bedingungen günstig sind, können viele Fische sehr schnell wachsen, doch unter ungünstigen Verhältnissen – oft lange Zeit ohne Futter – sind sie in der Lage, sich ohne jedes Wachstum am Leben zu halten. Dies steht in bemerkenswertem Gegensatz zu der Situation bei den meisten Vögeln und Säugetieren, die in dieser Hinsicht weit weniger anpassungsfähig sind und ohne Nahrung gewöhnlich schon nach einer verhältnismäßig kurzen Zeit sterben. Im Unterschied zu Vögeln und Säugern wachsen Fische ihr ganzes Leben lang und hören damit nicht auf, wenn sie sexuell reif werden. Viele kleine Fischarten – besonders in tropischen Zonen – leben nur ein oder zwei Jahre, doch einige große Arten können bis zu 30 Jahre alt werden.

Das Kreislaufsystem

Das Kreislaufsystem der Fische ist physiologisch außerordentlich wichtig, hängt es doch eng mit Verdauung, Atmung und Ausscheidung zusammen. Seine Hauptaufgabe ist es, Sauerstoff und Kohlendioxid, Abfallstoffe der Zellen und Ausscheidungsprodukte, Mineralien und gelöste Nahrung im Körper zu transportieren. Ebenso wie bei anderen Wirbeltieren besteht das Blut der Fische aus einem flüssigen Plasma, in dem verschiedene Substanzen gelöst und feste Blutkörperchen suspendiert sind. Von den Blutzellen gibt es zwei Typen: Weiße Lymphozyten und Leukozyten und rote Erythrozyten. Das rote Hämoglobin der letzteren ist für den Sauerstofftransport im Blut außerordentlich wichtig. Die im Körper des Fisches vorhandene Blutmenge ist recht gering und macht gewöhnlich nur etwa zwei bis drei Prozent des Körpergewichts aus. Bei Säugetieren liegt der Wert bei mehr als sechs Prozent.

Das Kreislaufsystem der Fische ist verhältnismäßig einfach gebaut und besteht im wesentlichen aus einem zusammenhängenden Röhrensystem von Herz, Arterien, Kapillaren und Venen (Bild 11). Das Herz, das Klappen zur Verhinderung des Rückfließens besitzt, pumpt das Blut nach vorn in die Kiemen, wo es auf dem Weg durch feine Kapillaren in engen Kontakt mit dem Wasser gerät. Dann sammelt sich das Blut in Gefäßen, die es in die verschiedenen Gewebe des Körpers transportieren. Dort durchströmt es wiederum ein Kapillarsystem. Darauf gelangt das Blut in Venen und kommt wieder zum Herzen zurück. Ein Teil fließt allerdings zuvor durch die Leber und die Nieren, wo erneut ein Kapillarsystem eingeschaltet ist. Der Blutdruck erreicht seinen höchsten Wert beim Austritt aus dem Herzen, verringert sich dann beträchtlich bei jedem Durchgang durch ein Kapillarsystem und ist recht niedrig, wenn das Blut schließlich durch die Hauptkörpervenen wieder zum Herzen zurückkehrt.

Die Atmung

Wie bei anderen Tieren hat die Atmung bei Fischen die Aufgabe, Sauerstoff aufzunehmen und Kohlendioxid auszuscheiden. Kohlendioxid ist eines der wichtigsten Produkte der Lebenstätigkeit von Zellen. Die Kiemen der Fische entsprechen den Lungen vieler Landtiere und stellen den Ort dar, an dem Sauerstoff aus dem Wasser ins Blut aufgenommen und Kohlendioxid ausgeschieden wird. Bei einer Anzahl erwachsener Fische und vielen Jungtieren erfolgt ein Teil der Atmung durch die Haut. Es ist einleuchtend, daß die Atmung bei Fischen in enger Verbindung mit dem Kreislaufsystem steht, insbesondere im Bereich der Kiemen.

Man unterscheidet zwei Haupttypen von Kiemen bei Fischen. Bei den taschenartigen Kiemen der Neunaugen (und anderer Kieferlosen) besitzt jede Tasche eine innere Öffnung gegen den Schlund und eine äußere zum Wasser hin. Die Kiemen höherer Fische liegen jedoch auf Bögen an beiden Seiten der Speiseröhre (Ösophagus) und stehen mit der Außenwelt einzeln durch eine Reihe von Kiemenspalten in Verbindung, zum Beispiel bei Haien und Rochen. Ferner findet man auch eine einzige Öffnung, die dann geschützt und kontrolliert wird von einem Kiemendeckel oder Operculum. Bei einigen abweichenden Fischtypen, besonders solchen, die von Zeit zu Zeit Trockenheit zu überstehen haben, gibt es spezialisierte Atmungsorgane, die sich vom Darm oder von der Schwimmblase ableiten. Alle Kiemensysteme haben aber die

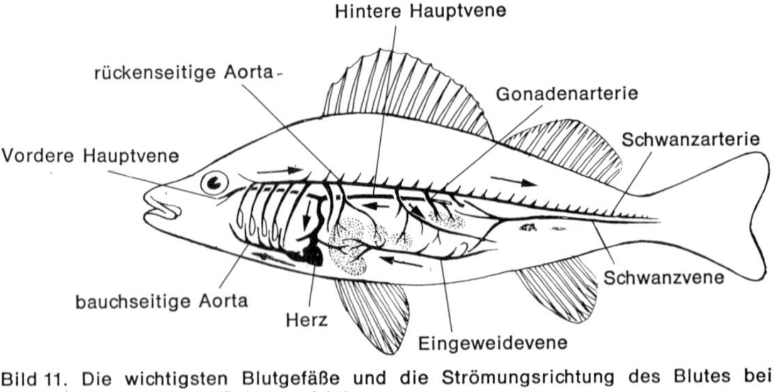

Bild 11. Die wichtigsten Blutgefäße und die Strömungsrichtung des Blutes bei einem typischen Fisch (Seitenansicht).

gleiche Aufgabe, nämlich dem Blut in den Kiemenkapillaren optimalen Kontakt mit dem Wasser zu verschaffen, das an den Kiemen entlangstreicht.
Das Wasser, das an den Kiemen vorbeizieht, wird vom Fisch so gelenkt, daß es immer in der gleichen Richtung fließt. Öffnet der Fisch das Maul, so wird Wasser eingesaugt, und füllt dann Maul und Rachenhöhle. Jederseits hiervon liegen die Kiemen. Dann wird das Maul geschlossen, und das Wasser ist gezwungen, zwischen die Kiemen und an den Kiemendeckeln vorbei nach außen zu fließen. Die Opercula sind zu diesem Zeitpunkt geöffnet. Auf diese Weise bewegen sich Maul und Kiemendeckel fortwährend abwechselnd in einem Rhythmus, der abhängig ist vom Sauerstoffbedarf des Fisches. Das Wasser strömt stets in einer Richtung, außer bei den Neunaugen in dem Fall, daß das rüsselartige Maul angesaugt ist und dadurch den Eintritt des Wassers verhindert. Unter diesen Umständen fließt das Wasser durch Pumpbewegungen der Rachenhöhle an den Kiemen hin und zurück. Der Wirkungsgrad des Atmungssystems bei Fischen wird noch dadurch erhöht, daß der Durchgang des Blutes in den Kiemen und des Wassers außerhalb der Kiemen in umgekehrter Richtung erfolgt. Das Blut strömt vom Herzen aus nach vorn, das Wasser fließt vom Maul nach hinten.
Der meiste vom Blut der Fische aufgenommene Sauerstoff wird von roten Blutzellen transportiert, die eine weit größere Menge davon aufzunehmen vermögen als das gleiche Volumen Wasser. In dem Maß, in dem Sauerstoff aufgenommen wird, verläßt Kohlendioxid das Blut, und gelangt das Blut schließlich aus den Kiemen in die Gewebe, so ist es sauerstoffreich und kohlendioxidarm.

Die Ausscheidung

Eine weitere Funktion, die man nicht übersehen sollte, ist die Aufnahme und Abgabe verschiedener Salze durch die Fischkiemen. Fische scheiden ihre Abfallstoffe auf unterschiedliche Weise aus, teils durch die Kiemen, teils in den Darm, wo sie mit dem Kot den Körper verlassen, hauptsächlich aber – wie bei anderen Wirbeltieren – durch die Nieren. Von hier gelangen die Substanzen durch besondere Ausführungsgänge ins Wasser. Bei Fischen haben die Nieren eine Doppelfunktion: Sie scheiden Abfallstoffe aus und helfen bei der Kontrolle des Wasser-Salz-Gleichgewichts. Fischblut befindet sich beständig in einem dynamischen Gleichgewicht mit seiner Umgebung, und zwar auf Grund eines Vorgangs, den man Osmose nennt (Durchtritt von Wassermolekülen durch halbdurchlässige Membranen; Strömungsrichtung stets zur höher konzentrierten Lösung). Seewasser ist konzentrierter als Blut, und demnach tendiert Wasser dazu, aus dem Fisch – hauptsächlich durch die Kiemen – hinauszudiffundieren. Die Fische müssen deshalb regelmäßig Wasser trinken und das überschüssige Salz durch die Kiemen ausscheiden, um dies auszugleichen. Im Süßwasser dagegen strömt das Wasser durch die Kiemen ein und wird ständig auf dem Weg über die Nieren ausgeschieden. Die Fähigkeit, die Beschaffenheit des Blutes im Verhältnis zur außen herrschenden Salzkonzentration zu kontrollieren, ist der Hauptgrund, weswegen Süßwasserfische nicht im Meer leben können und umgekehrt. Fische, denen das gelingt, verfügen über besondere Exkretionseinrichtungen.
Die Nieren der Fische sind aus zahlreichen kleinen Röhrchen aufgebaut. Diese wirken unter dem Druck des Blutes als winzige Filter, die verschiedene – hauptsächlich stickstoffhaltige – Salze aus dem Blut ausscheiden und sie zusammen mit überschüssigem Wasser auf dem Weg über Nierenkanälchen ins Freie transportieren. Die Kanälchen münden in nächster Nähe des Afters aus.

Verhalten

Wie bei anderen Wirbeltieren zeigt das Verhalten der Fische zwei Komponenten: Instinkt und Lernen. Vieles im Leben der Fische wird vom Instinkt beherrscht, doch sollten wir den Lernprozeß nicht unterbewerten, wie der Besuch in einer modernen Fischfarm zeigt. Hier lernen die Fische (z. B. Regenbogenforellen) schnell, ihr Futter an bestimmten Stellen, wo sie sich versammeln, zu holen – ja selbst aus automatischen Verteilern, die nur Nahrung freigeben, wenn der Fisch einen Hebel drückt.

Schwarmbildung

Viele Fischarten ziehen außerhalb der Laichzeit das solitäre Leben vor. Andere dagegen schließen sich meist ihren Artgenossen an und bilden Schwärme, die sich oft aus vielen Tausenden von Einzeltieren zusammensetzen. Die meisten der streng solitären Arten haben oft eine beachtliche Körpergröße und leben räuberisch, z. B. der Hecht. Außer zur Laichzeit findet man die Angehörigen dieser Art selten zu mehreren beieinander. Einer der Gründe hierfür ist der, daß große Hechte regelmäßig kleinere Hechte auffressen, und in bestimmten Situationen, wenn geeignete Beutetiere anderer Arten selten sind oder fehlen, fressen sie kaum etwas anderes. Schwarmfische dagegen sind meist kleinere Pflanzenfresser, häufig auch Allesfresser. Sie leben eng beieinander. Die Dichte des Schwarmes hängt gewöhnlich von seiner Aktivität ab. Häufig, aber nicht immer, haben Schwarmfische eine silbrige Färbung und leben im freien Wasser. Ein gutes Beispiel für einen Schwarmfisch ist die Plötze. Fast unmittelbar nach dem Schlüpfen beginnen die Jungen sich zusammenzuschließen. Nachts, mitunter auch bei der Nahrungsaufnahme, ist der Schwarm mehr aufgelockert, bildet aber wieder eine geschlossene Einheit, sowie er sich weiterbewegt – besonders rasch bei Gefahr. Schwärme können sich in kleinere Ansammlungen aufteilen oder zu größeren Gruppen vereinigen. Viele Fische bleiben die meiste Zeit ihres Lebens beieinander. Das Laichen ist ebenfalls eine Angelegenheit des ganzen Schwarmes: Manchmal dadurch eingeleitet, daß riesige Fischscharen an einen bestimmten Punkt des Sees oder flußaufwärts wandern, um ihre Eier abzulegen. Durch die Schwarmbildung schützen und helfen sich die Individuen wechselseitig. Räuber können sich weniger leicht nähern, ohne bemerkt zu werden, neue Nahrungsquellen, von einem Schwarmmitglied entdeckt, kommen wahrscheinlich auch bald den übrigen Tieren zugute. Manchmal versammeln sich die Fische nur zufällig, dann gibt es keine Wechselwirkung oder Reaktion zwischen ihnen. So etwa, wenn sich die Störe im Winter an tiefen Stellen von Seen oder Flüssen versammeln und dort viele Wochen lang in einem recht trägen Zustand verharren.

Die Wanderungen

Ein Aspekt des Fischverhaltens, der die Aufmerksamkeit der Fischbiologen in beträchtlichem Maße auf sich gelenkt hat, ist das Phänomen der Wanderung. Es wandern viel mehr Fische, als man gewöhnlich glaubt, doch sind diese Züge oft nur von lokaler Bedeutung, erstrecken sich über geringere Entfernungen und werfen nicht jene Ortungsprobleme auf, die von besser bekannten Arten gelöst werden. Ein gutes Beispiel für Wanderungen in geringem Ausmaß bietet die Forelle, deren Populationen man in vielen Tausenden von Seen im nördlichen und höher gelegenen Europa findet. Die ausgewachsenen Forellen in diesen Seen zeigen ein Territorialverhalten und besetzen oft den größten Teil des Jahres über einen kleinen Bereich des Sees. Im Herbst jedoch begeben sie sich in die Mündungsgebiete der Flüsse, die in den See fließen, und wandern stromaufwärts bis zu den Laichgründen. Normalerweise ziehen die Forellen nur in denjenigen Fluß, in dem sie selbst geschlüpft sind.

Beim atlantischen und pazifischen Lachs ist ein ähnliches Wanderverhalten ausgebildet, doch sind die Entfernungen, die zurückgelegt, und die Hindernisse, die überwunden werden, bemerkenswert. Man weiß heute, daß viele atlantische Lachse im Seegebiet vor Grönland geschlechtsreif werden. Um die europäische oder nordamerikanische Küste zu erreichen, müssen diese Fische viele Hunderte von Kilometern in einer bestimmten Richtung

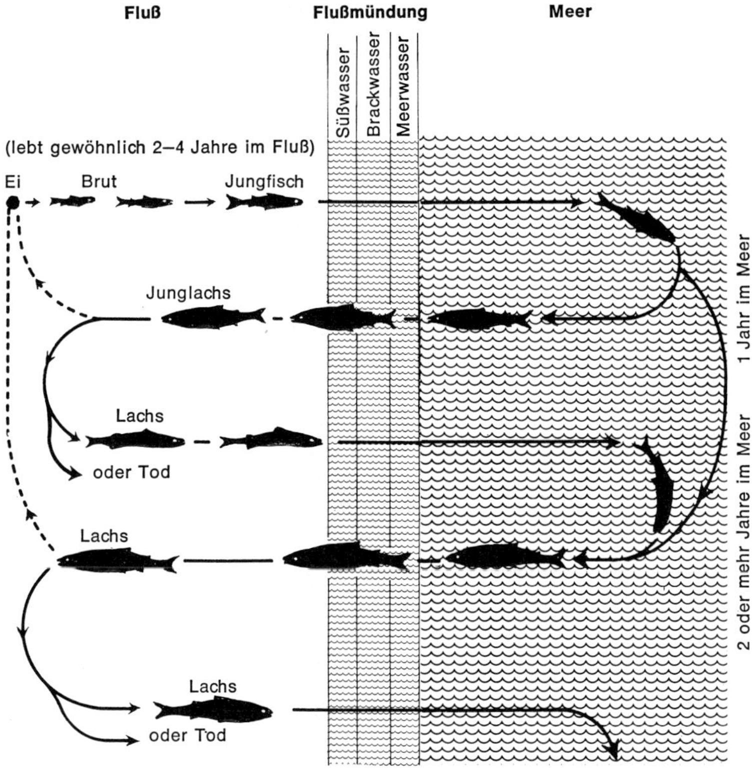

Bild 12. Die Lebensgeschichte des atlantischen Lachses.

wandern und dann die Mündung des Flusses ausfindig machen, aus dem sie gekommen sind (Bild 12). Anschließend sind sie gezwungen, den Mündungsbereich mit seinen starken Salzgehaltschwankungen (und der neuerdings nicht unbedeutenden Verschmutzung) zu durchqueren und in die Oberläufe hinaufzuschwimmen, wobei sie manchmal Wasserfälle von über zwei Metern Höhe überspringen. Im Gegensatz dazu ist die Wanderung der wenigen erwachsenen Fische, die lebend ins Meer zurückkehren, oder der im zweiten Jahr flußabwärts ziehenden Lachse eine viel unkompliziertere und eher passive Angelegenheit, wenn auch hierin tatsächlich noch viele ähnliche Probleme stecken. Obwohl gut untersucht, ist man sich über einige Verhaltensmuster, die für die Wanderungsfähigkeit dieser Fische verantwortlich sind, noch nicht ganz im klaren. Allgemein herrscht der Eindruck vor, daß die Orientierung über große Entfernungen, etwa im Meer, von physikalischen Erscheinungen abhängt (z. B. von Wasserströmungen), daß jedoch bei der Ortung und Auswahl des Heimatstroms der chemische Sinn wichtiger ist.

Wanderfische, die wie der Lachs ins Süßwasser ziehen, um dort zu laichen, dann aber zum Erreichen der Geschlechtsreife das Meer aufsuchen, heißen anadrom. Hierzu gehören auch der Stör und mehrere andere Arten. Katadrome Arten zeigen die entgegengesetzte Verhaltensweise. Sie wachsen im Süßwasser heran, wandern dann aber zum Laichen ins Meer. Die Aale und einige Populationen von Flundern sind gute Beispiele für diese Kategorie (Bild 13).

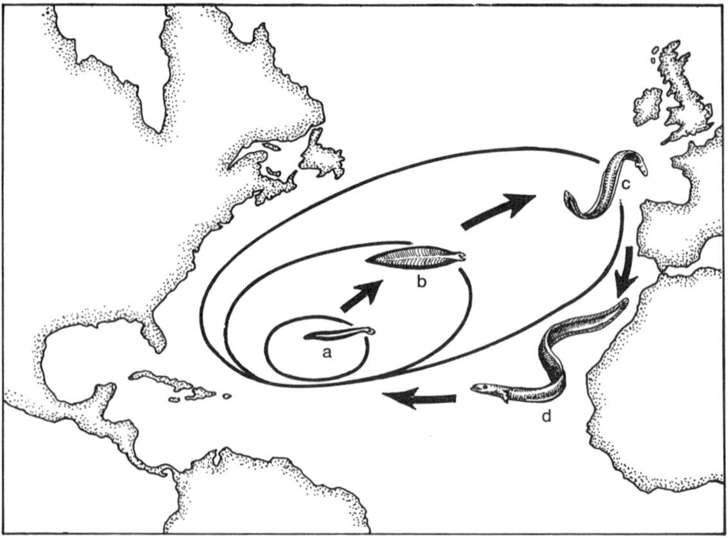

Bild 13. Die Lebensgeschichte des Aals: a = Junge Larven, die das Laichgebiet Sargassosee verlassen; b = heranwachsende Larven (*Leptocephalus*), die über den Atlantik driften; c = Jungaale, die ins Süßwasser an den europäischen Küsten einschwimmen; d = erwachsene Aale, die zum Laichen in die Sargassosee zurückkehren.

Die Brut

Für die Fischbiologie ist das Verhalten zur Brutzeit am schwierigsten zu verstehen. Bei vielen Arten ist es nur dann möglich, die Geschlechter äußerlich zu unterscheiden, manchmal einfach daran, daß das Weibchen sehr plump und durch die Eier aufgedunsen wirkt, häufiger aber daran, daß das Männchen prächtig gefärbt ist oder Tuberkel ausbildet. Dies sind kleine weiße Höcker, die am Kopf und manchmal auf den Flossen und am Körper geschlechtsreifer Fische zur Laichzeit erscheinen. Sie sind bei Karpfenfischen häufig, treten aber auch bei einigen anderen Familien auf (zum Beispiel Maränen). Viele Verhaltensweisen zeigen sich bei einer einzigen Fischart während der Brutzeit. Sie reichen, abgesehen vom Laichakt selbst, von der Aggression gegen Männchen der gleichen Art oder gegen Räuber über komplizierte Nestbautätigkeit bis zum Fächeln der Eier im Nest und aktivem Bewachen der Jungfische.
Die Karpfenfische bieten als ganzes verhältnismäßig wenig auf dem Sektor verfeinerten Brutverhaltens. Eine Ausnahme bildet jedoch der Bitterling. Dies ist ein kleiner, unauffälliger Fisch, der in Tümpeln, Kanälen und langsam fließenden Flüssen lebt. Die meiste Zeit des Jahres gleichen sich die Geschlechter. Zu Beginn der Brutzeit jedoch, im späten Frühling, wird das Männchen beträchtlich farbenprächtiger und bildet an Körper und Flossen schönes Blau und Rot aus. Dem Weibchen wächst zu dieser Zeit an der Genitalöffnung eine lange, dünne, biegsame Röhre, die eine Legeröhre darstellt. Ein Paar grenzt ein Revier in einem Gebiet ab, in dem sich eine Süßwassermuschel (*Unio* oder *Anodonta*) befindet. Nach vorangegangenem Balzverhalten nähert sich das Paar der Muschel, und das Weibchen führt mit Hilfe der Legeröhre ein Ei oder mehrere Eier durch die Einströmöffnung in die Muschel ein. Sie werden vom Männchen sofort besamt (Bild 14). Der Vorgang wiederholt sich, bis alle Eier abgelegt sind. Im Inneren der Muschel verbleiben die Eier geschützt, und sie sind durch die von der Muschel er-

zeugten Strömungen gut mit Sauerstoff versorgt, bis die Jungen schlüpfen und ins freie Wasser hinausschwimmen. Nach der Brutzeit verlieren die erwachsenen Tiere ihre Geschlechtskennzeichen und ebenso auch ihr Interesse für Muscheln.

Eines der am besten untersuchten Beispiele von Sexualverhalten im Tierreich ist das des gemeinen Dreistacheligen Stichlings. Außerhalb der Brutzeit sind sich die Geschlechter sehr ähnlich – sie zeigen gewöhnlich ein stumpfes, fleckiges Graugrün –, doch im Frühjahr bildet das Männchen an Brust und Bauch ein prächtiges Rot aus, ferner schillernde blaugrüne Augen und Körperseiten. Das Weibchen wird silbrig und sehr dick. Obwohl die Art stets recht angriffslustig ist, steigert das Männchen seine Aggressivität zu dieser Zeit noch beträchtlich und grenzt ein Revier ab, wobei es Eindringlinge aller Art vertreibt. Im Territorium beginnt das Männchen mit dem Nestbau. Es säubert eine flache Mulde und errichtet darin ein röhrenartiges Nest aus kleinen Pflanzenteilen. Reife Weibchen in diesem Gebiet werden kräftig angebalzt und zum Nest geführt, wo sie ihre Eier ablegen, die dann das Männchen besamt. Gewöhnlich wiederholt sich der Vorgang mit zwei oder drei Weibchen. Nach dem Ablaichen werden sie vertrieben, und das Männchen verteidigt das Nest, hält es sauber und fächelt in gewissen Zeitabständen die Eier, um ihnen Sauerstoff zuzuführen. Sogar nach dem Schlüpfen beschützt der Vater die Jungen noch einige Tage lang, bis sie gut schwimmen und sich selbst verteidigen können. Nach der Brutzeit verlieren die Fische ihre Färbungen und interessieren sich nicht mehr für ihr Revier.

Eingehende und gewissenhafte Analysen dieses offensichtlich kom-

Bild 14. Laichverhalten beim Bitterling.

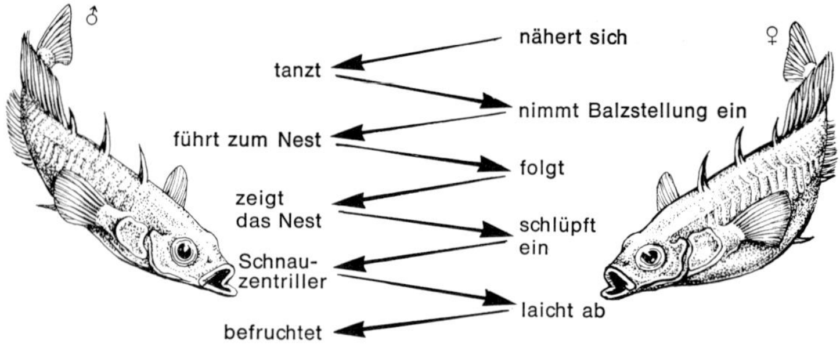

Bild 15. Ritualisiertes Balzverhalten beim Dreistacheligen Stichling (nach **Tinbergen**).

plexen Verhaltens haben gezeigt, daß es vollkommen stereotyp abläuft und daß jede Teilhandlung nur abläuft, wenn der Fisch auf einen bestimmten Auslösemechanismus anspricht. Das Brutverhalten ist in Bild 15 in Diagrammform wiedergegeben. Das Männchen zeigt den charakteristischen Zickzacktanz nur in Anwesenheit eines reifen Weibchens. Die beiden sicheren Merkmale des Weibchens scheinen die silbrige Färbung und die Plumpheit zu sein, denn das Männchen kann zum typischen Verhalten gebracht werden, wenn man ihm ein rohes Modell zeigt – solange es silbrig ist und einen dicken Bauch aufweist. Jede Stellung oder Bewegung des einen Geschlechts löst die nächste Bewegung beim anderen Geschlecht aus, bis die ganze Folge abgelaufen ist oder bis die Entwicklung durch Mangel an einem geeigneten Reiz unterbrochen wird.

Die Nahrungsaufnahme

Auch das Verhalten von Fischen während der Nahrungsaufnahme ist von größtem Interesse für Biologen, Angler und alle, die sich mit Fischen befassen. Hier entwickeln die Fische ihr größtes Lernvermögen, und die Anpassungsfähigkeit vieler Arten hat in manchen Gewässern zu beträchtlichem Erfolg geführt. Das Freßverhalten einiger Arten, besonders der Raubfische (zum Beispiel Zander) einerseits und Strudler (zum Beispiel Neunaugenlarven) andererseits, ist sehr instinktgebunden und starr. Andere Fische sind anpassungsfähiger. So kann eine Forelle an einem Tag ihre Beute in Form von wirbellosen Tieren am Grund suchen, am nächsten Tag hierauf aber völlig verzichten und sich von Eintagsfliegen nähren, die sie in Ufernähe schnappt. Am dritten Tag kann man möglicherweise keine dieser Quellen genutzt sehen, und die Forelle frißt dann Landinsekten, die von nahegelegenen Bäumen auf die Wasseroberfläche geweht wurden. Anpassungsfähige Fischarten neigen dazu, unter geänderten Bedingungen wie den genannten Verhältnissen diejenige Nahrungsquelle auszuwählen, die unter größtmöglicher Energieersparnis am leichtesten zugänglich ist.

Entwicklung

Fast alle europäischen Fische sind ovipar, d. h. Samen und Eier werden dicht nebeneinander ins Wasser ausgestoßen, und nach der Befruchtung durchläuft das Ei seine Entwicklung völlig unabhängig von den Eltern, auch wenn diese das Ei zum Beispiel schützen und sauberhalten können. Eine Ausnahme bildet der Koboldkärpfling (*Gambusa affinis*), bei dem das Männchen durch Umwandlung der Afterflosse in einen langen Penis die Eier im Körper des Weibchens besamt. Hier entwickeln sich die Jungen auch bis zum Schlüpfen und kommen dann lebend zur Welt. Während ihrer Entwicklung werden sie vom mütterlichen Körper nicht ernährt.

Bei allen anderen europäischen Arten besteht das Fortpflanzungssystem im wesentlichen aus paarigen Keimdrüsen oder Gonaden (Eierstöcken oder Ovarien beim Weibchen, Hoden oder Testes beim Männchen). In den Hoden entstehen die Samenzellen oder Spermien, die das Erbgut des Vaters enthalten. Sie werden massenhaft erzeugt und gewährleisten so eine erfolgreiche Befruchtung. Jedes Spermium besitzt einen langen peitschenförmigen Schwanz, mit dem es sich in der Samenflüssigkeit und später auch im Wasser fortbewegt.

Die Eizellenbildung (Oogenese) beim Weibchen entspricht der Spermatogenese beim Männchen. Sie führt zur Entwicklung unterschiedlicher Mengen von Eiern im Eierstock des Weibchens. Wie ein Spermium, so trägt auch jedes Ei die Erbanteile des betreffenden Elterntieres, doch ist die Zelle sehr viel größer. Dies kommt daher, daß sie während ihrer Bildung mit großen Mengen von Dotter und Fett versorgt wurde. Die Zahl der Eier, die ein weiblicher Fisch erzeugt, nimmt im allgemeinen mit seiner Größe zu und schwankt bei den einzelnen Arten außerordentlich. So legen kleine Fische wie der Dreistachelige Stichling und der Bitterling, deren Eier und Brut nach der Ablage gut geschützt sind, verhältnismäßig wenig (50 bis 100) Eier während einer Brutzeit. Größere Arten jedoch, deren Eier ins Wasser abgegeben und nicht weiter geschützt werden, produzieren jedes Jahr sehr große Mengen, zum Beispiel bis zu einer Million Eier bei der Flunder.

Die Fortpflanzung ist bei fast allen europäischen Fischen ein zyklischer Prozeß, der gewöhnlich an die Jahreszeiten gebunden ist. Er wird durch Hormone gesteuert, deren Ausscheidung wiederum von äußeren Faktoren abhängt, zum Beispiel von Temperatur und Tageslänge. Die Keimdrüsen, insbesondere die Eierstöcke, können sich in Größe und Aussehen während des Jahres ungemein verändern. Am kleinsten sind sie kurz nach der Brutzeit; sie wachsen dann bis kurz vor der nächsten Ausschüttung der Geschlechtsprodukte zu maximaler Größe heran (Bild 16, S. 22). Obgleich die eigentliche Brutperiode einer Art normalerweise relativ kurz ist (gewöhnlich einige Wochen), kann die Zeit des Jahres, zu der verschiedene Arten laichen, enorm schwanken. So laichen in Europa in jedem Monat irgendwelche Fische.

Nach der Ablage befinden sich die Eier der einzelnen Fischarten in sehr unterschiedlichen Situationen. Viele Arten bauen ein Nest, um den Eiern während der Entwicklung einen gewissen Schutz zu bieten. Dieses „Nest" ist möglicherweise einfach eine offene Mulde im Grund (zum Beispiel Felsenbarsch), eine ähnliche Höhlung, in die die Eier abgelegt, dann aber mit zusätzlichem Material bedeckt werden (zum Beispiel Lachs und Forelle), ein unter einem Felsen ausgeräumter Hohlraum (zum Beispiel Groppe) oder ein wesentlich komplizierterer Bau aus Pflanzenteilen (zum Beispiel Dreistacheliger Stichling). Einige Arten beschützen die Eier und oft auch die jungen Fische in diesen Nestern (zum Beispiel Felsenbarsch), andere verlassen sie unmittelbar nach dem Ablaichen (zum Beispiel Lachs).

Eier, die ohne den Schutz irgendeines Nestes sind, können auf verschiedene Weise abgelegt werden. Einige Fische bilden lange Eischnüre aus, die zwischen Pflanzen aufgehängt werden (zum Beispiel Barsch). Viele andere produzieren klebrige Eier, die an Steine angeheftet werden können (zum Beispiel Stör), aber auch an Pflanzen (zum Beispiel Karpfen und Hecht), oder an Sand und Pflanzenwurzeln (zum Beispiel Gründling und Steinbeißer). Das Ablaichen des Bitterlings in Muscheln ist schon eingehend beschrieben worden. Schließlich laichen

andere Arten im freien Wasser, und die Eier können schweben (zum Beispiel Goldmeeräsche) oder zu Boden sinken und dort einzeln liegen bleiben (zum Beispiel Kleine Maräne).
Die Zeit, die die Entwicklung der Eier benötigt, schwankt außerordentlich bei den einzelnen Arten, und innerhalb einer Art ist sie stark abhängig von der Temperatur. Im allgemeinen entwickeln sich die Eier der Fische, die im Frühling und vor allem im Sommer laichen, rasch, zum Beispiel beim Karpfen innerhalb von 3 bis 5 Tagen. Andererseits kann es bei Eiern, die im Herbst oder Winter abgelegt werden, bis zu 150 Tagen dauern, ja noch länger (zum Beispiel beim Lachs).
Während der Entwicklung machen die Eier naturgemäß tiefgreifende Veränderungen durch. Ihr größter Teil besteht aus Dotter; die Zelle, die aus der Vereinigung von Spermium und Ei hervorgeht, ist sehr klein. Diese Zelle durchläuft einen Vorgang, den man Furchung nennt: Sie liefert zwei Zellen, dann vier, dann 8, 16, 32 usw. und jede Zellgruppe beginnt zu wachsen und sich in einen Teil des Embryos zu differenzieren. Der Dottervorrat wird während dieses Vorgangs Schritt für Schritt aufgebraucht, und schließlich besteht das Ei aus einer kugeligen

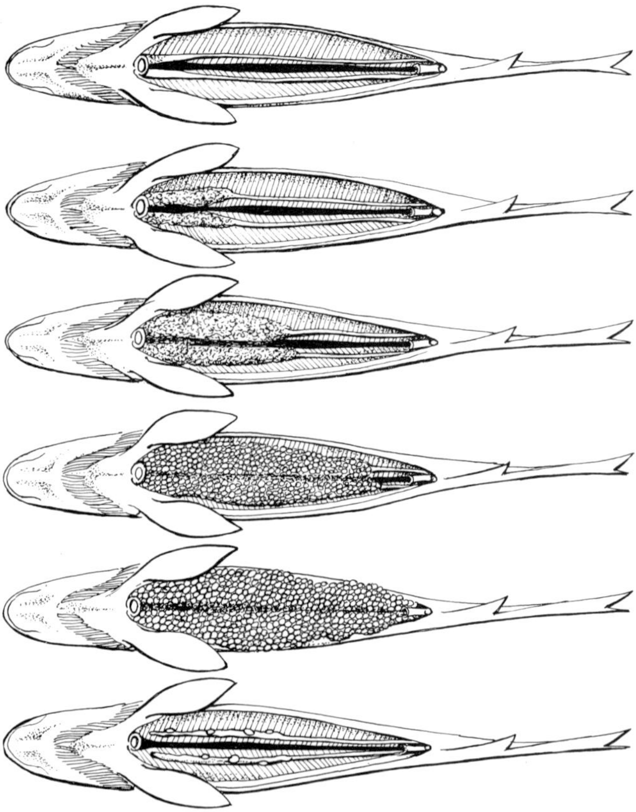

Bild 16. Ein bauchseitig geführter Schnitt zeigt den typischen Ovarialzyklus bei einem Fisch.

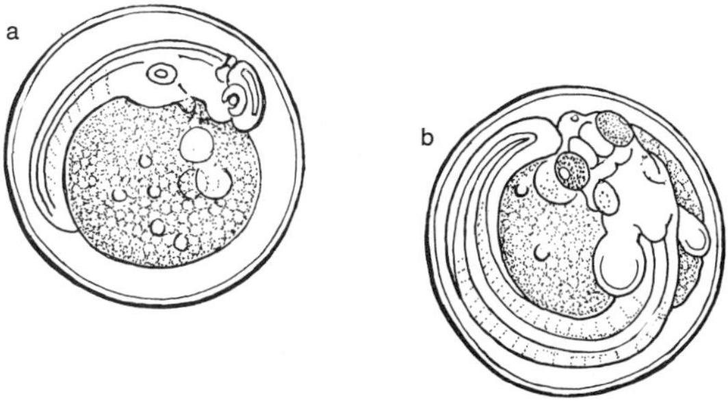

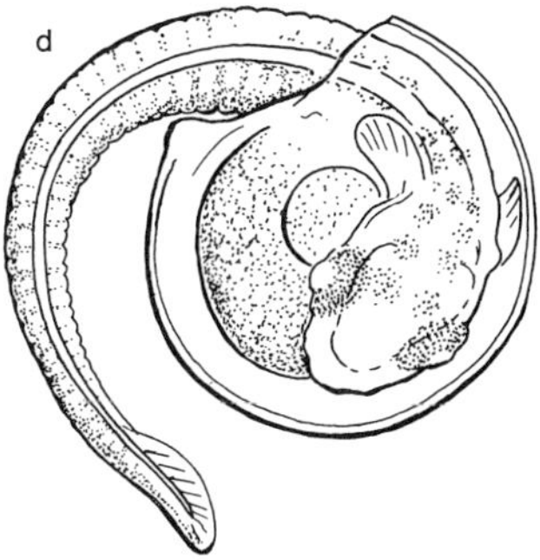

Bild 17. Frühe Entwicklungsstadien bei der Renke (nach Slack et al.): a–c = Larvenwachstum und Dotterabsorption; d = Schlüpfen; e = Junglarve mit Dottersack; f = ältere Larve; g = Brut.

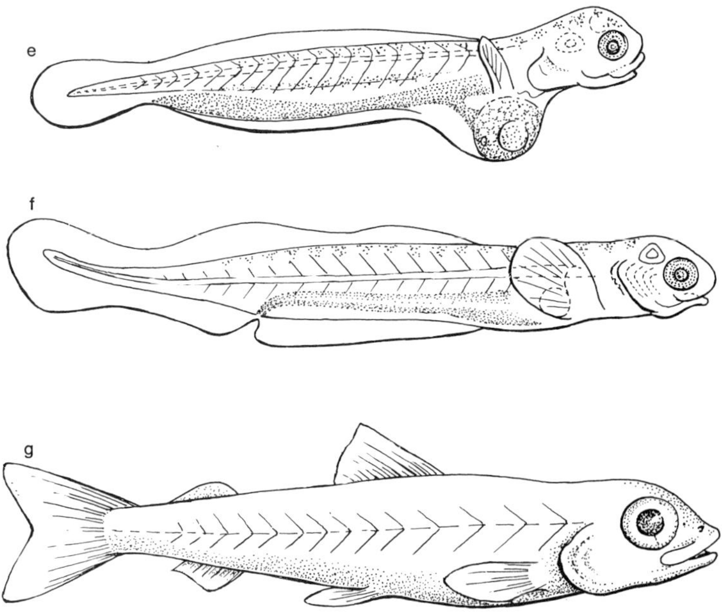

Membran, innerhalb derer der kleine embryonale Fisch zusammengekrümmt liegt. In diesem Stadium kann man bereits die Augen und das ständig schlagende Herz ganz deutlich sehen.
Nach dem Ausschlüpfen vermag der junge Fisch sofort zu schwimmen und tut das auch während seines ganzen Lebens (zum Beispiel Renken), oder – was häufiger der Fall ist – er ruht einige Zeit an einem geschützten Ort, bis die Reste des Dottersackes vollständig absorbiert sind. Lachse bleiben während dieser Periode unter Kies in ihrem Nest, Hechte bilden zeitweilig ein Haftorgan aus, mit dessen Hilfe sie in einem Ruhezustand an Pflanzen hängen. Während dieser Zeitspanne begeben sich die meisten Arten kurz an die Wasseroberfläche, um die Schwimmblase zum ersten Mal zu füllen.
Den sehr jungen Fischstadien gibt man eine Vielzahl von Namen, deren Bedeutung oft sehr ungenau ist. Im allgemeinen benutzt man die Bezeichnung Larven, wenn es darum geht, den Abschnitt zwischen dem Schlüpfen und dem Zustand des noch jungen erwachsenen Fisches zu beschreiben (Bild 17, S. 23). Das Larvendasein kann nur ein paar Tage dauern (Karpfen) oder auch mehrere Jahre (Aal und Meerneunauge). In einigen Fällen – und auch in den beiden genannten Beispielen – unterscheiden sich die zwei Formen so grundlegend voneinander, daß sie ursprünglich von Wissenschaftlern als verschiedene Arten beschrieben wurden. Das Larvenstadium selbst unterteilt man mitunter in ein prolarvales, in dem der Dottersack vorhanden ist, und in ein postlarvales, wenn dieser verschwunden ist. Allgemein sind Larven gekennzeichnet durch Transparenz, das Fehlen von Schuppen, das Vorhandensein großer Pigmentzellen und embryonaler, undifferenzierter Flossen. Nach dem Larvenstadium sehen die Fische den Erwachsenen ähnlicher, obwohl viele Eigenschaften wie Färbung und Geschlechtsunterschiede nicht vor der vollen Reife deutlich sichtbar sind. Wie an anderer Stelle erwähnt, beziehen sich die meisten Bestimmungsschlüssel und auch der hier vorliegende auf ausgewachsene Exemplare einer Art, und es kann Schwierigkeiten geben, wenn nur junge Fische zur Verfügung stehen. Sollen Larvenstadien bestimmt werden, so muß man besondere Schlüssel verwenden.
Das Alter, in dem Fische reif (d. h. fortpflanzungsfähig) werden, schwankt je nach Art sehr, ja sogar bei verschiedenen Populationen der gleichen Art. Allgemein steht die Geschlechtsreife mit der Größe in Beziehung, und diese hängt wiederum vom Wachstum ab. So neigen Fische in schnell wachsenden Populationen dazu, früher reif zu werden, als solche in langsam wachsenden Populationen. Futter und Temperatur beeinflussen das Wachstum; Fische in höheren Breiten reifen später als Fische in niederen Breiten. In Finnland sind Rotaugen nicht vor dem fünften bis sechsten Lebensjahr reif, während die gleiche Art im südlichen Europa schon nach zwei bis drei Jahren reif sein kann.
Kleine Arten reifen und sterben im allgemeinen früher. Manche Grundeln (*Benthophilus stellatus* zum Beispiel) werden innerhalb eines Jahres reif und sterben auch in dieser Zeitspanne, wogegen der Hausen nicht vor seinem 15. bis 20. Lebensjahr reif wird und dann noch 10 Jahre und mehr leben kann. Einige Fische laichen nur einmal: Der atlantische Lachs verbringt 2 bis 6 Jahre im Süßwasser und weitere 1 bis 2 Jahre im Meer, bevor er reif ist, doch nur wenige Fische leben länger, um ein zweites Mal zu laichen. Beim Buckellachs und dem Aal scheint der Tod stets nach dem ersten Laichen einzutreten. Andere Arten wie etwa die Forelle können mehrmals im Leben ablaichen.
Wie schon erwähnt, wachsen die meisten europäischen Fischarten zu bestimmten Jahreszeiten besonders stark, gewöhnlich während der wärmeren Monate. Diese jahreszeitlichen Abweichungen führen zu physikalischen Unterschieden bei den Schuppen und bestimmten Knochen, und dies ist für die Fischereibiologen bei der Bestimmung von Alter und Wachstum von großem Wert. Das Wachstum selbst hängt von vielen Faktoren ab, vor allem von der Ernährung, der Temperatur und der erblichen Konstitution der betreffenden Population und des betreffenden Individuums. Die Kenntnis dieser und anderer Faktoren ist für die erfolgreiche Behandlung eines Fischbestandes wesentlich, insbesondere bei Fischfarmen und kleinen geschlossenen Sportfischereien, wo der Erfolg bestimmt werden kann von

der Fähigkeit des Fischbestandes, optimal zu wachsen (Bild 18).
Man hat zeigen können, daß das Fischwachstum sowohl bei Fütterung am Grund (benthisch) als auch im Freiwasser (pelagisch) von der Menge der verfügbaren Nahrung abhängt. So wachsen Karpfenpopulationen in Teichen mit viel Wirbellosen rascher als solche in Teichen mit wenig Wirbellosen. Das Wachstum der letztgenannten Fische kann man entweder durch Verringerung der Individuenzahl oder durch Vermehrung des Benthos fördern. Veränderungen in Qualität und Quantität des Futters spiegeln sich sehr schnell in den Wachstumsraten. Beim atlantischen Lachs setzt zum Beispiel ein auffälliger Wachstumsanstieg unmittelbar nach der Wanderung vom Süßwasser ins Meer ein. Während ihrer ersten Lebensjahre können Meerforelle und Seeforelle in Strömen gemeinsam leben und gleiche Wachstumsraten aufweisen. Sobald aber die Meerforellen sich ins Salzwasser begeben, beginnen sie, sehr viel schneller zu wachsen als die Seeforellen, die im Süßwasser geblieben sind. Das Wachstum wird im allgemeinen

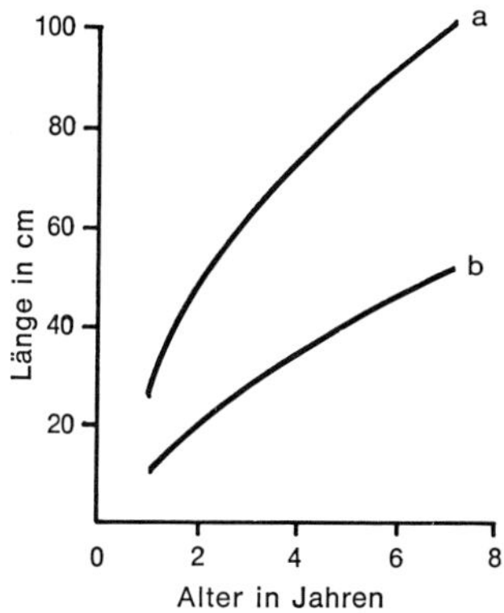

Bild 18. Schnelles und langsames Wachstum bei einem Hecht: a = Lough Rea, Irland; b = Dubh Lochan, Schottland.

durch Gewichts- oder Längenzunahme gemessen. Die Fischlänge wird nach drei verschiedenen Methoden bestimmt (Bild 19). Am gebräuchlichsten ist die Messung der Gabellänge.

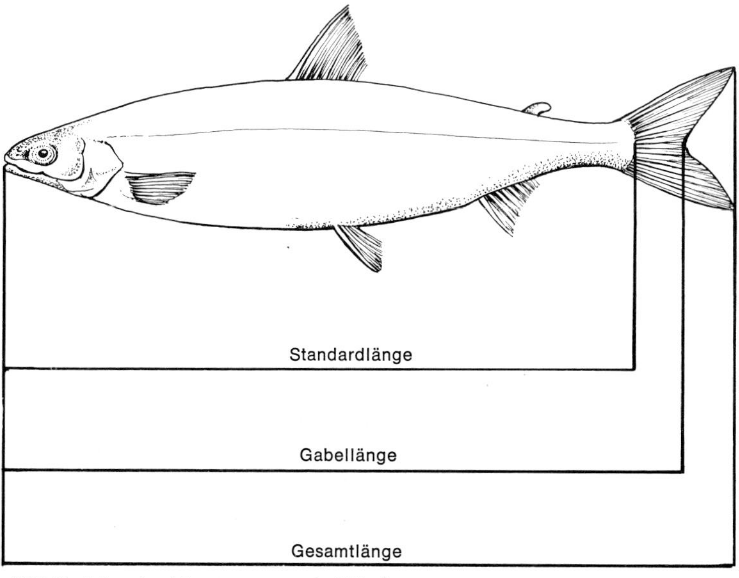

Bild 19. Arten der Längenmessung bei Fischen.

Ökologie

In der Ökologie beobachtet man die Wechselbeziehungen zwischen den Lebewesen und ihrer Umwelt. Das betrifft nicht nur die physikalischen und chemischen, sondern auch die biologischen Gegebenheiten – Vegetation, Räuber, Beute. Die Artbildung beruht in der Biologie auf der unterschiedlichen Entwicklung der Tier- und Pflanzenarten über Generationen hinweg, wobei ein Typus in einer bestimmten Umgebung besonders erfolgreich ist. Bei Fischen setzt dies voraus, daß trotz des Zusammenlebens in ein und demselben Wasserbereich verschiedene Arten häufig dazu neigen, unterschiedliche Teile desselben zu nutzen.

Physikalisch unterscheiden wir beim Süßwasser fließende und stehende Gewässer. Die fließenden Gewässer reichen vom kleinen Rinnsal über Bäche und Flüsse bis zu den großen Strömen. Kanäle stellen einen wichtigen Typus künstlicher Fließgewässer dar. Stehende Gewässer sind kleine (oft nur zeitweilige) Tümpel, Teiche und große Seen (Bild 20). Der wichtigste Typus in dieser Gruppe sind die vom Menschen geschaffenen Stauseen, die in manchen Gebieten vorherrschen.

Die chemische Beschaffenheit eines Gewässers überlagert seine Größe und seine physikalischen Eigenschaften (z. B. Höhe, Geologie des Untergrundes usw.). Sie hängt, abgesehen vom Salzgehalt der Küstenzonen, vor allem vom Untergrund des Einzugsgebietes ab. Aus kalkhaltigem Gestein löst das Wasser den Kalk zum Teil heraus und wird dadurch zu einem harten Wasser. Aus kalkarmem Urgestein (z. B. Granit) löst sich dagegen kaum etwas – das Wasser bleibt weich. Kalkhaltigen Untergrund finden wir meist im Tiefland, wo sich auch der Einfluß des Menschen durch die Art seiner Agrarwirtschaft im Einzugsgebiet auf die chemische Beschaffenheit des Wassers auswirken kann.

In biologischer Hinsicht lassen sich zwei Wassertypen unterscheiden: eutrophe und oligotrophe Gewässer. Die eutrophen Gewässer sind im allgemeinen reich an organischen Nährstoffen und daher trüb. Das Wasser hat eine hohe Alkalität und einen hohen pH-Wert. An Wirbellosen leben hier zahlreiche Würmer, Blutegel, Schnecken, Muscheln und Krebse. Von den Wirbeltieren herrschen unempfindliche Fische, besonders Karpfenfische, vor. Die oligotrophen Gewässer enthalten weniger Nährstoffe, das Wasser ist klar und hat einen niedrigen pH-Wert. An Wirbellosen leben hier vorwiegend Insektenlarven (besonders von Steinfliegen, Eintagsfliegen und Mücken). Die wichtigsten Fische sind die Lachsfische. In manchen Gebieten gibt es noch einen dritten Wassertyp: das dystrophe Gewässer. Es enthält große Mengen von Humussäuren aus Torf, die das Wasser bräunlich färben.

Nicht immer lassen sich die Gewässer einem dieser drei Typen zuordnen; häufig gibt es Übergangsformen, und in der Praxis läßt sich jedes einzelne System wieder untergliedern. Dies gilt vor allem für große Flüsse (Bild 21, S. 28). Ein typischer Fluß führt im Quellgebiet noch wenig Wasser (bei trockenem Wetter bildet er nicht mehr als ein Rinnsal), hat ein starkes Gefälle und enthält infolgedessen nur wenig gelöste Salze. Seine Durchschnittstemperatur ist niedrig. Im Quellgebiet selbst gibt es häufig Torf, weiter unten nackten Fels und Steine. An Pflanzen gedeihen hier vor allem Moose. Von den Wirbellosen herrschen Steinfliegenlarven vor und als Fische treten für gewöhnlich Forellen auf, manchmal auch Groppen und einige andere Arten, die in Gebirgsbächen vorkommen.

In seinem Mittellauf führt der Fluß mehr Wasser, der felsige Untergrund geht in steinigen über, dann kommt Kies. Das Gefälle nimmt ab, der Salzgehalt zu. Eine ganze Anzahl höherer Pflanzen tritt auf, eine Menge Wirbelloser, besonders Eintags- und Köcherfliegenlarven. Mehr Fischarten sind vorhanden: Forellen, Groppen, Äschen, Elritzen, Schmerlen und andere.

Im Unterlauf des Flusses weicht der grobe Kies dem Sand und in der Nähe der Mündung dem feinen Schlick. Der Fluß ist jetzt breit, sein Gefälle gering, der Salzgehalt relativ hoch und die durchschnittliche Wassertemperatur im Vergleich zum Quellwasser wesentlich höher. Sein

Bild 20. Typischer Hochlandsee mit den wichtigsten Lebensräumen für Fische: Küstenzone mit niedrigem Pflanzenwuchs oder Steinen; pelagische Zone im offenen Wasser; Tiefenzone.

Bett liegt im Flachland. Hier finden wir zahlreiche Wirbellose und Pflanzen. Einige davon sind typisch für Flüsse, andere kommen auch in Teichen und Seen vor. Die abwechslungsreiche Fischfauna besteht aus vielen Arten wie Brachsen, Schleie, Rotauge, Karpfen, Barsch, Hecht und anderen.

In Meeresnähe öffnet sich der Fluß zu einer breiten Schlauchmündung, und die ökologische Situation ist hier gekennzeichnet durch das regelmäßige Auftreten von Salz- oder zumindest Brackwasser. Diese Zone bildet für viele Fische, die weiter flußaufwärts vorkommen, eine scharfe Grenze, doch einige erweisen sich als tolerant (zum Beispiel Stichling und Hasel), und viele andere durchwandern das Gebiet auf ihrem Weg zum oder vom Süßwasser. Solche Fische sind die Neunaugen, die Aale, die Lachse und die Flundern. Typisch für die Mündungsregion der Flüsse sind Maifische, Stinte und Meeräschen.

Die Zonen, die von verschiedenen Fischarten charakterisiert **werden**, darf man nicht zu genau nehmen, denn sie hängen offensichtlich davon ab, ob die betreffenden Arten in dem Flußsystem vorkommen. So haben zum Beispiel die meisten Flüsse im nördlichen Schottland nur zwei Süßwasserarten (Forelle und Stichling), während Flüsse im südlichen Europa zwanzig oder dreißig Arten aufweisen können. Einteilungsschemata, die Ökologen für ein bestimmtes Gebiet entworfen haben, lassen sich oft nicht einfach auf andere Bereiche übertragen.

Die für den Fisch erreichbare Nahrung ist naturgemäß eine sehr wichtige Umweltbedingung, ja von ihr hängt das Überleben jeder Population ab (Bild 22, S. 30). Viele Fische sind in ihrem Freßverhalten weit anpassungsfähiger als Fischer und Wissenschaftler annehmen, und ihre Nahrung kann sich tatsächlich von heute auf morgen hundertprozentig ändern. Ganz allgemein lassen sich die Fische jedoch nach der Art der von ihnen aufgenommenen Nahrung in bestimmte Gruppen einteilen, wenn man sich auch stets vor Augen

Bild 21. Typischer Fluß, der im Hochland entspringt, wo die Strömung schnell und der Grund steinig ist, und der im Tiefland mündet, wo die Strömung gering und der Grund schlammig oder schilfig ist.

halten muß, daß das Futter junger Fische sich häufig von dem der erwachsenen Tiere unterscheidet.
Einige Fische ernähren sich von feinem organischem Detritus (Schwebstoffe) und mikroskopisch kleinen Organismen am Grund des Flusses. Neunaugenlarven fressen nur solches Material. Es gelangt mit der Strömung ins Maul und wird im Schlund abgefiltert. Zooplankton – jene kleinen, durchsichtigen Wirbellosen, die zeit ihres Lebens frei im Wasser schweben – ist für viele junge Fische eine wichtige Nahrungsquelle. Das gilt auch für einige erwachsene Fische, vor allem Seesaibling und Renke. Benthische (s. Seite 25) Wirbellose sind eine Hauptnahrungsquelle für Fische, und viele Arten sind – etwa durch den Besitz von Bartfäden – darauf spezialisiert, diese kleinen Tiere zu orten und sie aus dem Grund zu graben. Gute Beispiele hierfür bieten Stör, Karpfen und Schmerle. Pflanzen werden in großen Mengen nur von wenigen europäischen Fischen gefressen, obwohl Rotfedern und einige andere Arten sie als Teil ihrer allesfressenden Nahrungsauswahl annehmen. Eine Anzahl von Fischen nährt sich von Fischen anderer Arten, wofür Hecht und Zander gute Beispiele liefern. Solche Fische sind oft kannibalisch und können tatsächlich ohne Schwierigkeiten auch beim Fehlen anderer Arten überleben. So sind mehrere Fälle von reinen Hechtpopulationen bekannt, bei denen sich die Jungtiere von Wirbellosen ernähren, während sie selbst den erwachsenen Fischen wieder als Nahrung dienen.
Der in dieser Art und Weise erfolgende Übergang von Material von einem Organismentyp zum anderen, der dann von einem dritten gefressen wird, wird Nahrungskette genannt. Die Menge des auf jedem Stadium angehäuften organischen Materials nennt man die „Produktion"; sie wird meist in Gewichtseinheiten gemessen, seltener aber exakter in Energieeinheiten (Kalorien, Joules). Auf jedem Stadium der Nahrungskette geht durch Stoffwechsel und andere Prozesse eine beachtliche Energiemenge verloren; im allgemeinen werden nur 10–30% der Energie auf das nächstfolgende Glied der Nahrungskette übertragen.
Die Grundlage der meisten Nahrungsketten in der Natur ist die Sonnenenergie. Sie wird durch die Photosynthese von grünen Pflanzen genützt, die mit Licht als Energiequelle aus Kohlendioxid, Mineralsalzen und Wasser pflanzliches Gewebe aufbauen. Die als Primärpro-

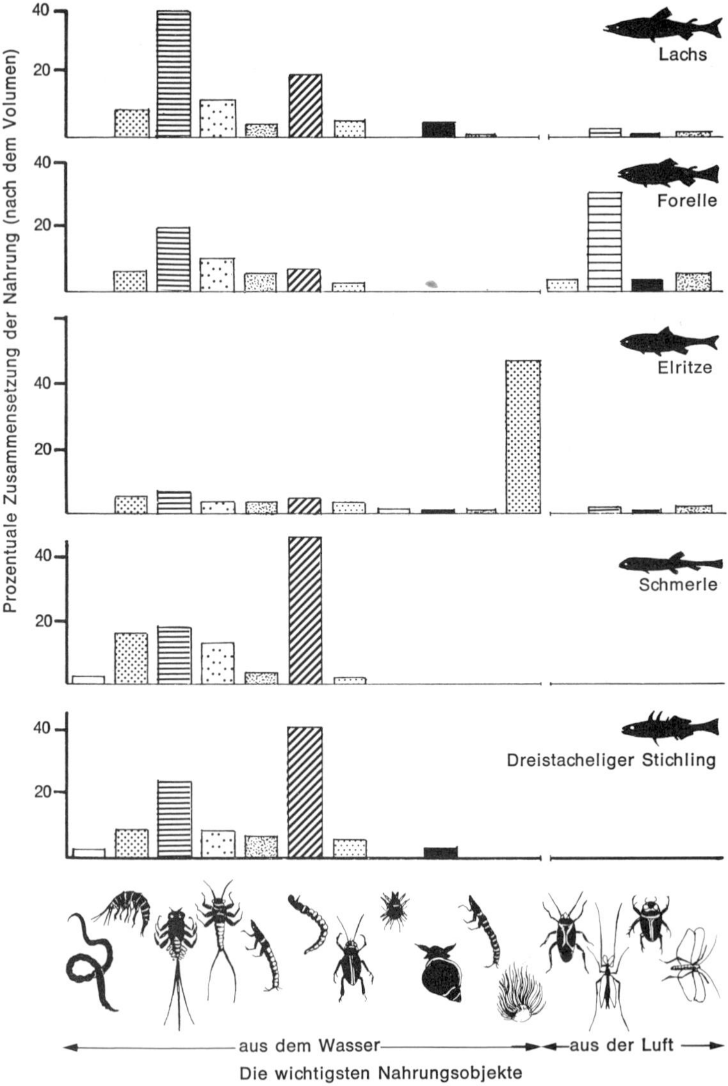

Bild 22. Nahrung fünf bekannter Fischarten in einem Flußgebiet (River Endrick, Schottland).

duzenten bezeichneten Pflanzen werden von pflanzenfressenden Tieren verzehrt, den Sekundärproduzenten wie z. B. Insektenlarven, die ihrerseits fleischfressenden Fischen als Nahrung dienen. Dieses letzte Glied der Nahrungskette – z. B. die Forelle – nennt man den Tertiärproduzenten. Nahrungsketten können sehr einfach sein, z. B. Kieselalgen, Rotfeder und Hecht oder auch komplizierter wie z. B. Kieselalgen, Wasserfloh, Schwimmkäfer, Forelle, Hecht, Seeadler.

Verbreitung

Die Verbreitung der Fischarten bezieht sich auf das allgemeine Vorkommen oder Fehlen der Fische in einem bestimmten geographischen Bereich oder in speziellen Gewässern dieses Bereiches. Die allgemeine räumliche Verteilung einer Art hat vor allem historische Gründe, ökologische Faktoren dagegen bestimmen, ob und wie sich eine Art in einem speziellen Lebensraum erfolgreich durchsetzt.

Obwohl manche der in diesem Buch behandelten Arten und Unterarten angezweifelt werden können, läßt sich die Artenzahl für ganz Europa (etwa 10 Mill. km^2) doch grob angeben. Die Arten verteilen sich auf 29 verschiedene Familien und sind damit im Vergleich zu anderen Kontinenten hier weit weniger reich vertreten. So hat Nordamerika (etwa 24 Mill. km^2) 687 Arten in 34 Familien, Afrika (etwa 30 Mill. km^2) 1425 Arten in 50 Familien. Viele Fragen lassen sich im Zusammenhang mit der Erdgeschichte, vor allem dem Vorstoß der Eiszeiten, erklären.

Während der letzten Eiszeit bedeckten dicke Eismassen große Teile des nördlichen und mittleren Europas. Die Fischfauna bestand aus kälteharten Formen in den eisnahen Seen und Flüssen und aus Meeresfischen in Südeuropa außerhalb der vereisten Gebiete. Die meisten einheimischen Arten der europäischen Fischfauna von heute traten damals wohl in südlichen Gewässern auf.

Heute gibt es in Europa nur noch wenige Gebiete, die dauernd vom Eis bedeckt sind. Viele Fischarten konnten daher auch in nördlichere Gewässer vorstoßen. Unsere heutige Fischfauna in Europa dürfte seit der letzten Eiszeit aus vier Gruppen hervorgegangen sein:

Einheimische Arten. Sie haben sich allmählich aus dem südlichen Europa nach Norden vorgeschoben.

Arten mit marinen Lebensgewohnheiten. Sie haben Europa vom Meer aus erobert.

In Nachbarkontinenten heimische Arten. Sie eroberten die europäischen Gewässer auf natürlichem Wege.

Fremde Arten (hauptsächlich nordamerikanischer Herkunft). Sie wurden vom Menschen eingeführt.

Einheimische Arten haben sich innerhalb Europas in unterschiedlichem Maße verschoben, da einige Fische offensichtlich weit bessere Ausbreitungsfähigkeiten besitzen als andere. Sicherlich besteht die Möglichkeit, daß Fischeier an den Füßen von Wassergeflügel transportiert werden können. Auch dürfte der Übergang von einem Einzugsgebiet in ein anderes auf dem Weg über die Oberläufe der Flüsse denkbar sein. Desgleichen kann man sich vorstellen, daß Fische von einer Flußmündung zur anderen schwimmen können, wenn dazwischen an der Küste Abschnitte mit Süß- oder Brackwasser vorkommen. Es gibt jedoch in der Praxis sehr wenig stichhaltige Beweise für solche Annahmen. Ganz allgemein verarmt die Fischfauna Europas in Richtung von Norden nach Süden oder vom Festland auf die benachbarten Inseln hin, und wahrscheinlich findet zur Zeit noch ein aktiver, aber sehr langsamer Prozeß der natürlichen Ausbreitung statt.

Viele europäische Fische sind anadrom oder katadrom (s. Seite 17) oder zumindest fähig, ziemlich hohen Salzgehalt beträchtliche Zeit über zu ertragen. Man kann sich leicht vorstellen, daß sich diese Fische recht schnell ausbreiteten, als die Eiskappe zurückging, und tatsächlich gehören solche Arten zu denen, die heute in Europa am weitesten verbreitet sind, etwa Forelle, Aal und Stichling. Einige Arten, die am südlichen Ende ihres Verbreitungsgebietes nur im Süßwasser vorkommen, bilden weiter im Norden Rassen aus, die wandern können. Der Seesaibling ist hierfür ein gutes Beispiel. Er entwickelt auf den Britischen Inseln und in den europäischen Gebirgen viele isolierte Süßwasserpopulationen, jedoch anadrome Bestände in Island und im nördlichen Norwegen.

Die Einwanderung von Fischen aus benachbarten Kontinenten ist vermutlich die am wenigsten wahrscheinliche Quelle für neue Arten, weil Europa von den meisten anderen Erdteilen (zum Beispiel Afrika) durch ausgedehnte Meeresgebiete getrennt ist. Die größte Landverbindung besteht im Osten nach Asien, nördlich des Kaspisees. Doch liegen hier hohe Gebirge, und der Umstand, daß das nördliche Asien selbst in ähnlicher Weise durch die Eisbedeckung an Arten verarmte, läßt vermuten, daß eine Fischinvasion auf diesem Wege kaum besteht. Verschiebungen von Fischarten hat

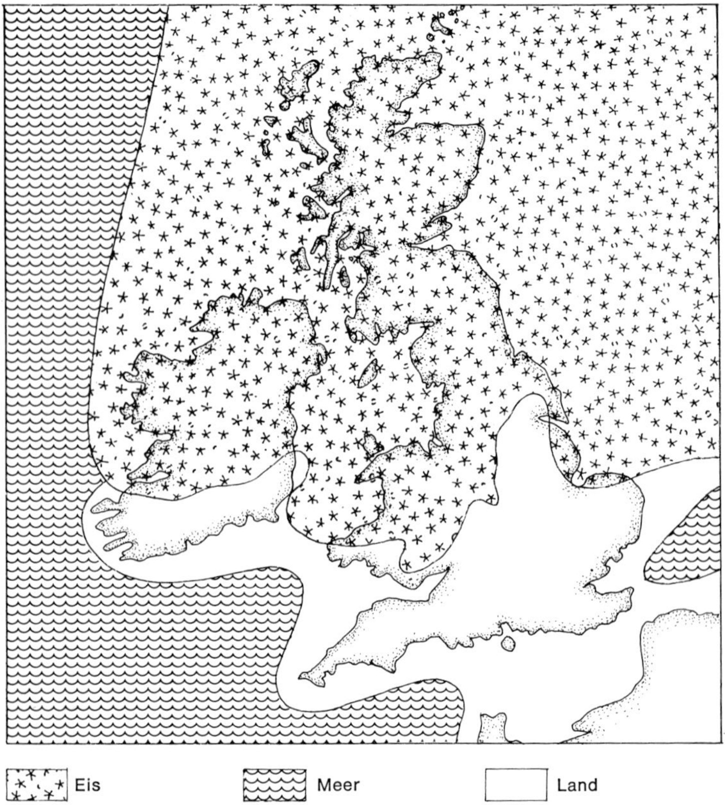

Bild 23. Größte Ausbreitung des Eises auf den Britischen Inseln während der letzten Vereisung vor etwa 10 000 Jahren.

es wohl hauptsächlich im transkaukasischen Bereich gegeben, wo eine Anzahl von Arten auftritt, die sonst nirgends in Europa zu finden ist.

Jahrhundertelang hat der Mensch Fische an verschiedene Orte transportiert, aber wahrscheinlich erst in den letzten 200 Jahren bedeutende Einführungen in allen Teilen der Welt vorgenommen. In Europa stammen die meisten Importe aus Nordamerika, und aus der Liste der Arten, die sich jetzt hier eingebürgert haben, stammen mehrere Lachsfische, alle Ictaluriden und Centrarchiden sowie verschiedene weitere Arten von der anderen Seite des Atlantik. Veränderungen wie diese, zusammen mit solchen, die durch Umweltverschmutzung und verschiedene Fischerei- und Landnutzungspraktiken verursacht wurden, lassen darauf schließen, daß in Zukunft die vorherrschenden Verbreitungstrends auf die Tätigkeit des Menschen und nicht auf natürliche Ursachen zurückgeführt werden dürften. Dies sollte die einzelnen Länder dazu bringen, den Zustand ihrer heimischen Fischpopulationen sehr sorgfältig zu überdenken, falls die selteneren endemischen Arten erhalten werden sollen. Die Tatsache, daß wir noch sehr wenig wissen über Biologie und Verbreitung der weniger häufigen europäischen Süßwasserarten, bedeutet, daß auf diesem Gebiet noch immer sehr viel getan werden muß.

Fischwirtschaft

Höchstwahrscheinlich hat der Mensch schon sehr früh in seiner Geschichte Fisch gegessen. Dies beweisen Höhlenmalereien und bestimmte Typen steinerner Fallen aus prähistorischer Zeit. In der neueren Geschichte zeigt sich die Bedeutung der Fische für den Menschen in zahlreichen Literaturzitaten, Wappenschilden, Zeichnungen usw. Fast alle Größen und Typen von Fischen werden gegessen (ausgenommen solche, die wirklich schlecht schmecken oder giftig sind), angefangen von den kleinen Arten, die man gekocht in Form von „Appetithappen" als Ganzes verspeist, bis zu den sehr großen Fischen wie Stör und Hai. Man kann Fisch roh oder konserviert essen: getrocknet, geräuchert, gesalzen, in Büchsen oder gefroren. Meist kocht man den Fisch vor dem Konsum.

Methoden

Es gibt viele verschiedene Arten des Fischfangs, und die Methoden, die man im Süßwasser benutzt, ähneln im wesentlichen denen, die man im Meer anwendet, wenn auch gewöhnlich in kleinerem Maßstab. Das Stechen mit Speeren gehörte zu den frühesten Verfahren des Fischfangs und versprach bei Plattfischen wie der Flunder in seichtem Wasser oder bei großen Fischen wie Lachsen in schmalen Flüssen Erfolg. Heute wendet man diese Fangmethode in Europa nur noch aus sportlichen Gründen an – nämlich beim Sporttauchen.

Haken, die mit Köder versehen waren, benutzte man ebenfalls schon recht früh zum Fischen, ursprünglich hergestellt aus geschnitzten Knochen oder Horn, später hauptsächlich aus Metall. Die Größe des Hakens (wie auch die Größe der Maschen eines Netzes) hängt eng mit der Größe des Fisches zusammen, der gefangen werden soll. Bei der kommerziellen Fischerei legt man in geeigneten Gewässern für kurze Zeit (normalerweise über Nacht) lange Leinen aus mit Hunderten oder sogar Tausenden von Haken, die man in verschiedener Weise beködert, gewöhnlich mit Fisch- oder Weichtierstücken. Zu den so gefangenen Süßwasserarten gehören Aale, Welse, Quappen und (im Meer) Lachse. Die Methode hat jedoch für die kommerziell betriebene Süßwasserfischerei nur relativ geringe Bedeutung.

Neben Speeren und Haken waren einfache Fallen (Reusen) schon früh in Gebrauch, und heute gibt es viele raffinierte Typen. Fast alle beruhen darauf, daß ein Fisch durch eine Art Trichter schwimmen muß; er gelangt dann in die Mitte eines Behälters, aus dem er nur schwer entkommen kann. Das liegt hauptsächlich daran, daß Fische im allgemeinen an den Seiten des Behälters entlangschwimmen und sich nur selten in der Mitte aufhalten, wo sich die kleine Ausgangsöffnung befindet. Die ersten Fallen in Europa wurden aus Stein

Umfang und prozentualer Anteil des Gesamtweltfischfanges pro Kontinent (durchschnittlicher Fang für 1955 bis 1957).

Kontinent oder Gebiet	Millionen Tonnen	%
Asien	12,13	42,0
Europa	7,78	27,0
Nordamerika	4,09	13,0
Sowjetunion	2,55	9,0
Afrika	1,76	6,0
Südamerika	0,85	2,5
Ozeanien	0,12	0,5
	29,28	100,0

Der Fang von Süßwasserfischen in verschiedenen Gebieten für 1938 und 1956

Gebiet	1938 (1000 t)	%	1956 (1000 t)	%
Asien	1270	55	1780	58
Sowjetunion	610	26	660	22
Afrika	180	8	380	12
Europa	130	6	90	3
Nordamerika	70	3	120	4
Südamerika	40	2	40	1

oder aus verschiedenartigem Flechtwerk hergestellt. Man verwendete sie zum Fang von Lachs, Aal und anderen Fischen, die dazu neigen, bestimmte Routen einzuhalten. So wußte man, wo die Fallen aufzustellen waren, vor allem während der Wanderungen. Die meisten modernen Fallen bestehen aus Netzen, die mit anfällig gegen Verrottung ist. In vielen Ländern bildet die Herstellung von Fischereinetzen einen wichtigen Industriezweig, z. B. in Norwegen und Schweden, in Europa oder anderswo. Allgemein verwendet man heute Kiemennetze, Wadenetze und Schleppnetze. Kiemennetze sind Netzflächen, die mit Schwimmkör-

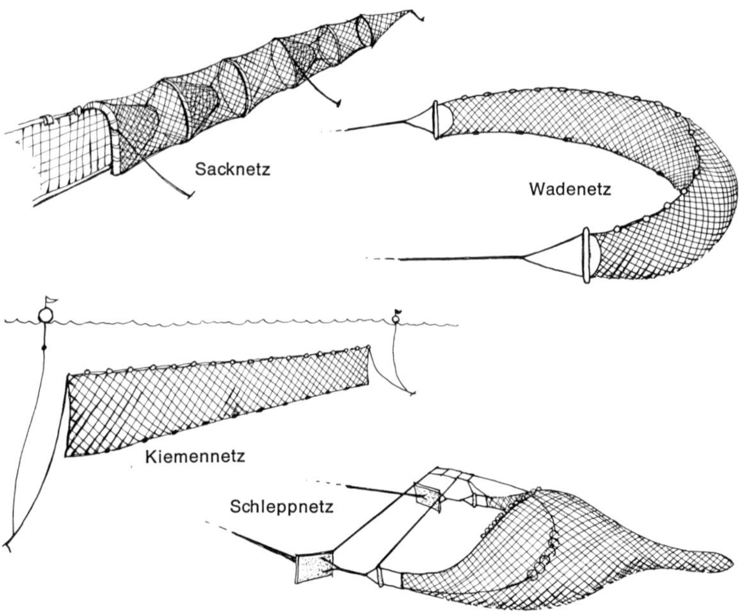

Bild 24. Vier Typen wirtschaftlich wichtiger Fischereinetze, die heute viel verwendet werden.

Pfählen, Gewichten und Schwimmkörpern versehen sind. Viele davon sind sehr kompliziert: Sie haben ein Führungsnetz, das die Fische dem Eingang zuleitet, und zwei ineinander übergehende Trichterfallen. Wenn die Fische erst ins Innere gelangt sind, gibt es kein Entrinnen mehr. Noch heute haben Fischfallen in Form von Reusen (z. B. in Schottland und Irland) große Bedeutung für den Fang etwa von Lachs oder Aal.

Das Schwergewicht der Fischereiwirtschaft liegt jetzt aber auf dem Fang mit festen oder beweglichen Netzen verschiedener Art (Bild 24). Die meisten Netze bestehen heute aus synthetischem Material wie Nylon, das leicht, fest und weniger pern, Bleileinen und Ankern ins Wasser gehängt werden. Da sich hier die Fische aktiv hineinbewegen müssen, stellt man sie meist aus sehr feinem Material her, das farblich dem betreffenden Wasser oft angepaßt ist. Viele davon sind bei geringer Sichtweite (trübes Wasser) oder bei Dunkelheit sehr wirkungsvoll. Der Fisch schwimmt mit dem Vorderkörper durch eine Masche und wird gefangen, weil die Maschenfäden hinter die Kiemendeckel rutschen, so daß er weder vor- noch rückwärts kann. Die verwendete Maschengröße muß der Fischgröße entsprechen. Wadenetze wirft man vom Boot aus ins Wasser. Die Netzwand umfaßt ein bestimmtes Wassergebiet und schließt die darin befind-

lichen Fische ein. Dieses Verfahren ist sehr verbreitet und erfolgreich. An Küsten wird das Netz von einem kleinen Boot aus im Halbkreis ins Wasser gelassen und von zwei Mannschaften zum Ufer hin eingeholt. In der Mitte des Netzes kann sich ein beutelartiger Ansatz befinden, um das Einbringen der Fische zu erleichtern. Die meisten Wadenetze für das offene Wasser weisen einen solchen Beutel auf; sie werden von einem Boot aus in Kreisform gesetzt, bevor man sie wieder einholt. Hierbei sind oft zwei Boote nötig. Ein abgeleiteter Typ ist die Drehwade (Beutelnetz), bei der man nicht im vollen Kreis arbeitet. Die Drehwade liegt im Normalfall viel tiefer als andere Wadenetze, und am Grund läuft durch eine Anzahl großer Ringe die Sacknetzleine. Wenn das Netz eingeholt wird, wird diese Leine angezogen, so daß sie den Boden des Netzes schließt.
Schleppnetze sind im wesentlichen offene Netzbeutel, die mit konstanter Geschwindigkeit durch das Wasser gezogen werden, normalerweise von einem kräftigen Boot. Die wichtigsten Kennzeichen solcher Netze sind Form und Länge des Beutels sowie die Art des Offenhaltens der Mündung. Zwei Haupttypen von Schleppnetzen werden im Süßwasser verwendet. Bei den Baumschleppnetzen halten ein oder mehrere starre Pfähle die Öffnung des Netzes auf. Die Otterschleppnetze verwenden zum Offenhalten an beiden Seiten sogenannte Otterbretter, während Schwimmkörper und beschwerte Leinen für das Offenhalten in der Mitte sorgen. Die Beutel solcher Netze müssen lang genug sein, um sicherzugehen, daß die Fische, die gefangen wurden, nicht wieder hinausschwimmen.

Fischprodukte

Ein hoher Prozentsatz des Körpergewichts eines Fisches (gewöhnlich mehr als 50 Prozent) ist Muskelmasse oder Fischfleisch, wie man im allgemeinen sagt. Die für den menschlichen Konsum gebräuchlichsten Arten haben ein leicht gefärbtes Fleisch (gewöhnlich weiß oder rosa) mit wenig Gräten und einen nicht zu kräftigen Geruch oder Geschmack. Viele weniger gebräuchliche Arten sind außerordentlich grätenreich oder zeigen einen kräftig öligen Geruch. Der Nährwert von Fischfleisch ist hoch und läßt sich gut mit bestem Rindfleisch oder anderen Fleischsorten vergleichen. Die wichtigsten Bestandteile von Fischfleisch sind Wasser, Eiweiß und Fette (annähernd im Verhältnis 70:20:10) und eine Anzahl wertvoller Vitamine. Der Fettgehalt vieler Fische schwankt jahreszeitlich sehr stark, je nach dem Zustand, in dem sich der Fisch befindet. Die Fette sind im Gegensatz zu denen der Säugetiere ungesättigt und daher für die menschliche Ernährung besser geeignet.
Da die meisten europäischen Länder am Meer liegen, ist viel von dem Fisch, der hier gegessen wird, marinen Ursprungs. Nur in Mitteleuropa und ein oder zwei anderen Gebieten machen Süßwasserfische einen wesentlichen Teil der menschlichen Nahrung aus. Die Zahl der Arten, die in den meisten Ländern gegessen werden, ist gering, was weitgehend einem Konservationismus und einem Vorurteil zugeschrieben werden muß, keinen Fisch aus heimischen Seen und Flüssen zu essen. Einige Arten sind hochwertig und können als Delikatessen bezeichnet werden. Von dieser Gruppe ist der Atlantische Lachs am wichtigsten.
Die Fische versorgen den Menschen aber auch mit anderen nützlichen Produkten außer Fleisch. Viele Fische erzeugen Öl, insbesondere die Heringe und Dorsche; auch liefern sie Fischmehl und Düngemittel. Diese Produkte erhält man entweder in fischverarbeitenden Betrieben, wo die nach dem Filletieren übrig bleibenden Abfälle zu Mehl vermahlen werden, oder unmittelbar aus dem Fang, wenn die Fische zu klein oder zu wenig wertvoll sind, um als Nahrungsmittel verkäuflich zu sein. Aus dem Mehl stellt man in Verbindung mit geeigneten Kohlenhydraten ein Futter her, mit dem man Geflügel, Schweine und Rinder aufzieht. Die Haut einiger Fische wird zur Herstellung von Leim verwendet, während die Schwimmblasen vieler Fische des Süßwassers (zum Beispiel Stör und Karpfen) früher wichtige Quellen für Hausenblasen darstellten. Man benötigte diese hauptsächlich zum Klären von Wein und Bier. Die Schuppen vom Ukelei verwendet man zur Gewinnung eines irisierenden Pigments für die Herstellung künstlicher Perlen.

Fischzucht

Die Fischfarmen dienen vor allem dem Zweck, große Mengen einer oder mehrerer Fischarten hervorzubringen, wobei gewöhnlich ein oder zwei Ziele verfolgt werden: Man will Gewässer für sportliche oder kommerzielle Zwecke mit Fischen besetzen, möchte die Tiere aber auch unmittelbar als Nahrung verkaufen. Im ersten Fall werden viele kleine Fische (manchmal sogar Eier) erzeugt und zum Einsetzen verkauft. Gelegentlich werden erwachsene Fische großgezogen, in fremde Gewässer eingesetzt und dann fast unmittelbar anschließend von Anglern gefangen. Für Speisefische sind Größe und Qualität des einzelnen Exemplars, das zum Verkauf kommt, wichtig. Die Intensität der Fischzucht bringt es mit sich, daß Fische oft unter extrem unnatürlichen Bedingungen gehalten und mit ungewöhnlichem Futter ernährt werden. Das hat zu vielen Problemen geführt, und wenn auch einige Arten der Fischzucht recht weit zurückreichen, bleibt doch ihr wissenschaftlicher Stand stark hinter dem der meisten anderen Agrarwissenschaften im Rückstand. Dies kommt daher, daß das meiste Fleisch von gezüchteten Tieren stammt, die meisten Fische aber noch immer im freien Gewässer gefangen werden. Die Fischzucht wird jedoch rasch zu einer wichtigen Wirtschaftskomponente, und man macht jedes Jahr bedeutende Fortschritte auf dem Gebiet der Genetik, der Krankheitslehre, der Fütterung usw.

Chinesen und Ägypter zogen Fische schon vor vielen Jahrhunderten auf, und auch die Römer betrachteten dies als einen wichtigen Aspekt ihrer Landwirtschaft. In Europa lag während des Mittelalters die Fischzucht meist in den Händen der Klosterbrüder, wobei der Karpfen die wichtigste Art war. Innerhalb der letzten 100 Jahre und vor allem in den letzten zehn Jahren hat das Züchten von Fischen in Europa stark zugenommen auch im Hinblick auf die Zahl der gehaltenen Arten. Hierfür gibt es eine Reihe von Gründen: Mangel an Nahrung, vor allem Protein, die Entwicklung von Düngemitteln und neuen Futtertypen zur Verbesserung des Wachstums; die zunehmende Nachfrage nach Delikatessen in vielen Ländern. Das zeigt zum Beispiel der gegenwärtige Trend zur Produktion von Tafellachs recht gut.

Die vielen Süßwasserarten, die heute in Europa gezüchtet werden, zeigt die Tabelle auf Seite 37. Man sieht, daß viele der Fische zur Aufzucht aus Nordamerika und Asien importiert wurden. Zweifellos wird man auch in Zukunft Arten einführen. Die Genetik der Fische dürfte eine immer wichtigere Rolle in der Fischwirtschaft spielen. Man wird nicht nur von Arten solche Rassen auslesen, die besondere Eigenschaften hinsichtlich Wachstum, Resistenz gegen Krankheiten usw. aufweisen, sondern auch Kreuzungen zwischen vielen Arten vornehmen, um ideale Zuchtfische zu erhalten.

Drei Arten, die in der Tabelle auf Seite 37 aufgeführt sind, kommen nicht frei in Europa vor, sondern sind aus China eingeführt worden und werden ausschließlich in Zuchtanstalten gehalten, vor allem in Mitteleuropa: der Graskarpfen, *Ctenopharyngodon idella* (Valenciennes); der Silberkarpfen, *Hypophthalmichthys molitrix* (Valenciennes); der Großköpfige Karpfen, *Hypophthalmichthys nobilis* (Richardson).

Meist wird die Fischzucht in künstlichen Teichen betrieben, oft in Käfigen innerhalb von Teichen. Nicht selten nutzt man natürliche Gewässer (gewöhnlich kleine Seen), gelegentlich Käfige oder große Behälter in Seen, selten in Flüssen oder im Meer. Teiche, vor allem solche, die speziell für die Zucht angelegt wurden, haben wesentliche Vorteile gegenüber anderen Gewässertypen. Sie können leicht entleert und gefüllt werden. Man kann die Fische ohne Schwierigkeiten mit Netzen oder durch Ablassen fangen. Die Fütterung verschiedener Arten in verschiedenen Teilen des Teiches ist einfach. Räuber (Reiher und Möwen) und Krankheiten (einschließlich Parasiten) sind viel leichter unter Kontrolle zu bringen. Teiche, die zur Fischzucht verwendet werden, schwanken in der Größe zwischen Bruchteilen eines Hektars und Hunderten von Hektar; in Europa findet man meist eine Oberfläche von einem Zehntel bis einem Hektar.

Zwei Hauptfaktoren müssen bedacht werden, wenn man eine Fischzuchtanlage plant: der Grund und das Wasser. Wirtschaftlich gesprochen sind Sand, Sumpf oder Boden einer anderen geringen Qualitätsstufe oft am besten, aber solcher Grund eignet sich nicht immer. Zu poröser Boden ist häufig unzweckmäßig. Die günstigsten Standorte liegen auf einem Grund, der undurchlässig oder wasserhaltig ist. Die Neigung des Bodengrundes hat ebenfalls Bedeutung. Im Idealfall soll der Teich an einem Punkt tief genug liegen, um ohne Pumpen entwässert werden zu können – am besten in der Nähe eines Flusses oder eines anderen Wasserlaufes. Ideal wäre es auch, wenn die Wasserzufuhr unter einem gewissen Druck stünde oder die Wasserquelle hoch genug läge, um ein ausreichendes Gefälle zu gewährleisten.

Das Wasser einer Fischzuchtanlage sollte frei von Verunreinigungen und in Menge und Qualität dem betreffenden Fischtyp angepaßt sein. Allgemein gesprochen, lassen sich die Fischarten, die man züchtet, in zwei ökologische Gruppen einteilen: Lachsartige und verwandte Formen, die große Mengen kaltes (kühler als 20 °C), reines Wasser mit hohem Sauerstoffgehalt verlangen, sowie Karpfenartige und ähnliche Fische, die viel geringere Ansprüche stellen. Sie benötigen auch weit höhere Temperaturen (vorzugsweise mehr als 20 °C während eines großen Teils des Jahres), wenn sie angemessen wachsen sollen. Es besteht die Tendenz, die Lachsfischzucht in Fischfarmen besonders im Hochland und in nördlichen Gebieten Europas zu praktizieren, während Karpfenfischkulturen im Flachland und im südlichen Europa von größerer Bedeutung sind.

Die Aufzucht zerfällt normalerweise in drei Stadien: Inkubationszeit, Aufzucht der Jungtiere, Zucht der Erwachsenen. Obwohl man die Eier, die in Fischzuchtanstalten verwendet werden, manchmal durch natürliches Ablaichen in Teichen oder sogar aus

Wichtige Arten von Süßwasserfischen, die in Europa in Kultur gehalten werden

Name	Wissenschaftlicher Name	Zweck der Kultur
Sterlet	*Acipenser ruthenus*	Nahrung
Stör	*Acipenser sturio*	Nahrung
Maifisch	*Alosa alosa*	Nahrung
Ketalachs	*Oncorhynchus keta*	Nahrung
Buckellachs	*Oncorhynchus gorbuscha*	Nahrung
Lachs	*Salmo salar*	Nahrung/Sport/Zucht
Forelle	*Salmo trutta*	Nahrung/Sport/Zucht
Regenbogenforelle	*Salmo gairdneri*	Nahrung/Sport/Zucht
Wandersaibling	*Salvelinus alpinus*	Sport
Bachsaibling	*Salvelinus fontinalis*	Sport
Amerik. Seesaibling	*Salvelinus namaycush*	Sport
Zwergmaräne	*Coregonus albula*	Nahrung/Zucht
Blaufelchen	*Coregonus lavaretus*	Nahrung/Zucht
Äsche	*Thymallus thymallus*	Sport
Hecht	*Esox lucius*	Nahrung/Sport
Rotauge	*Rutilus rutilus*	Sport
Moderlieschen	*Leucaspius delineatus*	Köderarten
Orfe	*Leuciscus idus*	Zierfisch f. Teiche
Elritze	*Phoxinus phoxinus*	Köderarten
Rotfeder	*Scardinius erythrophthalmus*	Sport
Schleie	*Tinca tinca*	Sport
Ukelei	*Alburnus alburnus*	Köderart./Fischsilber
Karausche	*Carassius carassius*	Nahrung/Zucht
Goldfisch	*Carassius auratus*	Zierfisch f. Teiche
Karpfen	*Cyprinus carpio*	Nahrung/Sport/Zucht
Graskarpfen	*Ctenopharyngodon idella*	Zucht/Unkrautvertilg.
Silberkarpfen	*Hypophthalmichthys molitrix*	Zucht/Algenvertilgung
Großköpfiger Karpfen	*Hypophthalmichthys nobilis*	Zucht
Wels	*Silurus glanis*	Nahrung/Sport
Aal	*Anguilla anguilla*	Nahrung/Zucht
Großköpfige Meeräsche	*Mugil cephalus*	Nahrung
Dünnlippige Meeräsche	*Mugil capito*	Nahrung
Flußbarsch	*Perca fluviatilis*	Nahrung/Sport
Zander	*Stizostedion lucioperca*	Nahrung/Sport

Wildwässern erhält, fängt man doch die meisten Arten zur Laichzeit und preßt Eier und Spermien aus. Diese mischt man in einem Behälter und läßt sie dann einige Minuten stehen, bevor man sie auswäscht und in Behälter einsetzt.

Die meiste Zeit bis zum Schlüpfen verbringen die Eier unter Dach, weil nur auf diese Weise die geforderten Bedingungen hinsichtlich Wasserdurchfluß und Wasserqualität (besonders Temperatur, Sauerstoff- und Trübstoffgehalt) kontrolliert werden können. Die Eier werden – gewöhnlich zu Tausenden und sogar zu Millionen – in flache Tröge oder offene MacDonald-Gefäße gesetzt, die während der ganzen Inkubationszeit von Wasser durchströmt sind. Zusätzlich zur Einhaltung der für die Art günstigen Bedingungen muß jedes Gelege regelmäßig geprüft werden, um sicher zu sein, daß die Entwicklung wirklich abläuft, und um die abgestorbenen Eier auszusondern, die rasch verwesen und andere Eier töten können. Nach dem Schlüpfen, was nach 100 bis 150 Tagen oder noch längerer Zeit bei Forellen und Lachsen, nach fünf bis zehn Tagen bei Karpfen erfolgt, überführt man die Larven üblicherweise in einen anderen Teil der Anlage.

Die Larven brauchen mehrere Tage nicht gefüttert zu werden, falls der Dottersack nach dem Schlüpfen groß ist. Das ist gewöhnlich bei den Lachsfischen der Fall. Sobald jedoch die Futteraufnahme beginnt, müssen regelmäßig ausreichende Mengen Nahrung angeboten werden – im allgemeinen mehrmals am Tage. Hierbei ist zu beachten, daß das Wachstum der Larven zwar angeregt, der Sauerstoffgehalt des Wassers aber nicht vermindert werden soll. Unverbrauchte, verwesende Nahrungsstoffe entziehen zusammen mit dem Fischkot dem Wasser sehr schnell seinen Sauerstoffgehalt, was zu einer hohen Sterberate bei den Fischen führt. In diesem Stadium ist daher ein angemessener Wasseraustausch mit Einbringen neuen Sauerstoffs und Abführen der Verunreinigungen äußerst wichtig. Wenn die Larven sich in Jungfische von etwa drei bis zehn Zentimeter Länge oder darüber verwandelt haben, beginnt das nächste Stadium der Aufzucht.

Man setzt die meisten Fische, die zum Aufstocken von Beständen verwendet werden, ins freie Wasser aus. Hierzu benutzt man sehr häufig Lastwagen mit Spezialtanks und Sauerstoffversorgung, doch ist es bei abgelegenen Wasserflächen nicht ungewöhnlich, sich eines Flugzeugs oder eines Hubschraubers zu bedienen. Die Fischereibiologen üben an vielen Einsetzungsprogrammen Kritik, und hier bedarf es noch eingehender Forschungen. Man weiß z. B., daß es Fische aus Zuchtanstalten schwer haben, sich in einer natürlichen Umwelt einzugewöhnen.

Die letzte Phase der Fischzucht besteht darin, die Jungfische aufzuziehen, bis sie für den Konsum verkauft werden können. Sie können dann allerdings auch an Anglervereine zum Einsetzen und Ausfischen abgegeben werden. Dieses Stadium der Zucht erfordert den größten Anteil der beiden kostenaktivsten Faktoren – Nahrung und menschliche Arbeitskraft. Fast alle Arten müssen regelmäßig gefüttert werden, gewöhnlich zwei- oder mehrmals am Tage. Das Futter richtet sich nach der Fischart, ist oft aber sehr teuer, besonders bei Lachsfischen, die eine eiweißreiche Nahrung brauchen. Dieses gewöhnlich in Form von kleinen Kügelchen dargebotene Futter wird oft aus Fischmehl hergestellt, das entweder aus Abfällen der Fischfilletierung oder direkt aus Fischmehlarten (zum Beispiel Sardellen, *Engraulis*) zu gewinnen ist. Während des letzten Stadiums der Zucht teilt man die Fische regelmäßig nach ihrer Größe ein, so daß nur Tiere ähnlicher Größe miteinander gehalten werden. Parasiten und Krankheiten erfordern dauernde Beobachtung; viele Teiche reinigt oder entleert man regelmäßig, um diese Schwierigkeiten möglichst gering zu halten.

In Europa weitet sich die Fischzucht noch aus, aber sie wird den Nahrungsmangel in der Welt nicht beheben, denn die hier angewendeten Systeme basieren auf hochwertigem Eiweißfutter, von dem viel bei der Umwandlung in Fischfleisch verlorengeht. Die Zuchtprozesse liefern lediglich Luxusnahrung und lassen sich niemals als billige Eiweißquellen betrachten. Die wenigen pflanzenfressenden Fische, die gegenwärtig in Europa gehalten werden, können Pflanzenmaterial (oft Abfälle) in hochwertiges Protein verwandeln. Ihnen sollte unser Augenmerk gelten bei der Suche nach billiger Nahrung.

Sportfischen

Das Sportfischen ist wohl eine der verbreitetsten Sportarten der Welt, und kein Sport im Freien hat so viele aktive Anhänger wie das Angeln. Nach einem jüngsten Überblick gingen allein in Großbritannien drei Millionen Menschen mindestens einmal im Jahr zum Fischen, in Frankreich sollen es fünf Millionen sein. Dem Sportfischen schreibt man oft keine wirtschaftliche Bedeutung zu, obwohl es in vielen Gebieten heute eine wichtige ökonomische Rolle spielt. Man darf dabei nicht nur das Geld in Rechnung setzen, das für Fischereigenehmigungen ausgegeben wird, sondern auch die Mittel, die für Ausrüstung, Transport, Hotels, Gewässerhege und -pflege aufgewendet werden. Eine große Industrie für Angelgeräte hat sich entwickelt: Die meisten Geräte werden in Großbritannien, Frankreich und Schweden hergestellt und fast alle Nylonleinen in Deutschland. Die Wirtschaft ist daher vielfältig mit dem Angeln verflochten, so daß die Arbeitsplätze vieler hier arbeitender Menschen gefährdet würden, wenn dieser Sport plötzlich aufhörte. Eine solche Katastrophe würde nicht nur die Hersteller von Angelgeräten treffen, sondern zum Beispiel auch die Züchter von Köderfischen, ebenso wie den Eigentümer einer erstklassigen Lachsstrecke, der für eine Woche Anglererlaubnis über 1000 £ einnimmt.

In Europa unterteilt man die Sportfischerei gewöhnlich nach zwei Gesichtspunkten: Meeresfischerei und Süßwasserfischerei. Die letztere gliedert man in den Fang von Lachs und Forelle einerseits und den Fang von allen übrigen größeren Arten andererseits. Beim „gewöhnlichen" Angeln gibt es Preisangler, sogenannte „Vergnügungsangler", die auf alles fischen, und die Spezialisten, die sich auf den Fang außergewöhnlich großer Fische konzentrieren oder sich sogar auf eine einzige Art beschränken. Sie treffen sich in speziellen Clubs für den Fang zum Beispiel von Hecht, Karpfen, Schleie oder Aal.

Das Sportfischen gliedert sich weniger stark: Die einen spezialisieren sich auf Wanderfische, wie Meerforelle und Lachs, die anderen finden ihr Paradies im Flußfischen (Forelle und Regenbogenforelle). In jüngster Zeit kam das Forellenangeln in Stauseen auf und das Fischen in Kleingewässern, wo zum Beispiel Regenbogenforellen zu Rekordgrößen gemästet werden. Dieser Sport wird vor allem von den Besitzern von Fischzuchtanlagen gefördert. Um Mißverständnisse zu vermeiden: Wir sprechen hier von den Verhältnissen in Großbritannien. In Mitteleuropa herrschen andere Gepflogenheiten und andere Traditionen.

Eine ausführliche Beschreibung der Angelgeräte würde ein großes Buch füllen. Im folgenden bringen wir nur eine kurze Übersicht über Geräte und ihren Gebrauch. Es gibt eine Reihe verschiedenartiger Ausrüstungsgegenstände, die zwar nicht überall nötig sind, von vielen Anglern jedoch aus Gründen der Bequemlichkeit benutzt werden. Ein Kescher ist zum Beispiel ein großes, grobmaschiges Netz an einem Stock. Man verwendet dieses Netz dazu, einen Fisch aus dem Wasser zu heben, wenn er nahe genug ans Ufer gezogen worden ist. Der gleichen Aufgabe dient das Gatt: Am Ende eines Stabes ist ein kräftiger Haken angebracht, der in die Kiemen oder den weichen Körper des Fisches eingreift und das Tier aus dem Wasser hebt. Bleigewichte und Schwimmer benutzt man oft, um den Haken genau in einer bestimmten Wassertiefe zu halten. Viele Angler tragen eine Tasche, die verschiedene kleine Ausrüstungsgegenstände enthält wie Schnüre, Rollen, Haken, Kleidungsstücke und – am Ende des Tages – Fische. Manche Taschen sind sehr stabil und können am Rand des Gewässers als Sitz benutzt werden.

Zur Grundausrüstung für das Süßwasserfischen benötigt man fast durchweg Angelruten, Rollen, Angelschnüre und Haken verschiedener Ausführung. Die Rute soll hauptsächlich das Auswerfen von Schnur und Haken ins Wasser möglich machen. Sie ist aber auch sehr wichtig, um auf die Schnur einen gleichmäßigen, aber flexiblen Zug auszuüben, so daß ein Fisch am Haken vorsichtig herausgezogen werden kann, bis er ermüdet. Die meisten Ruten waren ursprünglich aus verschiedenen Holzarten hergestellt, die kräftig und biegsam sein mußten. Die beste Rute war eine Hohlrute aus gesplißtem Bambus. In neuerer Zeit sind jedoch moderne Werkstoffe in den Vordergrund getreten, und viele Ruten bestehen jetzt aus Glasfiber (in seltenen Fällen aus Stahlrohr). Viele Sportfischer müssen noch überzeugt werden, daß handgemachte Hohlruten den modernen Glasfiberruten unterlegen sind; aber sie bezahlen teuer für ihre Prinzipien. Die Ruten haben drei Hauptfunktionen: Sie müssen den Köder an den Fisch heranbringen. Sie dienen dem „Anschlagen", durch das der Fisch gehakt wird, und sie müssen den Widerstand beim Drillen des Fisches mit der Leine aufnehmen. Da das Gewicht der gefangenen Fische (bis über 90 kg) und der verwendeten Köder (bis über 100 g) variiert, müssen die Ruten von unterschiedlicher Größe und Stärke sein, je nach dem Zweck, dem sie dienen sollen. Eine federleichte 4 m-Rute, mit der man beim Fischen ein streichholzgroßes Floß auf winzige Gründlinge wirft, könnte niemals einen Lachs landen. Ebensowenig könnte man mit einer Lachsrute einen Gründling angeln. Obwohl viele Angler meistens nur eine Rute benutzen, gibt es keine Allzweckrute. Zum gewöhnlichen Fischen braucht der Angler eine 4 m-Rute, zum Angeln von Döbel, Schleie und Barbe eine mittelstarke 3 m-Rute und für größere Fische, wie Karpfen und Hecht, eine kräftige derselben Länge. Für spezielle Zwecke wie Spinnfischen, das weiter unten erwähnt wird, braucht er kurze Ruten. Die meisten Schnüre bestehen aus synthetischem Material, entweder einfädig oder in verschiedener Weise versponnen. Gewöhnlich sind sie durchsichtig, braun oder grün gefärbt. Die Länge hängt von der Art des Fischens ab. Im allgemeinen befinden sich bis zu 100 m auf der Rolle. Angelschnüre werden nach der Zugbelastung eingeteilt, und es ist ein Teil der Technik und des „Sports", die Zugbelastung der zu erwartenden Größe des Fisches anzupassen und eine möglichst leichte Ausrüstung zu verwenden. Im allgemeinen benutzt man Schnüre mit einer Zugbelastung von 2–20 kg. Eine Turnierrute wird zweckmäßig mit einer Schnur von einer Zugbelastung bis zu 1,35 kg (eine Karpfenrute bis zu 6,3 kg, eine Hechtrute für Gewässer mit großen Exemplaren bis zu 11 kg) bestückt. Eine zu schwache Schnur wird beim Anschlagen eines Fisches reißen. Beim Fliegenfischen auf Edelfische versucht der Angler, seine Beute mit der Attrappe eines Wasserinsekts zu täuschen; hier ist die Schnur ganz anders. Jede Rute kann eine Schnur von begrenzter Länge auswerfen. Das Gewicht der Schnur selbst biegt die Rute und gibt ihr Wurfkraft. Diese, gewöhnlich 30 Meter langen, Schnüre sind mit Kunststoff überzogen und sollen im Wasser unterschiedliche Aufgaben erfüllen. Es gibt bleibeschwerte Schnüre, die zu den am Boden Nahrung suchenden Fischen absinken, Schnüre mit „Wasserkugeln", die an der Oberfläche schwimmen, und Schnüre, die zwar schwimmen, an der Spitze aber zwei oder drei Zentimeter tief absinken.

Die Haken werden am Ende der Schnur mit einem kurzen Stück Faden aus Nylon oder ähnlichem Material befestigt. Sie schwanken in ihrer Größe und im Typ sehr. Zuweilen bringt man am gleichen Vorfach zwei oder mehr Haken an, damit zumindest einer am Fisch oder in dessen Maul Halt findet. Die Haken werden normalerweise mit irgendeinem Futter beködert, je nach der Fischart, die man zu erbeuten trachtet. Gebräuchlich sind frische, mitunter auch lebende Köder, gewöhnlich Würmer, Weichtiere oder verschiedene Krebsarten; Fischköder verwendet man oft, wo Hechte oder andere fischfressende Arten gefangen werden sollen.

Das Wurfgewicht, das dem Fisch den Köder zuführt und diesen in Position hält, ist beim Köderfischen gewöhnlich Blei, könnte aber auch ein lebender oder toter Fisch sein, wenn der Angler auf räuberische Arten wie etwa den Hecht fischt. Für die gleiche Art könnte er auch Metallspinner oder hölzerne Köder als Attrappen lebender Fische oder anderer Wassertiere benutzen. Manche Angler hatten sogar mit Wasserratten-Attrappen einigen Erfolg.

Ein ganzer Zweig des Sportfischens beruht auf der Verwendung künstlicher Fliegen. Man stellt sie aus Federstückchen, Lametta oder gefärbtem Draht her und befestigt sie am Haken, so daß er wie ein Wasserinsekt oder ein Fischchen aussieht. Eine Vielzahl von Typen ist im Gebrauch, und man verwendet sie vor allem beim Fang von Lachsen und Forellen. In vielen Gewässern ist dies die einzige Köderart, die zugelassen ist. Fliegenköder auszuwerfen, ist eine Präzisionsarbeit, die man am besten bei

einem Experten lernt; doch läßt sich das Fliegenfischen leicht erlernen. Man muß eine gute Attrappe der natürlichen Fischnahrung so nah wie möglich vor einen hungrigen Fisch werfen oder einen Fisch zum Zuschnappen provozieren, indem man den Köder in sein Revier dirigiert. Forelle und Lachs werden manchmal die auffälligsten, höchstens an ein Büschel Federn oder Flitter erinnernden, künstlichen Fliegen annehmen, manchmal aber scheinen sie extrem unsicher zu sein.
Beim Fischen mit der nassen Fliege wirft man den Köder immer wieder in den Fluß oder See und zieht ihn allmählich heran. Sobald man fühlt, daß der Fisch angebissen hat, wird die Leine rasch gestrafft, um den Haken im Maul des Fisches fest zu verankern. Beim Grundfischen wird die Schnur gewöhnlich beschwert, so daß der Köder an einer bestimmten Stelle in Bodennähe bleibt, während der beköderte Haken sonst an einem auffällig gefärbten Schwimmer in geeigneter Tiefe gehalten wird. Wenn ein Fisch am Haken sitzt oder dabei ist, den Köder zu nehmen, zeigt die Bewegung des Schwimmers dem Fischer an, daß er den Anhieb setzen muß.
Wer fliegenfischt oder seinen Fang mit künstlichen Ködern, lebenden oder toten Fischen angelt, kann seinen Platz leichter wechseln als ein Angler, der mit Futterködern fischt. Beim Fischen mit Futterködern braucht man eine Tasche voll Ruten, einen Kescher und ein Sortiment von Metallgabeln zum Abstützen der Ruten sowie schachtelweise Schwimmer, Bleigewichte, Spulen, Grundköder, Haken und andere Dinge, die hier nicht alle aufgezählt werden können. Auch die Futterköder des Anglers sind verschieden: Gewöhnlich eine große Büchse voll Maden oder Puppen und Würmer. Die Liste weiterer Futterköder, mit denen die Fische gefangen werden, ist endlos. Einige der gebräuchlichsten: Brot in verschiedener Form, Hanfkörner, Weizen, Käse, Wurst, Beeren.
Außer beköderten Haken und Fliegen kennt man noch kleine Fischattrappen aus glänzendem Metall, an denen man Doppel- oder Dreifachhaken anbringt. Bei „Schwinglöffeln“

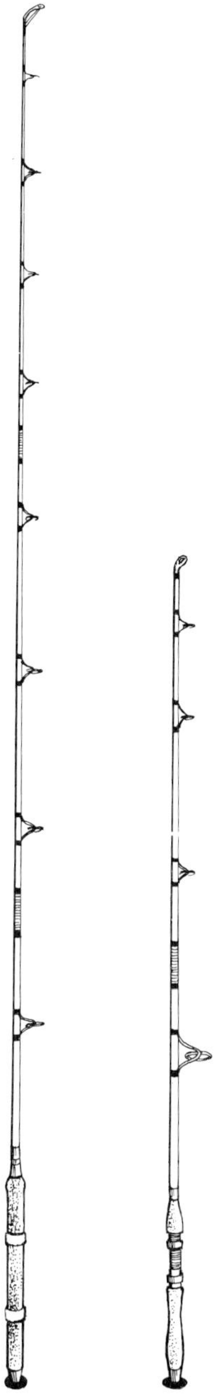

Bild 25 a. Grundfischrute (links); Spinnrute (rechts).

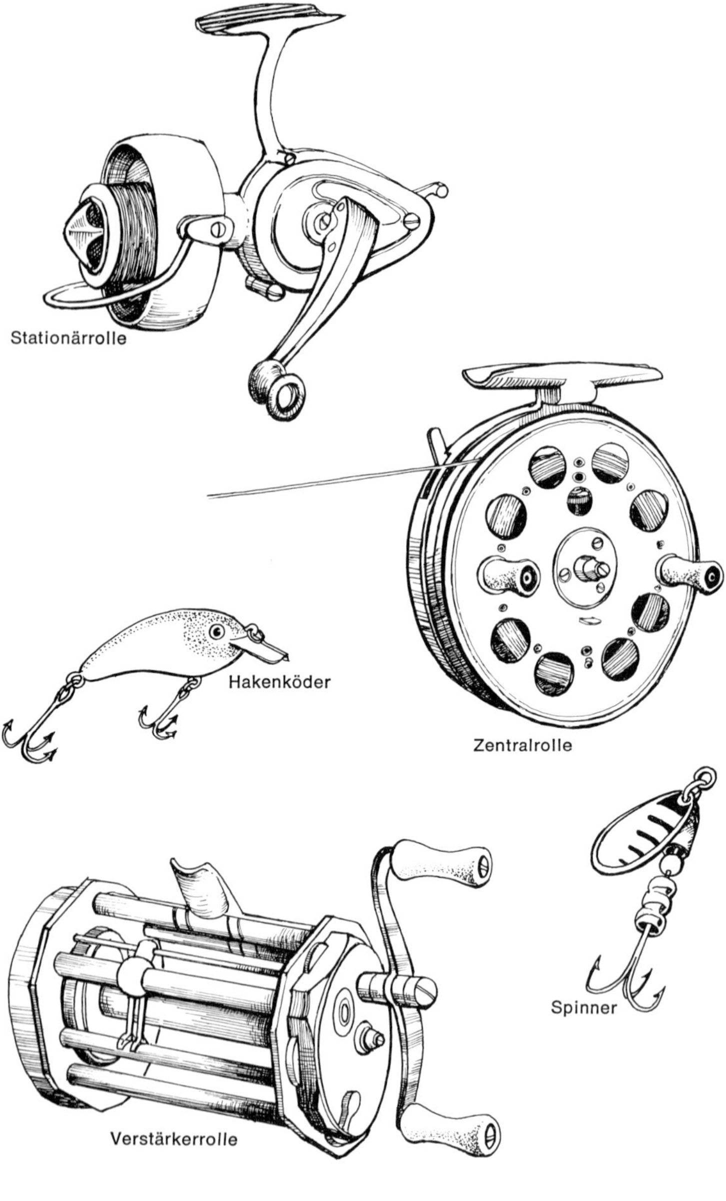

Bild 25 b. Wichtige Ausrüstungsgegenstände des Anglers.

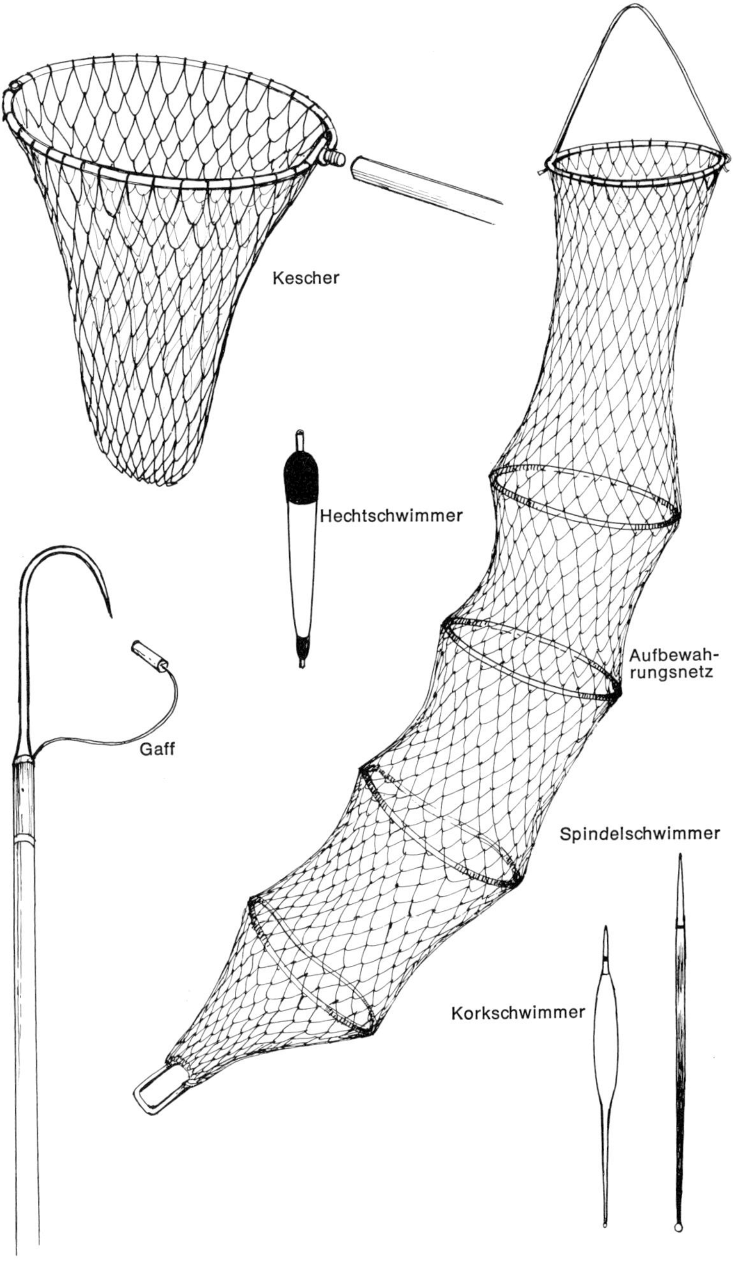
Kescher
Hechtschwimmer
Gaff
Aufbewah-
rungsnetz
Spindelschwimmer
Korkschwimmer

dreht sich ein Metallblatt um eine Achse, wenn man sie durchs Wasser zieht und erinnern dabei an Fische. Solche Köder werden auf Raubfische angesetzt und sind in manchen Gebieten sehr fängig.
Bleigewichte und Schwimmer benutzt man oft, um den Haken genau in einer bestimmten Wassertiefe zu halten. Beim Fischen mit Futterködern gibt es zwei Möglichkeiten: Man hängt den Köder an einen beschwerten Schwimmer, so daß nur dessen Spitze über das Wasser ragt — oder man fischt mit Hilfe eines Bleigewichtes nahe am Boden. Diese zweite Methode wird als „Grundangeln“ bezeichnet. Das Anbeißen wird signalisiert durch die Bewegung der Rutenspitze. Angler, die vor allem Schwimmer benutzen, sehen das Signal für einen Biß im Unter- beziehungsweise Auftauchen des Schwimmers. Ganze Bücher sind schon geschrieben worden über die Schwimmertypen für verschiedene Bedingungen. Schwimmer werden aus vielerlei Material hergestellt wie Vogelfedern, Schilf, Riedgräsern, Kunststoffmaterial und fast allem, was schwimmfähig genug ist, um das Gewicht von Blei und Köder zu tragen.
Für kurze Distanzen verwendet man winzige Schwimmer, große Schwimmer benutzt man beim Angeln auf weite Entfernung. Ungefähr 36 Meter sind hier die optimale Reichweite des Flußanglers. Bei größeren Entfernungen wird der Angler zur Grundangel greifen.
Beim Spinnfischen wirft der Angler den fischähnlichen Blinker weit aus und zieht ihn dann wieder zu sich heran. Beim Schleppangeln geht man ebenso vor, nur daß der Blinker gleichmäßig von einem fahrenden Boot gezogen wird. In beiden Fällen verschlingt der Raubfisch den Köder, dessen Haken sich im Maul oder Schlund einbohren.
Sollen die Köder gut funktionieren, braucht der Angler ein weiteres, sehr wichtiges Gerät — eine gut bewegliche Rolle. Man braucht die Rollen zusammen mit den Ruten, um die Schnur ordentlich aufgerollt zu halten und sie in der gewünschten Weise auf- und abzuspulen. Es gibt zwei Grundtypen von Rollen: Den Trommeltyp und die stationäre Rolle. Der Trommeltyp besitzt in der Mitte eine Achse, die sich auf dem Gehäuse der Rolle dreht. Das Gehäuse ist am Griff der Rute befestigt. Gewöhnlich hat eine Rolle einen oder zwei Griffe. Dieser Typ wird für das allgemeine Fischen verwendet, bei dem die Wurfweiten nicht so groß sind. Bei der Trommelrolle steht die Achse im rechten Winkel zur Rute, während bei der stationären Rolle die Achse der Rute parallel läuft. Dies bedeutet, daß bei der letzteren die Schnur leicht über den Rand der Spule laufen kann, wenn sie beim Wurf herausgezogen wird. Mit gut ausgewogenem Köder und bei geübtem Wurf kann man beträchtliche Entfernungen erreichen.
Fischer wenden eine Vielzahl von Angelmethoden an, die jeweils vom Lebensraum, von der Fischart und von anderen Faktoren abhängen. Beim Grundangeln ist es üblich, in den Gebieten, die befischt werden sollen, einige Stunden oder Tage vorher Grundköder „anzufüttern“, so daß viele Tiere angelockt werden. Zum Anfüttern wirft man an der Stelle, an der man später zu angeln gedenkt, regelmäßig Futter ins Wasser. Als frei im Wasser schwebendes Futter eignen sich Maden; Grundfutter knetet man aus aufgeweichtem Brot. Manchmal empfiehlt es sich, Maden in das Brot einzuarbeiten. Je nachdem, wie das Brot geknetet wird, sinkt es in Klumpen zu Boden oder verteilt sich in milchigen Wolken im Wasser.
Es gibt viele Gründe für die Popularität des Sportfischens. Vielfach fängt der Angler seinen Speisefisch selbst. Oft verschenkt er auch die Fische oder gibt sie lebend ins Wasser zurück. Häufig übt man das Sportfischen auf Wettkampfbasis aus, wobei es Preise zu gewinnen gibt: Hier geht es um den größten Gesamtfang oder um den größten Einzelfisch des betreffenden Wettkampftages oder der ganzen Fischereisaison. (Die Saison ist je nach Land und Fischart unterschiedlich, doch häufig darf man Fische während der Brutzeit nicht fangen.) Viele Angler sitzen einen ganzen Tag am Wasser und ärgern sich nicht, wenn sie keinen einzigen Fisch erbeuten. Der Aufenthalt an der frischen Luft und an einem angenehmen Ort scheint ihnen Belohnung genug (Bild 25 a und b).

Aquarien

Für viele Tausende in Europa und anderswo bilden Aquarien die Grundlage für ein aufwendiges Hobby. In anderen Bereichen bieten sie sich als wertvolles Erziehungsmittel an oder als Ausgangspunkt für aufsehenerregende Arbeiten über Vorgänge, die sich von tierischem Verhalten bis zum Krebswachstum erstrecken können. Mit Hilfe moderner Technik ist es möglich, fast alle Fischarten lebend in Aquarien zu halten, vielleicht mit Ausnahme solcher, die in sehr tiefem Wasser leben.

Es gibt zweierlei Arten von Aquarien: Einmal reine Behälter für das Halten von Fischen, die für Zwecke wie Fütterung, experimentelles Arbeiten oder dergleichen benötigt werden; zum anderen aber auch kleine isolierte Lebensräume, die den natürlichen Biotopen entsprechen und die nicht nur Fische, sondern auch verschiedene Pflanzen und Wirbellose enthalten. Derartige Aquarien dienen erzieherischen Zwekken und sind zugleich schön anzuschauen (Bild 26).

Die Aufgabe der experimentellen Aquarienhaltung ist es, die Fische unter verschiedenen Bedingungen zu testen, oft unter Bedingungen, die im einen oder anderen Sinne extrem sind. So sind Licht, Temperatur, Strömung und Qualität des Wassers (einschließlich Sauerstoffgehalt) Variable, die während des Experimentierens verändert werden können. Auf diesem Gebiet sind viele Arbeiten sehr theoretischer Natur, doch vieles läßt sich auch in der Praxis anwenden und erweist sich als wichtig für die Bedürfnisse des Menschen. Das Studium der

Bild 26. Ein Gartenteich, geeigneter Lebensraum für viele kleine Fischarten, die man in europäischen Tümpeln und Kanälen findet.

Fischgenetik und des Wertes unterschiedlicher Nahrungsstoffe sind nur zwei Beispiele für Forschungen, die gegenwärtig bei der Fischzucht Vorrang haben. Eine der offensichtlichen Folgen der Süßwasserverschmutzung ist der Tod oft großer Mengen von Fischen. Würden die Tiere nicht sterben, so nähmen tatsächlich viele Leute gar keine Kenntnis davon (oder würden sich nicht darum kümmern), daß ein Fluß schwer vergiftet ist. Zur Zeit arbeitet man an Versuchen mit verschiedenen Fischarten in Aquarien mit dem Ziel, einen „Standardfisch" zu entwickeln, dessen Reaktionen auf verschiedene Verschmutzungssubstanzen und deren Kombinationen man genau kennt. Dies wird die Möglichkeit eröffnen, Abwässer und dergleichen dadurch biologisch zu prüfen, daß man sie auf Fische in Aquarien einwirken läßt oder daß man Käfige mit den Fischen in die Abwasserkanäle einsetzt. Solche Testverfahren haben gegenüber bereits vorhandenen, rein chemischen Methoden zur Aufdeckung von Verunreinigungen bestimmte Vorteile. Ein sehr wichtiger Vorteil ist der, daß die Analysen die Wirkung von Zeit und mehreren vorhandenen Schadstoffen integrieren.

Was die im Raum installierten Aquarien so wertvoll macht, ist der Umstand, daß sie in Form eines leicht beobachtbaren Mikrokosmos das wiedergeben, was sich draußen in der Natur abspielt. Es ist der Zweck eines solchen Aquariums, ein Gleichgewicht zwischen seinen verschiedenen Komponenten herzustellen, so daß man eine Art Gegenstück zu den natürlichen Kreisprozessen erhält. Dies läßt sich selten völlig erreichen, und normalerweise muß man Futter zuführen und andere Stoffe wie Fischkot, Abfall oder überschüssigen Pflanzenwuchs entfernen. Dennoch läßt sich ein gewisses Gleichgewicht einstellen.

Die Pflanzen in einem Aquarium wurzeln gewöhnlich im vorhandenen Kies und vermögen, bestimmte Mengen von Salzen und Kohlendioxid, die von den Fischen erzeugt werden, zu verwerten. Unter der Wirkung des Lichts sind die Pflanzen photosynthetisch aktiv und produzieren Sauerstoff (von dem allerdings auch ein Großteil durch die Wasseroberfläche aufgenommen wird). Den Sauerstoff atmen die Fische ein. Manche Fische fressen Pflanzenteile und Algen, die überall an den Aquarienflächen wachsen, und oft kompliziert man das Ökosystem noch dadurch, daß man Wirbellose, z. B. Weichtiere und Krebse hinzufügt, die bei der Eindämmung des Pflanzenwachstums helfen können und deren Eier und Junge eine Nahrungsquelle für die Fische darstellen. Über Aquarien sind viele nützliche Bücher geschrieben worden. Auch gibt es viele Hunderte von Aquariengesellschaften in allen Teilen Europas, denen man beitreten kann.

Der erzieherische Wert von Fischen in Aquarien sollte nicht unterschätzt werden, denn wenn man geeignete Fische unter den rechten Bedingungen hält, kann man sie dazu bringen, einen ganzen Lebenszyklus innerhalb eines Jahres zu durchlaufen und einen breiten Fächer biologischer Grundtatsachen zu demonstrieren, die Beziehung zu der im Klassenzimmer behandelten Theorie aufweisen. Hier sind vor allem Aspekte des Verhaltens, der Fortpflanzung, der Ökologie, der Anatomie und der Physiologie zu nennen. Häufige europäische Arten, die für Schulzwecke wertvoll sind und sich in Aquarien halten und züchten lassen, sind Hundsfische, Elritzen, Bitterlinge, Goldfische, Stichlinge, Rotaugen und Groppen.

Der Wert der Aquarien für Lehrzwecke ist bekannt, und sie spielen bei der Erziehung eine wichtige Rolle. Ihre Bedeutung für die Allgemeinheit wird weniger anerkannt, und es ist ein beklagenswerter Umstand, daß die meisten Bewohner Europas von den natürlich vorkommenden Fischen nur einige wenige gesehen haben, und auch die allzu häufig nur auf dem Ladentisch des Fischhändlers. Es ist freilich überaus schwierig, Fische in ihrem natürlichen Lebensraum zu beobachten, und man kann sie nur dann richtig einschätzen, wenn man sie in Aquarien von ausreichender Größe – gemäß den ökologischen Erfordernissen – zu betrachten vermag. Die wenigen wirklich guten öffentlichen Aquarien, die es heute auf der Welt gibt (zum Beispiel in Vancouver und Amsterdam), beweisen, daß es durchaus möglich ist, das ganze Spektrum der Arten eines Landes zu zeigen, und daß diese Arten oft attraktiver und interessanter sind als die prächtig gefärbten exotischen Arten, die man üblicherweise in anderen öffentlichen Aquarien sieht.

Sammeln und Konservieren

Fische kann man mit sehr unterschiedlichen Methoden fangen, je nach Art, Größe, Lebensraum usw. Die häufigsten Fangmethoden: für größere Fische das Angeln, für kleinere Fische das Erbeuten mit dem Handnetz. Andere Verfahren sind zum Teil ertragreicher, doch meist unzulässig (z. B. Kiemennetze, Wadenetze, Schleppnetze, Fallen (Reusen) usw.). Die meisten Fischfangmethoden sind in hohem Maße selektiv und richten sich oft nur auf eine bestimmte Größenordnung einer einzigen Art, manchmal sogar nur auf ein Geschlecht. Will man eine gemischte Population in einem Lebensraum genau untersuchen, so ist es im allgemeinen ratsam, mehrere voneinander abweichende Fangmethoden anzuwenden.
Wie schon bemerkt, dient der vorliegende Bestimmungsschlüssel nicht zur Erkennung von Jungfischen (sehr kleinen Exemplaren) der meisten Arten. Kurz nach dem Schlüpfen ändern die Jungen der meisten Fische ihre Form sehr rasch, und einige Zeit lang fehlen die für die Art charakteristischen Kennzeichen. Im Gegensatz zu vielen Wirbellosen können erwachsene Fische wegen ihrer bedeutenden Größe meist im natürlichen Lebensraum bestimmt werden. In sehr vielen Fällen ist es möglich, ein Exemplar unmittelbar nach dem Fang zu bestimmen und das Tier dann lebend ins Wasser zurückzusetzen. Es gibt kaum einen Grund, solche Fische zu töten, es sei denn, sie werden für die Ernährung, für die Forschung oder für andere legitime Zwecke benötigt. Wo es schwierig ist, Arten in der freien Natur genau zu bestimmen, muß man sie zur exakten Prüfung womöglich lebend mitnehmen, doch wird sich dies oft nicht durchführen lassen, besonders bei großen oder empfindlichen Exemplaren, und meist muß man die Fische dann töten. Selbstverständlich ist Tötung unumgänglich, wo das Sezieren wesentliche Voraussetzung für ihre genaue Identifizierung ist.

Das Töten

Abgesehen vom Ersticken, tötet man Fische, die nicht verletzt werden sollen, am besten durch ein flüssiges Betäubungsmittel. Hierfür eignet sich besonders eine Chemikalie, die unter dem Namen MS 222 bekannt ist. Tiere, in eine 0,1prozentige Lösung eingesetzt, werden sehr schnell narkotisiert und können dann entweder eingefroren oder in ein geeignetes Fixiermittel überführt werden. Im Idealfall sollte ein Fisch so frisch wie möglich zur Untersuchung kommen, zumindest im Zeitraum von 48 Stunden, bei warmem Wetter viel früher. Falls dies nicht möglich ist, müßten die Exemplare eingefroren oder auf irgendeine Weise fixiert werden.
Eingefrorene Fische behalten ihre Färbung weit besser als fixierte. Am besten geht man beim Einfrieren so vor, daß man jedes einzelne Tier in einen Kunststoffbeutel mit passender Beschriftung legt, etwas Wasser zugibt und das Ganze so schnell wie möglich einfriert. Der Fisch sollte bei diesem Vorgang ausgestreckt liegen, und man sollte darauf achten, nicht die Flossen zu beschädigen.

Das Einfrieren und Fixieren

Selbst eingefrorene Fische halten sich nicht unbegrenzt lange, falls man sie für Bestimmungszwecke immer wieder auftaut, und wenn man Tiere aufbewahren will, muß man sie normalerweise in irgendeiner Form fixieren. Das am meisten verwendete Fixierungsmittel ist 4prozentige Formaldehydlösung. Fische, die konserviert werden sollen, legt man in einem niedrigen Gefäß einzeln flach auf die Seite, spreizt die Flossen so weit wie möglich ab und gießt so viel Lösung darüber, daß der Körper ganz bedeckt ist. Um eine sichere Fixierung zu gewährleisten, müssen die Tiere mehrere Tage in der Lösung verbleiben. Bei großen Fischen (mit mehr als 30 Zentimeter Länge) ist es ratsam, an der Bauchseite die Körperwand etwas aufzuschlitzen oder in die Körperhöhle eine kleine Menge 40prozentigen Formaldehyds einzubringen. Dies sichert eine vollständige Fixierung auch im Inneren, und der Fisch kann dann zeitweilig in Kunststoffbeuteln oder dauerhaft in geeigneten Behältern aufbewahrt werden, entweder in 4prozentigem Formaldehyd oder in angenehmeren Konservierungsmitteln wie 70prozentigem Alkohol oder 3-Phenoxypropanol. Jeder Behälter sollte mit Stift oder unverwischbarer Tinte beschriftet

werden. Die Angaben sollten enthalten: Art der Fische; das Gewässer, aus dem sie stammen; das Datum; den Namen des Sammlers.
Recht gute Erfolge erzielt man auch mit Methylalkohol (7 Teile Alkohol und 3 Teile Wasser), Salz (1 Teil Salz und 2 Teile Wasser) oder Weinessig (Essigsäure), wie man ihn zum Würzen verwendet. Man gibt den Fisch in einen Kunststoffbeutel und achtet darauf, daß er möglichst gestreckt bleibt.
Eier oder Larven lassen sich konservieren und aufheben in kleinen Reagenzgläsern mit 4prozentiger Formaldehydlösung oder 70prozentigem Alkohol. Jedes Glas sollte einen Zettel mit den wichtigsten Angaben enthalten: Art, Ort, Datum, Farbe der Eier im frischen Zustand, exakte Bezeichnung des Lebensraums, Name des Sammlers usw. Bei Eiern erscheint es ratsam, wo dies möglich ist, eine ausreichende Anzahl zu nehmen, vor allem wenn die Eier aneinanderkleben, denn die Form des Laichklumpens kann für die Bestimmung wichtig sein. Dieses Material ist – besonders für einige Arten – außerordentlich selten.
Einige Fischarten kann man allein nach den Schuppen bestimmen. Gute Schuppen von der Körperseite lassen oft auf Alter und gewisse Einzelheiten aus dem Leben des Tieres schließen. Die Schuppen steckt man am besten in einen kleinen Umschlag, den man faltet, und läßt sie darin trocknen. Sie halten sich so unbegrenzt. Den Umschlag versieht man außen mit folgenden Angaben: Art, Ort, Datum, Name des Sammlers, ferner Länge, Gewicht und Geschlecht des betreffenden Exemplars. Die Fischlänge mißt man am besten zwischen der Spitze des Mauls und der Spitze des mittleren Strahls der Schwanzflosse. Zum Bestimmen säubert man die Schuppen und legt sie trocken oder in Glycerin auf einen Objektträger.
Wie bei anderen Wirbeltieren sind die Knochen oft recht nützlich bei der Bestimmung eines Fisches, und in einigen Fällen (zum Beispiel bei den Schlundknochen der Karpfenfische und den Pflugscharbeinen der Lachsfische) können sie für eine exakte Identifizierung wesentlich sein. Bestimmte Knochen sind auch bedeutsam, wenn es darum geht, Alter und Wachstum einiger Arten festzulegen (zum Beispiel die Kiemendeckelknochen der Barsche und Hechte). Die Präparation all dieser Knochen für Zwecke der Prüfung und der folgenden Konservierung ist verhältnismäßig einfach; man sollte allerdings frisches oder gefrorenes Material benützen – kein Material, das zuvor fixiert worden war. Die betreffenden Knochen schneidet man aus dem Fisch heraus, und zwar zusammen mit den anhängenden Geweben. Jeder Knochen wird dann für einige Minuten in sehr heißes Wasser gehalten und anschließend mit einer kleinen steifen Bürste behutsam abgebürstet, um die weichen Gewebe zu entfernen. Man wiederholt den Vorgang, bis die Knochen ganz sauber sind. Dann kann jeder Knochen auf ein sauberes Papier gelegt werden, und das Trocknen erfolgt langsam in einer warmen, aber nicht heißen Umgebung. Einzelheiten des Fisches, von dem der Knochen stammt (Art, Ort, Datum, Name des Sammlers, Länge, Gewicht, Geschlecht), schreibt man entweder auf einen kleinen, steifen Zettel, den man an den Knochen mit einem kräftigen Faden anbindet, oder auf die Außenseite eines Umschlags oder Behälters, in dem man den Knochen aufbewahrt. Knochen, die so gereinigt und getrocknet wurden, halten sich fast unbegrenzt.
Obgleich es mit Hilfe dieses Bestimmungsschlüssels möglich ist, alle Fischarten, deren Vorkommen im Süßwasser Europas bekannt ist, zu benennen, sind doch einige Arten ohne Übung ziemlich schwierig genau zu identifizieren. Auch muß man mit dem Auftreten eines Hybriden rechnen oder mit einer Species, die für dieses Land neu ist. In Zweifelsfällen müssen ein oder mehrere Exemplare der Art wie oben beschrieben getötet und konserviert werden. Dann schickt man sie zusammen mit einschlägigen Detailangaben zur Prüfung an einen kompetenten Ichthyologen. Es ist üblicherweise nicht ratsam, frische Fische mit der Post zu versenden, da sie zu schnell verwesen. Schickt man konservierte Fische, so sollte das Konservierungsmittel entfernt werden, und die in Musselin eingewickelten Tiere verschließt man in einem Kunststoffbeutel. Legt man diesen dann in eine Schachtel mit Verpackungsmaterial, so bleibt der Fisch mehrere Tage in einwandfreiem Zustand.

Schutz der Fische

Die Landkarten in diesem Buch zeigen die gegenwärtige Verbreitung jeder Art von Süßwasserfischen in Europa. Mehrere Arten vergrößern ihr Verbreitungsgebiet, wogegen andere in dieser Hinsicht zurückgehen. Einige sind in Gefahr auszusterben – hauptsächlich als Folge von Belastungen, die auf das Konto des Menschen gehen. Es erfordert noch ein beträchtliches Maß an Grundlagenforschung, besonders bei den weniger häufigen Arten, wenn die Ausrottung seltener Arten verhindert werden soll.

Unter Schutz der Süßwasserfische verstehen verschiedene Leute recht unterschiedliche Dinge. In der Vergangenheit hat sich die Diskussion um den Schutz der Fische meist vor allem mit Arten beschäftigt, die wirtschaftlich oder für Zwecke des Sports von unmittelbarer Bedeutung für den Menschen waren. Hieran sind sehr viele interessiert, und sie stellen einen wesentlichen Teil der Bevölkerung.

Bei der Betrachtung des Schutzes von Fischpopulationen gibt es aber noch andere wichtige Gesichtspunkte, die weit weniger beachtet wurden – vermutlich weil sie keine wirtschaftliche Bedeutung zu haben scheinen oder, falls man ihnen diese Bedeutung zugesteht, weil es zu schwierig ist, ihnen einen „Geldwert" zuzuordnen. Der Freizeitwert ist ein solcher Gesichtspunkt. Heute bestreitet niemand den Freizeitwert von Gewässern, und man hält sich in ihrer Nähe auf, um im klaren Wasser Fische umherschwimmen und springen zu sehen. Für viele Menschen scheint es psychologisch beruhigend zu sein zu wissen, daß ein Gewässer eine gesunde, beständige Fischpopulation enthält (auch wenn sie sie unter Umständen gar nicht sehen). Fische sind hervorragende Indikatoren für den Verschmutzungsgrad eines Wassers. Das Fischsterben ist oft eines der ersten deutlich sichtbaren Anzeichen einer plötzlichen Verseuchung, und Gewässer, die infolge von Vergiftung ohne Fische sind, werden im allgemeinen mit Mißbehagen betrachtet – unabhängig von ihrer visuellen Beschaffenheit. Da Fische gewöhnlich in aquatischen Systemen unter den Spitzenkonsumenten der Nahrungskette zu finden sind, stellen sie oft einen sehr empfindlichen Meßfühler für Umweltverschmutzung durch Insektizide und andere Gifte dar.

Der Erholungswert von Fischpopulationen wird häufig allein in ihrem Nutzen für das Sportfischen gesehen, was jedoch keineswegs den Tatsachen entspricht. Das wirtschaftliche Element und die Aktivität der Erwachsenen beim Sportfischen verschleiern oft den Umstand, daß viele Kinder (und ihre Eltern!) ein großes Vergnügen darin finden, kleine Fische zu fangen und sie dann in Aquarien zu setzen. Die Zahl der in dieser Hinsicht wichtigen Arten ist weit größer als die der Fische, die sich für das Sportfischen eignen. Hiermit steht auch der erzieherische Wert dieser Art für Schulen und Universitäten in Verbindung – besonders hinsichtlich des Verhaltens und der Anatomie. Die ökologischen Beziehungen innerhalb eines Gewässers können im Hinblick auf die Fische ebenfalls wichtig sein. So dienen sie zum Beispiel oft interessanten oder seltenen räuberisch lebenden Vögeln als Futter.

Wissenschaftlich fällt den Fischpopulationen eine Reihe von Aufgaben zu, und sie spielen bei zahlreichen Forschungsarbeiten eine Rolle. Ein wichtiger Aspekt auf diesem Gebiet ist die Erhaltung von Populationen seltener Arten oder isolierter Populationen gebräuchlicher Arten, die sonst nicht vorkommende Gen-pools besitzen.

Der Mensch beschäftigt sich seit vielen tausend Jahren mit Fischpopulationen, und es ist oft schwierig, die Wirkung dieser Tätigkeit von Veränderungen auf Grund natürlicher Vorgänge zu trennen. Während der letzten 100 Jahre, besonders aber während des letzten Jahrzehnts, sind viele neue und starke Einflüsse wirksam geworden. In den meisten Fällen waren sie der Erhaltung der Fische insgesamt abträglich. Viele von ihnen stehen – das ist unvermeidlich – miteinander in Wechselwirkung, und als Endergebnis steht man einer komplexen und unvorhersehbaren Situation gegenüber.

Fischerei

Der Einfluß der Fischerei (in wirtschaftlicher und sportlicher Hinsicht) auf die Populationen, die sie nutzt, kann von völliger Ausrottung bis zu einem mehr oder weniger stabilen Verhältnis zwischen Ersatz und Entnahme reichen. Den letztgenannten Zustand finden wir in vielen alten, traditionsreichen Fischereien. Das Geheimnis des Erfolges liegt bei Fischereien darin, ein gut funktionierendes System zu haben, bei dem dauernd Fangstatistiken aufgestellt und als Grundlage für die künftige Behandlung des Bestandes verwendet werden. Es liegt offenbar im eigenen Interesse derer, die sich mit der Fischerei beschäftigen, sich in bezug auf Jahreszeiten, Fanggerät, Zahl und Größe der gefangenen Fische usw. so zu verhalten, daß der Bestand überleben kann. Obwohl es beträchtliche Lücken in unserem Wissen über die Populationsdynamik vieler Fischarten gibt, genügen unsere Informationen jedoch für die Annahme, daß gut eingespielte Fischereien, deren Leitung sich auf wissenschaftliche Grundlagen stützt, Erfolg haben sollten. Allzuoft allerdings ist eine Süßwasserfischerei noch nicht auf gesunder ökologischer Basis aufgebaut.

Früher dachten viele (und noch heute denken einige so), daß der Bestand das wichtigste in einem Fischereibetrieb sei. Eine große Zahl aufgegebener Fischzuchtanstalten und Teiche in verschiedenen Ländern sind Beweis für den Glauben vergangener Generationen an diese Vorstellung. Zweifellos ist das Halten des Bestandes ein wesentlicher Teil der Bemühungen der Fischereileitung, doch ist dies nur dort nötig, wo in den Gewässern Laich- und Aufzuchtgebiete fehlen oder für den Ersatz unzureichend sind. Es gibt nur wenige Gewässer, für die dies zutrifft, und das wird vermutlich so bleiben, ausgenommen dort, wo sich eine Fischerei des „Einsetzens und Abfischens" entwickelt. Die Produktion von Fischfutter ist dort ganz unbedeutend, da die eingesetzten Fische bereits Fanggröße haben und wahrscheinlich schon gefangen werden, bevor sie verhungern.

Es gibt sehr wenige aquatische Ökosysteme, in die eine Fischart eingesetzt und in der sie gehalten werden könnte, ohne daß sich in dem System wesentliche Veränderungen abzeichneten. Da dies der Fall ist, sollten alle beabsichtigten Einsatzversuche äußerst sorgfältig überwacht werden. Das gilt nicht nur für Fischarten, die in Europa nicht vorkommen, sondern auch für solche, die in einem bestimmten Wassersystem neu sind.

Einheimische Arten mit beschränkter Verbreitung oder fremde Arten, die in Europa bereits eingebürgert sind, sollte man nur sehr vorsichtig außerhalb ihres gegenwärtigen Lebensraumes einzuführen versuchen. Viele einheimische Arten scheinen sich allmählich auf natürlichem Wege auszubreiten, zum Beispiel Barsch und Hecht, aber selbst in diesen Fällen kann die Wirkung drastisch sein. So ist mehrfach beobachtet worden, daß Hechte, die in neue Gewässer Eingang gefunden hatten, dort vorhandene Forellenpopulationen völlig ausgerottet haben. Viele Arten sind auch vom Menschen verbreitet worden. Die Einführung von Hasel und Rotauge in Irland und ihr Einfluß auf die dortigen Fische sind sorgfältig belegt. Neuerdings hat man die Barbe weit über ihr früheres Verbreitungsgebiet hinaus vorgeschoben. Jährlich werden viele hundert weniger wichtige Einführungen vorgenommen, meist jedoch innerhalb der bereits vorgegebenen Verbreitungsgrenzen der betreffenden Art.

Bei Fischarten, die für Europa neu sind, sollte man mehrere Gesichtspunkte beachten, ehe man eine Einführung in Erwägung zieht: 1. Es sollte ganz klar sein, daß ein bestimmter Zweck mit der Einführung verbunden ist, zum Beispiel für Sport, zur Abwandlung gewisser Fischgesellschaften usw.; 2. Es ist unerwünscht, Arten einzuführen, die vermutlich einen ungünstigen Einfluß auf das Ökosystem ausüben, zum Beispiel durch Räuberei, Existenzkampf oder Freßverhalten (etwa Vernichtung der Vegetation); 3. Es ist darauf zu achten, ob die Art vollständig unter Kontrolle gehalten werden kann oder nicht. Zum Beispiel werden einige Arten aus klimatischen Gründen sich nicht fortpflanzen können, während andere beim Ablaichen sehr spezielle Ansprüche stellen usw.

Es gibt ohne Zweifel gewisse Umstände, unter denen das Umsetzen einer heimischen Art gerechtfertigt erscheint. Einen klaren Fall stellt die Einführung in ein reines Gewässer dar, dessen frühere Fischpopulation durch irgendeine Schädigung vernichtet wurde, ferner das Einsetzen einer geeigneten Art in ein neu ge-

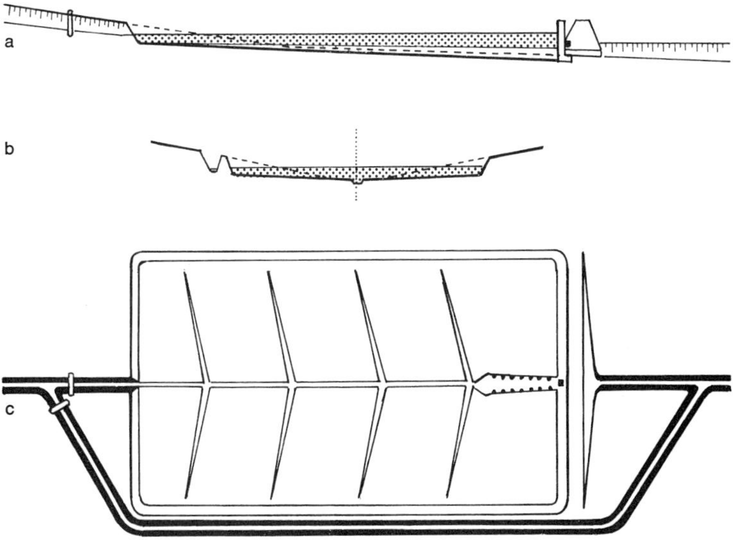

Bild 27. Planskizze eines typischen Fischzuchtteichs; a = Längsschnitt; b = Querschnitt; c = Aufsicht (nach Maier und Hofman).

schaffenes Gewässer, etwa einen Stausee. Andererseits sollte man keine neuen Arten in Gewässer einsetzen, die seltene heimische Arten beherbergen. Solche seltenen Species sind jedoch sehr wohl zum Zweck einer Sicherung des Bestandes in andere Lebensräume zu überführen (Bild 27).

Gewässer-Verschmutzung

Die Verunreinigung des Süßwassers wird heute stark diskutiert und soll hier nicht in Einzelheiten behandelt werden. Es genügt zu sagen, daß der Hauptanteil der Verschmutzung von Haushalts-, Agrar- und Industrieabfällen herrührt und daß die Verunreinigung entweder für alle vorkommenden Fischarten giftig sein kann oder selektiv wirkt. Im letztgenannten Fall tötet sie nur einige empfindliche Arten oder ändert die Umweltbedingungen so, daß manche Arten gefördert werden, andere nicht. (Die Eutrophierung gilt mitunter als eine schwache Verschmutzung.)

Wegen der großen Zahl von Flüssen und der geringen Entfernung zum Meer sind die stehenden Gewässer in Europa weniger von unmittelbarer Verschmutzung bedroht. Die meisten Abwässer gelangen direkt in fließende Gewässer und Flußmündungen (oder ins Meer), und die Arten dieser Ökosysteme sind am meisten von der Verschmutzung bedroht. Besonders betroffen sind die Arten mit einer Bindung ans Meer, denn normalerweise sind die Unterläufe der Flüsse und ihre Mündungsgebiete am stärksten verunreinigt, und gerade durch diese Zonen müssen solche Fische zu irgendeiner Zeit ihres Lebens hindurch. So kann ein extremer Verschmutzungsgürtel in einem Flußsystem die Fischpopulation des gesamten Systems in Mitleidenschaft ziehen, weil er für diese Fische als Sperre wirkt.

Die Eutrophierung weiter Wasserflächen wird heute in vielen Teilen der Welt aufmerksam verfolgt. Im wesentlichen beruht das Phänomen darauf, daß immer größere Mengen von Nährstoffen in das Wasser gelangen, und zwar aus Vorgängen, die der Geologie, der Hauswirtschaft, der Industrie und der Landwirtschaft zuzuordnen sind. Die allgemeinen Veränderungen, die sich in einem Gewässer bei der Eutrophierung abspielen, sollen hier nicht untersucht werden. Es sei lediglich erwähnt, daß dadurch die Algen überhandnehmen (womit eine Veränderung der Artenzusammensetzung verschiedener anderer Lebewesen verbunden ist), ferner hängen davon wieder Veränderungen im Benthos und bei den Fischpopulationen ab.

Die Fische zeigen als eine der üblichen Reaktionen auf zunehmende Eutrophierung eine bemerkenswerte Steigerung der Zuwachsrate. Es scheint auch eine unmittelbare Beziehung zu geben zwischen der Beschleunigung der Eutrophierung und der Zunahme des Parasitismus bei Fischen. Beim Übergang vom sauberen, sauerstoffreichen zum trüben, mitunter sauerstoffarmen Substrat in Gewässern, die eutrophieren, verlieren viele Fische wertvolle Laichgebiete. Dies schädigt vor allem die Arten, die im tiefen Wasser ablaichen, zum Beispiel Renken.

In Seen, die in der Natur eine normale Eutrophierung durchlaufen, scheint eine Reihenfolge der Arten und Dominanzbedingungen zu existieren, die von Lachsfischen (wie dem Seesaibling) über Coregoniden (wie den Renken) und Perciden (wie den Hechten) bis zu Cypriniden (wie dem Karpfen) reicht. Diese Entwicklungsreihe wird von Anglern und auch aus anderen Gründen als unerwünscht betrachtet, doch beschleunigt künstliche Eutrophierung ihren Ablauf noch beträchtlich. Über die Zusammenhänge, die diese Veränderungen bewirken, weiß man noch ziemlich wenig.

Landnutzung

Die verschiedenen Formen der Landnutzung können die Fischpopulationen in den einzelnen Teilen Europas wesentlich beeinflussen. Die Schaffung von Stauseen zur Elektrizitätsgewinnung und zur Wasserversorgung ist ein deutliches Beispiel dafür, wie kleine Flüsse oder Teiche in große, oft tiefe Vorratsbehälter umgewandelt werden. In einigen Fällen ändert sich der Wasserspiegel der Stauseen stark, und dies kann sich sehr auf die Besiedelung der Uferregionen, einschließlich der Fische, auswirken. Die Fische nämlich leben oder laichen im Flachwasser oder in überfluteten Nebenflüssen. Die Dämme solcher Stauseen wirken für Wanderfische als Barrieren, und deshalb schützt man in Schottland die anadromen (s. S. 17) Arten durch entsprechende Maßnahmen: Man sorgt für ein Minimum an Gefälle, für gelegentliches Hochwasser, den Bau von Fischpassagen, die Errichtung von Lachstreppen, die Schaffung künstlicher Laichkiesgründe, die Einführung von Zuchtanstalten und die Erschließung vorher nicht genutzter natürlicher Laichplätze. Bisher hat man allerdings lediglich an Arten gedacht, die für Sport oder Wirtschaft von Interesse sind.

Ein ernstes Problem, das mit der Landnutzung in Zusammenhang steht, ist das weit verbreitete Auffüllen und Trockenlegen von kleinen Teichen, Seen und anderen unbedeutenden Gewässern in allen Teilen Europas, vor allem im Tiefland. Solche Lebensräume sind für Populationen kleinerer Fische sehr wichtig, doch protestiert man nur selten gegen ihre Vernichtung. In manchen Gebieten hingegen schafft man neue Seen etwa zur Gewinnung von Wasservorräten für die Landwirtschaft. Falls man sie gut anlegt und pflegt, können sie als Freizeit-, Erholungs- und Umweltschutzanlage zunehmend an Bedeutung gewinnen.

Künftige Entwicklung

Die Einflüsse, die hier beschrieben wurden, werden sich wahrscheinlich weiter fortsetzen. Andere Schwierigkeiten dürften hinzukommen, und zwar in dem Maße, in dem der Wasserbedarf für Industrie, Haushalte und Erholungszwecke zunimmt. In den meisten Fällen wird der Trend vermutlich für die Fische, die man angeln kann, günstig sein, während die Entwicklung für die übrigen Arten, vor allem für die seltenen Species, nachteilig sein dürfte. Verallgemeinerungen sind schwierig, doch zeichnen sich wohl die folgenden Haupttendenzen ab: 1. Die natürlichen, stabilen, gemischten Fischgesellschaften werden wahrscheinlich durch Vergiftung (oder dauernde Störung) und Aufstockung in unstabile Monokulturen übergehen, wie dies die eingeführte, für den Sportfischer wichtige Regenbogenforelle zeigt. 2. Die Eutrophierungsvorgänge werden sich vermutlich fortsetzen und dürften die Umwandlung der natürlichen Gewässer in Lebensräume für unempfindliche Arten beschleunigen. Hier werden nur Fische sich durchsetzen können, die robust und für den Sportfischer von Bedeutung sind, zum Beispiel der Blei. 3. Die Verschmutzung hat gewisse Populationen von Flußmündungs- und Wanderfischen vernichtet, dürfte jedoch wahrscheinlich in künftigen Jahren geringer werden, so daß die Möglichkeit besteht, viele dieser Fische wieder einzusetzen. In einigen Fällen, zum Beispiel in der Themse, erobern Teile der Fischfauna alte Gebiete auf natürliche Weise zurück. Wo die Verschmutzung anhält oder zunimmt, werden empfindliche Arten (wie die Lachse) verschwinden und unempfindlicheren Species Platz machen (zum Beispiel Rotaugen). 4. Die Vernichtung kleinerer Gewässer wird anhalten, wodurch Populationen kleinerer Arten wie etwa des Stichlings zerstört werden. 5. Zufallsbedingte Einführungen verschiedener Arten wird es weiterhin geben, vor allem von Arten, die für die Sportfischerei oder als kleine Köderfische wichtig sind; doch ungeachtet der ökologischen Wirkungen solcher Einführungen, muß sich der Wert des Gen-pools innerhalb der betreffenden Art verringern, denn dies ist das Ergebnis einer wahllosen Vermischung und dem Vorherrschen der häufiger vorkommenden Typen. 6. Der allgemeine Einfluß der zunehmenden Landnutzung, weiterer Kontakt zwischen Einzugsgebieten usw. sollten vermutlich die Verbreitung und das Überhandnehmen der anpassungsfähigeren Arten begünstigen auf Kosten der sensibleren Formen mit geringerem Ausbreitungsvermögen. Beispiele für die ersteren sind Rotauge und Hasel, für die letzteren der englische Lachs *Coregonus vandesius* und der Seesaibling.

Obwohl man in Europa eine Zunahme der Sportfischerei erwarten darf, wird im ganzen aus den meisten Blickwinkeln heraus mit einer Verschlechterung der Situation zu rechnen sein. Die Arten, die sich zum Angeln eignen, verarmen wahrscheinlich in ihrem genetischen Bestand, Krankheiten und Parasiten nehmen zu, und die Ökosysteme verlieren ihre Stabilität. Die übrigen Fischarten, die den Sportangler nicht interessieren, erwarten wohl die gleichen Veränderungen, und viele kleine Lokalpopulationen dürften verschwinden. In extremen Fällen können einzigartige systematische Einheiten zum Aussterben verurteilt sein.

Die größte Hoffnung für die Zukunft scheint darin zu liegen, die Sportfischerei davon zu überzeugen, daß es notwendig sei, mehr Verantwortung gegenüber unseren einheimischen Fischbeständen zu zeigen. Auch sollte man alle Stellen, die mit Wassernutzung im weitesten Sinne befaßt sind, auf die Bedeutung dieses Faktors bei ihrer Planung aufmerksam machen. Im einzelnen scheinen die folgenden Richtlinien beachtenswert zu sein:

1. Die Verantwortlichen müssen einsehen, daß die Fischarten und Fischpopulationen in den von ihnen kontrollierten Gebieten des Schutzes bedürfen.

2. Die Vernichtung kleiner Wassersysteme muß allmählich aufhören, ja es müssen neue Teiche in Parks, Naturschutzgebieten usw. geschaffen werden. Die neuen Teiche und auch alle neuen Stauseen usw. sollten so angelegt werden, daß sie sich in ihrem Ökosystem für verschiedene Fischarten eignen.

3. Es ist strenger darauf zu achten, daß Gewässer nicht verunreinigt werden und daß die Überführung von Fischbeständen (auch gewöhnlicher Arten) von einem Einzugsgebiet in das andere unter Kontrolle bleibt.

4. Man sollte die seltenen Arten weiterhin unter Schutz halten, aber auch wertvolle Bestände gewöhnlicher Arten sind zu schützen. Dies geschieht dadurch, daß man die Ökosysteme, in denen sie vorkommen, erhält und ausgewählte Bestände in geeignete Gewässer des gleichen Gebiets einsetzt. Selbst häufig vorkommende Arten sollten wieder durch Species in Gewässern ergänzt werden (einschließlich Flußmündungen), die ihren Besatz verloren haben, sobald sich die Bedingungen als günstig erweisen. So schafft man auch geeignete Mischgesellschaften in neuen Wasserflächen. Die Arten, die man für solche Zwecke heranzieht, sollten sorgfältig ausgewählt werden. Freilich erscheint es nicht notwendig, daß j e d e s Gewässer seine Fischpopulation besitzt; vielmehr ist es wünschenswert, daß von den vielen unterschiedlichen Gewässern in Europa eine gewisse Anzahl fischfrei bleibt. Dies gestattet dann die Entwicklung interessanter natürlicher Gesellschaften, die ohne die Anwesenheit von Fischen existieren.

Systematische Einteilung

Viele Mißverständnisse und Schwierigkeiten sind entstanden, weil die Biologen lateinische oder griechische Ableitungen für die wissenschaftlichen Namen gewählt haben. Auf der einen Seite standen die Wissenschaftler, die für eine Art nur einen Doppelnamen gelten lassen wollten, auf der anderen die Laien, die in jedem Land andere Namen für eine gleiche Art verwendeten.

Ein gutes Beispiel für die Schwierigkeit, einen Fisch zu benennen, bietet der Hecht, der in Europa, Asien und Nordamerika weit verbreitet ist. Biologen kennen ihn in all diesen Gebieten (und auch sonst in aller Welt) unter dem wissenschaftlichen Namen *Esox lucius*. Allein in Europa werden aber in den verschiedenen Ländern die folgenden üblichen Bezeichnungen verwendet:

Tschechoslowakei	Stika obecna
Dänemark	Gedde
England	pike
Deutschland	Hecht
Spanien	Lucio
Frankreich	Brochet
Irland	Lius
Jugoslawien	Stuka
Italien	Luccio
Ungarn	Csuka
Niederlande	Snoek
Norwegen	Gjedde
Polen	Szczupak
Rumänien	Stiuca
Rußland	Shtschuk
Finnland	Hauki
Schweden	Gadda
Türkei	Turna baligi

In diesem Zusammenhang wird die Bedeutung eines einheitlichen internationalen Namens für jede Art recht klar.

Der wissenschaftliche Doppelname für eine Art entspricht den Namen, die man einem Menschen gibt. Der erste Ausdruck, der Gattungsname (zum Beispiel *Esox*), ist dem Familiennamen vergleichbar; der zweite, der Artname (zum Beispiel *lucius*), spielt die Rolle des Vornamen. Den Artnamen folgt oft der Name des Wissenschaftlers, der das Tier zuerst beschrieben hat, ferner das Jahr, in dem die Beschreibung veröffentlicht wurde (etwa *Esox lucius,* Linnaeus 1758). Der wissenschaftliche Name einer Art bezieht sich gewöhnlich auf eine Eigenart im Aussehen oder im Verhalten, doch gelegentlich werden Arten auch nach einzelnen Personen oder Orten benannt.

Die Benennung einer Art ist jedoch kein bloßer Akt des Zufalls, abhängig von der Laune des Wissenschaftlers, der die neue Art entdeckt hat. Die Grundlage für die Methode.

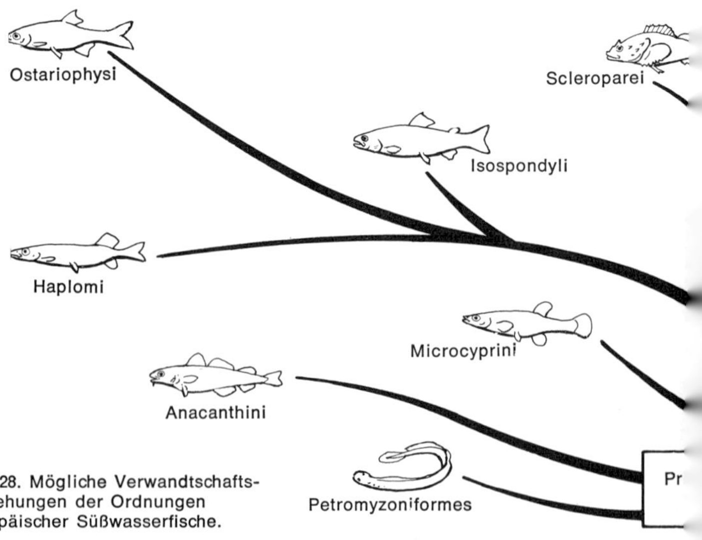

Bild 28. Mögliche Verwandtschaftsbeziehungen der Ordnungen europäischer Süßwasserfische.

nach der Namensgruppen zusammengestellt werden, beruht auf dem Glauben an die Theorie der Evolution, die annimmt, daß Lebewesen sich fortwährend nach den Forderungen der Umwelt verändern (Bild 28). So kann sich etwa eine einzige Art, die in zwei verschiedenen Gewässern unterschiedlichen Bedingungen unterworfen ist, während langer Zeiträume zu zwei neuen Arten entwickeln, die deutlich von der Ausgangsart verschieden sind. Schließlich können sie sich so stark voneinander unterscheiden, daß sie nicht mehr kreuzbar sind.

Auch wenn sie unterschiedlich ausgebildet sind, erscheinen diese beiden Arten doch enger miteinander verwandt als mit irgendeinem anderen Fisch, und wahrscheinlich würden sie zur gleichen Gattung gestellt werden. So gibt es in Nordamerika eine zweite Hechtart, die man dort Muskellunge nennt. Ihr wissenschaftlicher Name ist *Esox masquinongy.* (Europäische Hechtangler wird es interessieren zu wissen, daß der Fisch bis zu 180 Zentimeter Länge und über 50 Kilogramm Gewicht erreicht.) Zusammen mit mehreren anderen Arten bilden diese beiden *Esox* die Familie der Esocidae. Diese Familie und eine weitere verwandte, die Umbridae oder Hundsfische, faßt man zu der kleinen Ordnung der Haplomi zusammen. Es gibt viele andere, meist größere Fischordnungen, die mit den Haplomi in der Klasse Knochenfische (Osteichthyes) vereinigt werden. Alle Angehörigen dieser Klasse besitzen ein knöchernes Skelett im Gegensatz zu der einzigen anderen Fischklasse, die man im europäischen Süßwasser findet, den Marsipobranchii. Bei ihnen besteht das Skelett nur aus weichem Knorpel.

Man sieht also, daß verschiedene Fischarten zu immer größeren Gruppen zusammengefaßt werden, wobei man annimmt, daß die Ähnlichkeiten in jeder Gruppe auf gemeinsame Abstammung zurückgehen. Die Klassifizierung, die die europäischen Süßwasserfische erfaßt, gibt die folgende Tabelle wieder, und als ein letztes Beispiel wird die systematische Stellung von Hecht und Mensch – beides Wirbeltiere – in Bezeichnungen der Nomenklatur angeführt:

	Hecht	**Mensch**
Unterstamm	Vertebrata	
Klasse	Osteichthyes	Mammalia
Ordnung	Haplomi	Anthropoidea
Familie	Esocidae	Hominidae
Genus (Gattung)	*Esox*	*Homo*
Species (Art)	*lucius*	*sapiens*

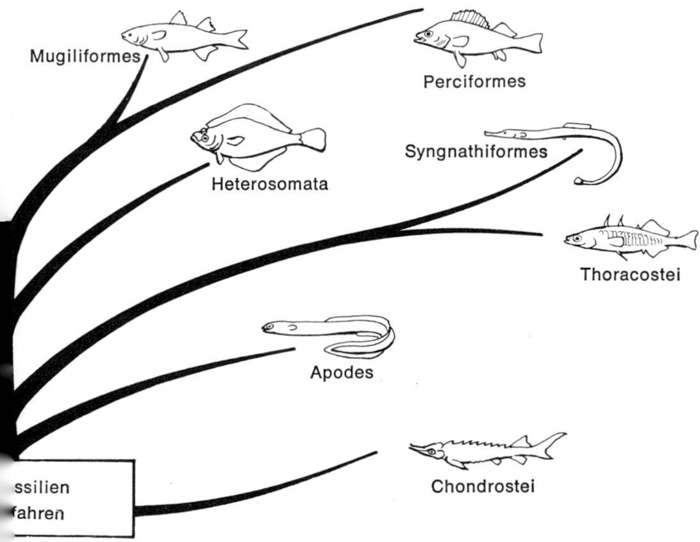

Bestimmungsschlüssel für die Familien der europäischen Süßwasserfische

1 Keine paarigen Flossen. 7 Paar Kiemenöffnungen. Kein Unterkiefer, Maul bei Erwachsenen als Saugscheibe ausgebildet. Ein einziges mittelständiges Nasenloch zwischen den Augen.
Neunaugen, Petromyzonidae (Seite 66)

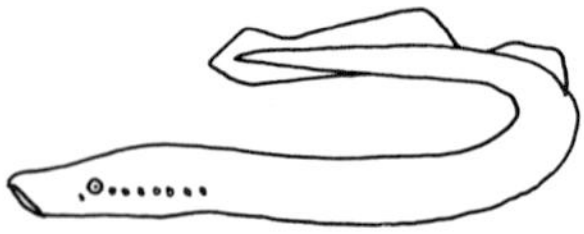

1 oder 2 paarige Flossen. 1 Paar Kiemenöffnungen, jede geschützt durch einen Kiemendeckel. Unterkiefer vorhanden, Maul niemals als Saugscheibe ausgebildet. Paarige Nasenlöcher vor den Augen. **2**

2 Körper bedeckt mit knöchernen Ringen. Schnauze röhrenartig, Schwanzflosse fehlend oder sehr klein. **Seenadeln, Syngnathidae** (Seite 190)

Körper nicht mit knöchernen Ringen bedeckt. Schnauze nicht röhrenartig, Schwanzflosse stets vorhanden und mehr oder weniger normal. **3**

3 Oberer Teil der Schwanzflosse viel länger als der untere (heterocercal). 5 Längsreihen großer knöcherner Platten auf dem Körper. Schnauze weit vorgestreckt. **Störe, Acipenseridae** (Seite 74)

Schwanzflosse mehr oder weniger symmetrisch (holocercal). Keine großen Knochenplatten auf dem Körper. Schnauze normal. **4**

4 Kleine fleischige Auswüchse über dem Auge. Einheitliche Rückenflosse, die sich vom Kopf bis fast zum Schwanz erstreckt.
Schleimfische, Blenniidae (Seite 224)

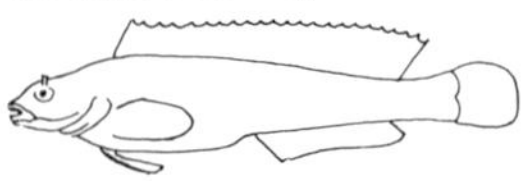

Keine fleischigen Auswüchse über dem Auge. Rückenflosse oder Rückenflossen kürzer. **5**

5 1 Rückenflosse oder falls 2, dann die hintere klein und fleischig, ohne Strahlen (Fettflosse). Bauchflossen, wenn vorhanden, annähernd in der Mitte zwischen den Brustflossen und dem After oder näher am After. Schwimmblasengang zwischen Schwimmblase und Speiseröhre (Ösophagus) vorhanden. **6**

2 Rückenflossen oder falls eine, dann in zwei einzelne Teile getrennt, von denen der vordere sehr dornig ist oder ersetzt wird durch isolierte Dornen, oder der Körper ist weitgehend abgeflacht, mit zwei Augen auf einer Kopfseite. Bauchflossen dicht unter oder etwas hinter den Brustflossen. Kein Schwimmblasengang zwischen Schwimmblase und Ösophagus. **19**

6 Bartfäden am Kopf, das größte Paar länger als die Brustflossen. Rückenflosse mit weniger als 8 Strahlen. Schuppen fehlen. **7**

Bartfäden fehlen am Kopf oder – falls vorhanden – viel kürzer als die Brustflossen. Rückenflosse mit mehr als 8 Strahlen. Schuppen vorhanden (wenn auch bei zwei Familien sehr klein). **8**

7 6 Bartfäden, das rückseitige Paar sehr lang, bis zur Rückenflosse reichend. Afterflosse sehr lang mit etwa 90–92 Strahlen.
Welse, Siluridae (Seite 180)

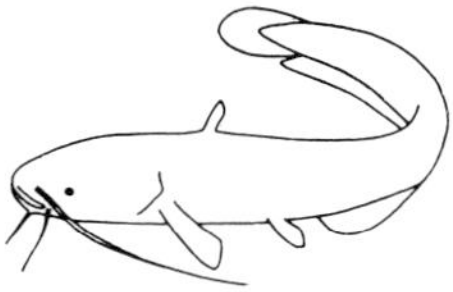

8 Bartfäden, das rückseitige Paar kurz, nicht bis über den Kiemendeckel hinausreichend. Afterflosse kurz mit nur 20–22 Strahlen.
Zwergwelse, Ictaluridae (Seite 182)

8 2 Rückenflossen, die hintere fleischig ohne Strahlen (Fettflosse). **9**
1 Rückenflosse. **12**

9 Schuppen verhältnismäßig klein, mehr als 100 entlang der Seitenlinie. Häufig rotes Pigment in der Haut. **Lachsfische, Salmonidae** (Seite 88)

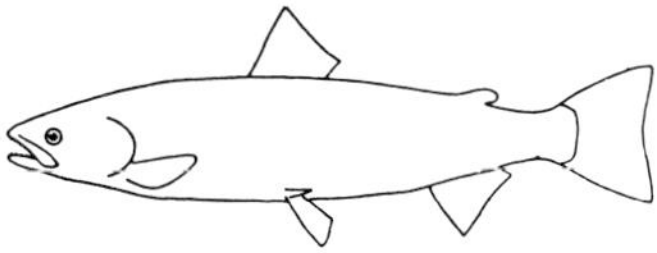

Schuppen verhältnismäßig groß, weniger als 100 entlang der Seitenlinie. Niemals rotes Pigment in der Haut. **10**

10 Seitenlinie läuft fast bis zur Schwanzflosse. Zähne fehlend oder schwach entwickelt. Bauchflossenfortsatz vorhanden. **11**

Seitenlinie endet etwa nach den ersten 10–20 Schuppen. Zähne gut entwickelt. Bauchflossenfortsatz fehlend. **Stinte, Osmeridae** (Seite 106)

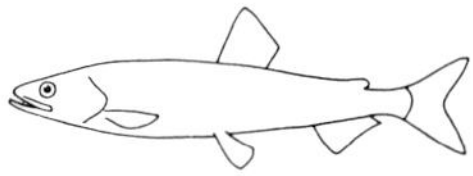

11 Rückenflosse groß, Länge im angelegten Zustand viel größer als die des Kopfes, mehr als 20 Strahlen. Normalerweise große schwarze Pigmentflecken auf der Haut. Kleine Zähne vorhanden.
Äschen, Thymallidae (Seite 106)

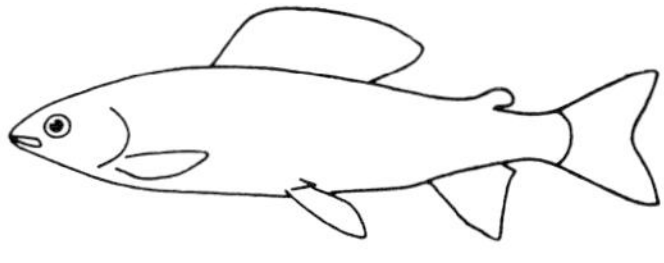

Rückenflosse normal, Länge im angelegten Zustand niemals größer als die des Kopfes, weniger als 20 Strahlen. Niemals große schwarze Pigmentflecke auf der Haut, wenn auch üblicherweise kleine schwarze Chromatophoren vorkommen können. **Renken. Coregonidae** (Seite 100)

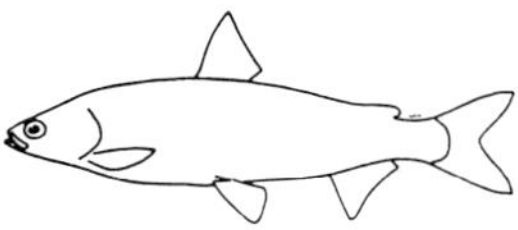

12 Rückenflosse abgesetzt von der Schwanzflosse. Bauchflossen vorhanden. Körper nicht übermäßig langgestreckt. **13**

Rückenflosse geht in Schwanz- und Afterflosse über. Bauchflossen fehlend. Körper extrem langgestreckt. **Aale, Anguillidae** (Seite 184)

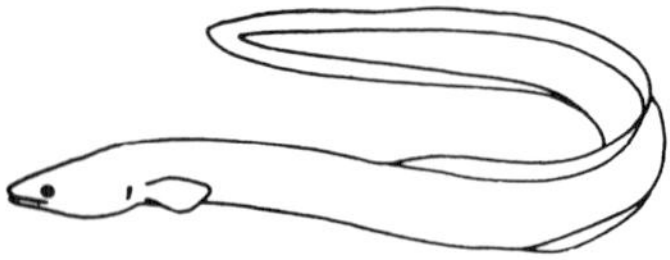

13 Schuppen an der Bauchseite gekielt. Seitenlinie fehlend. Große langgestreckte Schuppen auf dem inneren Teil der Schwanzflosse.
Heringe, Clupeidae (Seite 80)

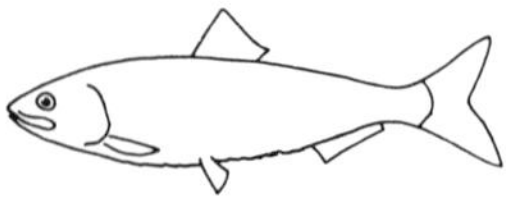

Schuppen an der Bauchseite nicht gekielt. Seitenlinie vorhanden. Keine langgestreckten Schuppen auf dem inneren Teil der Schwanzflosse. **14**

14 Rückenflosse größtenteils hinter dem After. Zähne vorhanden. **15**
Rückenflosse ganz oder größtenteils vor dem After. Zähne fehlend. **18**

15 Kopf langgestreckt, Maul sehr groß mit gut entwickelten Eckzähnen. Seitenlinie vorhanden. **Hechte, Esocidae** (Seite 108)

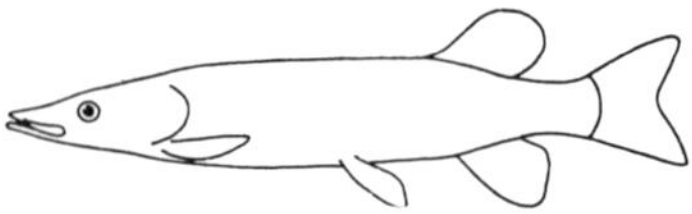

Kopf und Maul normal mit kleinen Zähnen. Keine Seitenlinie. **16**

16 Afterflosse mit weniger als 8 Strahlen. Mehr als 32 Schuppen an der Seite. **Hundsfische, Umbridae** (Seite 108)

Afterflosse mit mehr als 8 Strahlen. Weniger als 32 Schuppen an der Seite. **17**

17 Afterflosse beim Männchen normal. Eierlegend (ovipar). Rückenflosse mit mehr als 9 Strahlen. Ausgewachsene Zähne an der Spitze dreizackig.
Zahnkarpfen, Cyprinodontidae (Seite 194)

Afterflosse beim Männchen zu Kopulationsorgan verlängert. Vivipar. Rückenflosse mit weniger als 9 Strahlen. Ausgewachsene Zähne an der Spitze kegelförmig.
Lebendgebärende Zahnkarpfen, Poeciliidae (Seite 196)

18 Weniger als 5 Bartfäden am Kopf, Maul normal. Schuppen gewöhnlich einzeln am Körper. **Karpfenfische, Cyprinidae** (Seite 110)

Mehr als 5 Bartfäden am Kopf, Maul klein. Schuppen am Körper nicht einzeln stehend. **Schmerlen, Cobitidae** (Seite 170)

19 2 Rückenflossen oder 1 Rückenflosse in 2 getrennten Abschnitten, der vordere sehr dornig. Körper nie stark abgeflacht ohne isolierte Dornen. **20**

1 Rückenflosse. Körper stark abgeflacht oder mit einer Reihe Dornen auf dem Rücken. **28**

20 Kopf mit einem einzigen Bartfaden unter dem Maul und 1 kleinen Bartfaden neben jedem Nasenloch. Afterflosse mit mehr als 60 Strahlen. **Dorschfische, Gadidae** (Seite 184)

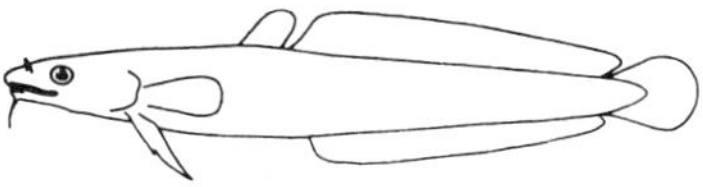

Kopf ohne Bartfäden. Afterflosse mit weniger als 60 Strahlen. **21**

21 Gut entwickelte Schuppen am größten Teil des Körpers. Vordere Rückenflossenstrahlen steif. **22**

Schuppen am größten Teil des Körpers fehlend. Vordere Rückenflossenstrahlen biegsam. **Groppen, Cottidae** (Seite 242)

22 Seitenlinie fehlend. Weniger als 5 dornige Strahlen an vorderer Rückenflosse. Rückenflossen weitgehend getrennt. Raum dazwischen stets größer als die Länge des längsten Rückenflossenstrahls. **23**

Mit Seitenlinie. Mehr als 5 dornige Strahlen an der vorderen Rückenflosse. Rückenflossen verbunden oder eng beieinander, Raum dazwischen nie größer als die Länge des längsten Rückenflossenstrahls. **24**

23 Kopf oben und unten abgeplattet, rückseitig geschuppt. Afterflosse mit weniger als 10 Strahlen. **Meeräschen, Mugilidae** (Seite 198)

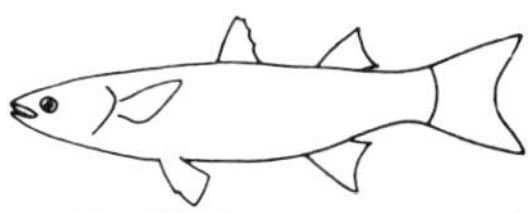

Kopf seitlich zusammengedrückt, nicht rückseitig geschuppt. Afterflosse mit mehr als 10 Strahlen. **Ährenfische, Atherinidae** (Seite 204)

24 Ein Nasenloch an jeder Kopfseite. Weniger als 30 Schuppen entlang der Seitenlinie. **Buntbarsche, Cichlidae** (Seite 224)

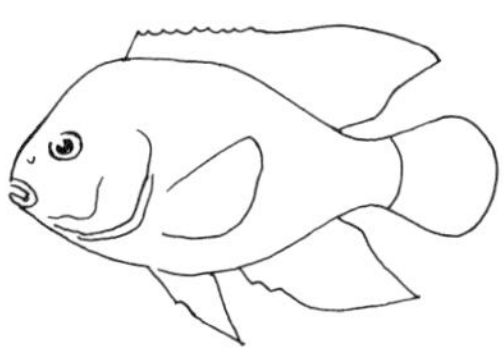

Zwei Nasenlöcher an jeder Kopfseite. Mehr als 30 Schuppen entlang der Seitenlinie. **25**

25 2 oder weniger Afterdornen vorhanden. Entweder weniger oder mehr als 9 oder 10 dornige Strahlen in der ersten Rückenflosse. **26**

3 oder mehr Afterdornen vorhanden. 9 oder 10 dornige Strahlen in der ersten Rückenflosse. **27**

26 2 Afterdornen vorhanden. Schwanzflosse gegabelt. Mehr als 10 dornige Strahlen in der ersten Rückenflosse. Bauchflossen in der Mitte nicht verbunden. **Barsche, Percidae** (Seite 208)

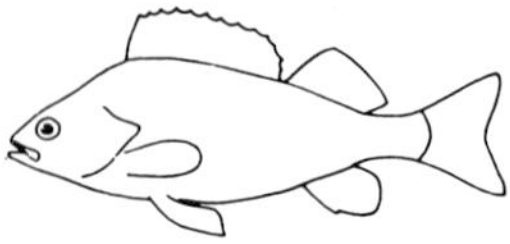

Afterdornen fehlend. Schwanzflosse gerundet. Weniger als 9 dornige Strahlen in der ersten Rückenflosse. Bauchflossen in der Mitte verbunden. **Grundeln, Gobiidae** (Seite 226)

27 Zweite Rückenflosse mit erster verbunden. Weniger als 70 Schuppen entlang der Seitenlinie. Afterflosse konvex.
Sonnenbarsche, Centrarchidae (Seite 218)

Zweite Rückenflosse und erste Rückenflosse voneinander getrennt. Mehr als 70 Schuppen entlang der Seitenlinie. Afterflosse konkav.
Seebarsche, Serranidae (Seite 206)

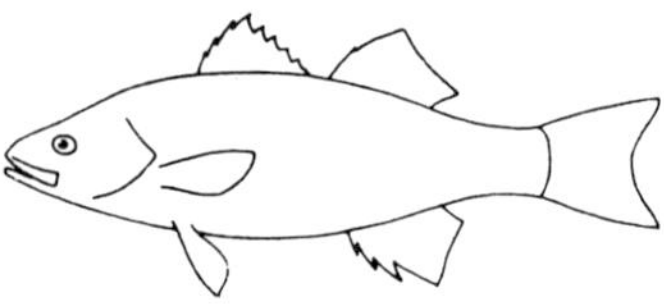

28 3 oder mehr kräftige Dornen vor der Rückenflosse. Körper nicht abgeplattet. Augen auf jeder Seite des Kopfes. Bauchflossen mit weniger als 3 Strahlen. **Stichlinge, Gasterosteidae** (Seite 186)

Keine Dornen vor der Rückenflosse. Körper extrem abgeplattet mit beiden Augen auf einer Kopfseite (meist rechts). Bauchflossen mit mehr als 3 Strahlen. **Plattfische, Pleuronectidae** (Seite 244)

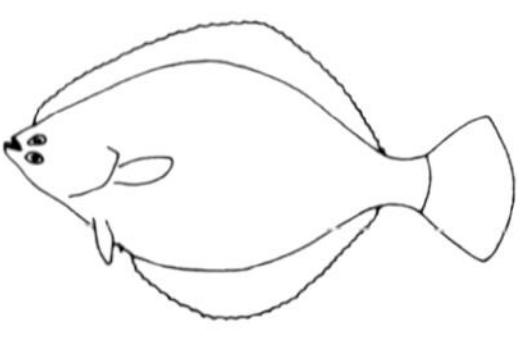

Systematische Liste der europäischen Süßwasserfische

Klasse Marsipobranchii Kieferlose

Ordnung Petromyzoniformes

Familie Petromyzonidae (Neunaugen)

Meerneunauge	*Petromyzon marinus*
Kaspineunauge	*Caspiomyzon wagneri*
Donauneunauge	*Eudontomyzon danfordi*
Donaubachneunauge	*Eudontomyzon vladykovi*
Ukrainisches Bachneunauge	*Eudontomyzon mariae*
Arktisches Neunauge	*Lampetra japonica*
Flußneunauge	*Lampetra fluviatilis*
Bachneunauge	*Lampetra planeri*

Klasse Osteichthyes Knochenfische im weiteren Sinne

Ordnung Chondrostei

Familie Acipenseridae (Störe)

Hausen	*Huso huso*
Glattdick	*Acipenser nudiventris*
Sterlet	*Acipenser ruthenus*
Waxdick	*Acipenser guldenstadti*
Adriastör	*Acipenser naccari*
Stör	*Acipenser sturio*
Sternhausen	*Acipenser stellatus*

Ordnung Isospondyli

Familie Clupeidae (Heringsfische)

Maifisch	*Alosa alosa*
Finte	*Alosa fallax*
Dolginka-Maifisch	*Caspialosa brashnikovi*
Kizilagach-Maifisch	*Caspialosa curensis*
Großaugen-Maifisch	*Caspialosa saposhnikovi*
Suworow-Maifisch	*Caspialosa suworowi*
Schwarzmeer-Maifisch	*Caspialosa pontica*
Kaspi-Maifisch	*Caspialosa caspia*
Tyulka-Sardelle	*Clupeonella delicatula*
Abrau-Sardelle	*Clupeonella abrau*

Familie Salmonidae (Lachsfische)

Ketalachs	*Oncorhynchus keta*
Buckellachs	*Oncorhynchus gorbuscha*
Lachs	*Salmo salar*
Forelle	*Salmo trutta*
Regenbogenforelle	*Salmo gairdneri*
Wandersaibling	*Salvelinus alpinus*
Bachsaibling	*Salvelinus fontinalis*
Amerikanischer Seesaibling	*Salvelinus namaycush*
Huchen	*Hucho hucho*
Taimen	*Hucho taimen*
Adriatischer Lachs	*Salmothymus obtusirostris*

Familie Coregonidae (Renken)

Inconnu	*Stenodus leucichthys*
Zwergmaräne	*Coregonus albula*
Peledmaräne	*Coregonus peled*
Kleine Bodenrenke	*Coregonus pidschian*
Große Bodenrenke	*Coregonus nasus*
Blaufelchen	*Coregonus lavaretus*
Nordseeschnäpel	*Coregonus oxyrhynchus*

Familie Thymallidae (Äschen)

Äsche	*Thymallus thymallus*

Familie Osmeridae (Stinte)

Stint	*Osmerus eperlanus*

Ordnung Haplomi

Familie Umbridae (Hundsfische)

Hundsfisch	*Umbra krameri*
Amerikanischer Hundsfisch	*Umbra pygmaea*

Familie Esocidae (Hechte)

Hecht	*Esox lucius*

Ordnung Ostariophysi

Familie Cyprinidae (Karpfenfische)

Rotauge, Plötze	*Rutilus rutilus*
Pigo	*Rutilus pigus*
Südeuropäische Plötze	*Rutilus rubilio*
Portugiesische Plötze	*Rutilus macrolepidotus*
Pardilla-Plötze	*Rutilus lemmingii*
Mazedonische Plötze	*Rutilus macedonicus*
Schwarzmeerplötze	*Rutilus frisii*
Calandino-Plötze	*Rutilus alburnoides*
Albanische Plötze	*Pachychilon pictum*
	Phoxinellus minutus
	Phoxinellus hispanicus
	Paraphoxinus alepidotus
	Paraphoxinus croaticus
	Paraphoxinus ghethaldii
	Paraphoxinus pstrossi
	Paraphoxinus epiroticus
	Paraphoxinus adspersus
Moderlieschen	*Leucaspius delineatus*
Tsima	*Leucaspius marathonicus*
Marida	*Leucaspius stymphalicus*
Hasel	*Leuciscus leuciscus*
Danilewski-Hasel	*Leuciscus danilewskii*
Adriatischer Hasel	*Leuciscus svallize*
Jugoslawischer Hasel	*Leuciscus illyricus*
Döbel	*Leuciscus cephalus*
Bobyrez	*Leuciscus borysthenicus*
Kaukasischer Döbel	*Leuciscus aphipsi*
Strömer	*Leuciscus souffia*
Kroatischer Hasel	*Leuciscus polylepis*
Ukliva-Hasel	*Leuciscus ukliva*
Makal-Hasel	*Leuciscus microlepis*
Tursky-Hasel	*Leuciscus turskyi*
Orfe, Aland	*Leuciscus idus*
Sumpfelritze	*Phoxinus percnurus*
Elritze	*Phoxinus phoxinus*
Poznan-Elritze	*Phoxinus czekanowskii*
Rotfeder	*Scardinius erythrophthalmus*
Griechische Rotfeder	*Scardinius graecus*
Rapfen, Schied	*Aspius aspius*
Schleie	*Tinca tinca*
Nase	*Chondrostoma nasus*
Italienischer Näsling	*Chondrostoma soetta*
Kaukasischer Näsling	*Chondrostoma colchicum*
Iberischer Näsling	*Chondrostoma polylepis*
Terek-Näsling	*Chondrostoma oxyrhynchum*
Lau	*Chondrostoma genei*
Südwesteuropäischer Näsling	*Chondrostoma toxostoma*
Dalmatinischer Näsling	*Chondrostoma kneri*

Elritzennäsling	*Chondrostoma phoxinus*
Gründling	*Gobio gobio*
Kesslers Gründling	*Gobio kessleri*
Steingreßling	*Gobio uranoscopus*
Weißflossiger Gründling	*Gobio albipinnatus*
Kaukasischer Gründling	*Gobio ciscaucasicus*
Barbengründling	*Aulopyge hugeli*
Barbe	*Barbus barbus*
Türkische Barbe	*Barbus cyclolepis*
Mazedonische Barbe	*Barbus prespensis*
Kaukasische Barbe	*Barbus ciscaucasicus*
Griechische Barbe	*Barbus graecus*
Albanische Barbe	*Barbus albanicus*
Hundsbarbe	*Barbus meridionalis*
Bulatmai-Barbe	*Barbus capito*
Aral-Barbe	*Barbus brachycephalus*
Iberische Barbe	*Barbus comiza*
Ukelei, Laube	*Alburnus alburnus*
Weißer Ukelei	*Alburnus albidus*
Kaukasischer Ukelei	*Alburnus charusini*
Schemaja	*Chalcalburnus chalcoides*
Schneider	*Alburnoides bipunctatus*
Güster, Blicke	*Blicca bjoerkna*
Blei, Brachsen	*Abramis brama*
Zobel	*Abramis sapa*
Zope	*Abramis ballerus*
Zährte, Rußnase	*Vimba vimba*
Ziege, Sichling	*Pelecus cultratus*
Bitterling	*Rhodeus sericeus*
Karausche	*Carassius carassius*
Goldfisch	*Carassius auratus*
Karpfen	*Cyprinus carpio*

Familie Cobitidae (Schmerlen)

Schmerle, Bartgrundel	*Noemacheilus barbatulus*
Angora-Schmerle	*Noemacheilus angorae*
Terek-Schmerle	*Noemacheilus merga*
Schlammpeitzger	*Misgurnus fossilis*
Steinbeißer, Dorngrundel	*Cobitis taenia*
Gold-Steinbeißer	*Cobitis aurata*
Kaspi-Steinbeißer	*Cobitis caspia*
Kaukasischer Steinbeißer	*Cobitis caucasica*
Venezianischer Steinbeißer	*Cobitis conspersa*
Balkan-Steinbeißer	*Cobitis elongata*
Italienischer Steinbeißer	*Cobitis larvata*
Rumänischer Steinbeißer	*Cobitis romanica*

Familie Siluridae (Welse)

Wels	*Silurus glanis*
Aristoteleswels	*Silurus aristotelis*

Familie Ictaluridae (Zwergwelse)

Schwarzer Zwergwels	*Ictalurus melas*
Zwergwels	*Ictalurus nebulosus*

Ordnung Apodes (Aale)

Familie Anguillidae (Aale)

Aal	*Anguilla anguilla*

Ordnung Anacanthini (Dorschartige)

Familie Gadidae (Dorschfische)

Quappe	*Lota lota*

Ordnung Thoracostei

Familie Gasterosteidae (Stichlinge)

Dreistacheliger Stichling	*Gasterosteus aculeatus*
Zehnstacheliger Stichling, Zwergstichling	*Pungitius pungitius*
Ukrainischer Stichling	*Pungitius platygaster*

Ordnung Syngnathiformes

Familie Syngnathidae (Seenadeln)

Schwarzmeer-Seenadel	*Syngnathus nigrolineatus*
Mittelmeer-Seenadel	*Syngnathus acus*
Schmalschnäuzige Seenadel	*Siphonostoma typhle*
Gradnasen-Seenadel	*Nerophis ophidion*

Ordnung Microcyprini

Familie Cyprinodontidae (Zahnkarpfen)

Zebrakärpfling	*Aphanius fasciatus*
Spanienkärpfling	*Aphanius iberus*
Valenciakärpfling	*Valencia hispanica*

Familie Poeciliidae (Lebendgebärende Zahnkarpfen)

Koboldkärpfling	*Gambusia affinis*

Ordnung Mugiliformes

Familie Mugilidae (Meeräschen)

Großköpfige Meeräsche	*Mugil cephalus*
Goldmeeräsche	*Mugil auratus*
Dünnlippige Meeräsche	*Mugil capito*
Graue Meeräsche	*Mugil labeo*
Dicklippige Meeräsche	*Mugil labrosus*
Springmeeräsche	*Mugil saliens*

Familie Atherinidae (Ährenfische)

Ährenfisch	*Atherina hepsetus*
Kleiner Ährenfisch	*Atherina mochon*
Atlantischer Ährenfisch	*Atherina presbyter*

Ordnung Perciformes (Stachelflosser)

Familie Serranidae (Seebarsche)

Seebarsch	*Dicentrarchus labrax*
Gefleckter Seebarsch	*Dicentrarchus punctatus*

Familie Percidae (Barsche)

Flußbarsch	*Perca fluviatilis*
Zander	*Stizostedion lucioperca*
Seezander	*Stizostedion marina*
Wolgazander	*Stizostedion volgensis*
Don-Kaulbarsch	*Gymnocephalus acerina*
Kaulbarsch	*Gymnocephalus cernua*
Schrätzer	*Gymnocephalus schraetzer*
Rhône-Streber	*Aspro asper*
Streber	*Aspro streber*
Zingel	*Aspro zingel*
Percarina	*Percarina demidoffi*
Groppenbarsch	*Romanichthys valsanicola*

Familie Centrarchidae (Sonnenbarsche)

Forellenbarsch	*Micropterus salmoides*
Schwarzbarsch	*Micropterus dolomieu*
Felsenbarsch	*Ambloplites rupestris*
Sonnenbarsch	*Lepomis gibbosus*
Ohrenbarsch	*Lepomis auritis*
Grüner Sonnenbarsch	*Lepomis cyanellus*

Familie Cichlidae (Buntbarsche)

Canchito	*Cichlasoma facetum*

Familie Blenniidae (Schleimfische)

Süßwasser-Blennius	*Blennius fluviatilis*

Familie Gobiidae (Grundeln)

Kessler-Grundel	*Gobius kessleri*
Großkopf-Grundel	*Gobius cephalarges*
Syrman-Grundel	*Gobius syrman*
Nackthals-Grundel	*Gobius gymnotrachelus*
Kröten-Grundel	*Gobius batracocephalus*
Fluß-Grundel	*Gobius fluviatilis*
Schwarzmund-Grundel	*Gobius melanostomus*
Schlangenkopf-Grundel	*Gobius ophiocephalus*
Canestrini-Grundel	*Pomatoschistus canestrini*
Kaukasische Grundel	*Pomatoschistus caucasicus*
Langschwanz-Grundel	*Pomatoschistus longicaudatus*
Gewöhnliche Grundel	*Pomatoschistus microps*
Bergs Grundel	*Hyrcanogobius bergi*
Kryzanovski-Grundel	*Relictogobius kryzanovskii*
Marmorierte Grundel	*Proterorhinus marmoratus*
Panizza-Grundel	*Padogobius panizzai*
Italienische Grundel	*Padogobius nigricans*
Kaspi-Grundel	*Caspiosoma caspium*
Kaulquappen-Grundel	*Benthophilus macrocephalus*
Stern-Kaulquappen-Grundel	*Benthophilus stellatus*
Gebänderte Kaulquappen-Grundel	*Benthophilus brauneri*
Rauhe Kaulquappen-Grundel	*Benthophilus granulosus*

Ordnung Scleroparei

Familie Cottidae (Groppen)

Groppe, Koppe	*Cottus gobio*
Sibirische Groppe	*Cottus poecilopus*
Vierhörniger Seeskorpion	*Myoxocephalus quadricornis*

Ordnung Heterosomata (Plattfische)

Familie Pleuronectidae (Plattfische)

Flunder	*Platichthys flesus*
Arktische Flunder	*Liopsetta glacialis*

Familie Petromyzonidae, Neunaugen

Die Petromyzoniden oder Neunaugen gehören zu einer kleinen, aber wichtigen Gruppe, die man Agnatha nennt – buchstäblich „Kieferlose". So unterscheiden sie sich deutlich von all den Fischen, die in diesem Führer beschrieben werden. Diese haben Oberkiefer, die fest mit dem Schädel verbunden sind, und Unterkiefer, die scharnierartig eingehängt sind. Die Neunaugen besitzen keine Unterkiefer. Das ganze Maul wird Reihe von Kiemenöffnungen direkt hinter jedem Auge. Erwachsene Neunaugen haben zwei Rückenflossen, die oft mehr oder weniger fließend in die verlängerte Schwanzflosse übergehen.

Die meisten Neunaugen haben einen ähnlichen Lebenszyklus; ein Teil davon ist die Wanderung der erwachsenen Tiere zu besonderen Laichplätzen – meist steinigem oder kiesigem Grund in fließenden Gewäs-

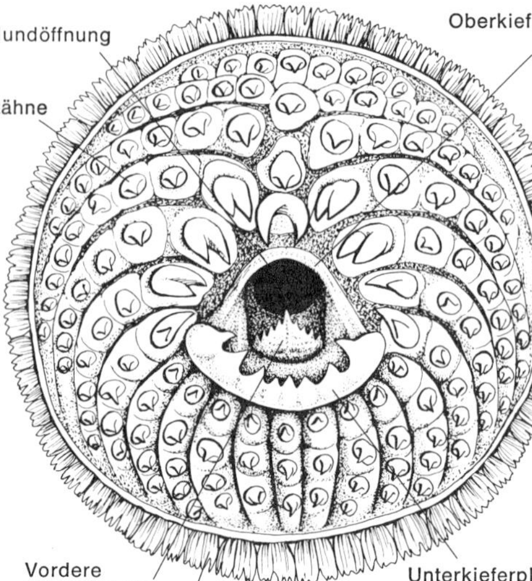

Bild 29. Saugscheibe eines erwachsenen Neunauges mit seinen wichtigsten Teilen.

von einer runden, saugerähnlichen Scheibe mit hornartigen Reibzähnen umgeben. Stellung und Zahl der Zähne variieren bei den einzelnen Arten und sind eine wesentliche Hilfe bei der Bestimmung (Bild 29).

Weitere sehr charakteristische Merkmale der Neunaugen: aalähnliche Gestalt ohne paarige Flossen oder Schuppen am Körper. Knochen fehlen – alle Skeletteile bestehen aus steifem, jedoch biegsamem Knorpel. Oben auf dem Kopf, unmittelbar vor den Augen, liegt das einzige Nasenloch. Die Augen selbst können funktionsuntüchtig sein und sind bei Jungtieren kaum sichtbar. Die Kiemen münden an den Kopfseiten unmittelbar nach außen; ein Kiemendeckel fehlt. Man sieht daher eine sern. Dort laichen sie paar- oder gruppenweise. Die Eier werden in einfache Nester abgelegt: Die Tiere heben kleine Steine mit ihrem Saugmaul so an, daß sie die Eier schützend umgeben, manchmal auch bedecken. Das Nest selbst liegt oft unter einem großen Stein, einem Klotz oder einem Haufen Pflanzen. Nach dem Schlüpfen schwimmen die jungen Larven, die langgestreckt sind und „Querder" heißen, davon oder werden von der Strömung weggespült. Sie gelangen schließlich in ruhiges Wasser, wo sie sich im sandig-schlickigen Grund selbst Gänge graben und darin die nächsten Jahre verbringen. Sie sind blind, der Saugapparat am Maul ist unvollständig, die Zähne unentwikkelt. Die Querderlarven fressen kleine organische Teilchen (umgeben von Bakterien) und winzige Einzeller, die sie durch Erzeugen einer Strömung in ihren Schlund wirbeln und dort an einer klebrigen Schleimschicht festhalten, die sie von Zeit zu Zeit verschlingen. Der Wechsel von der Larve zum Neunauge stellt eine ziemlich dramatische Metamorphose dar, die sich in relativ kurzer Zeit abspielt – gewöhnlich innerhalb einiger Wochen. Das Maul bildet sich zu einem Sauger mit Reibzähnen um; die Haut wird silbriger und undurchsichtiger, allerdings nicht im Bereich über den Augen. Dort wird die Haut durchsichtig, um dem Tier für die erste Zeit ein Sehvermögen zu schaffen. Die Erwachsenen wandern – gewöhnlich flußabwärts – und entfernen sich so vom Lebensraum der Larven. Einige Neunaugenarten nehmen als Erwachsene keine Nahrung zu sich; sie laichen und sterben kurz nach der Metamorphose. Die beiden Arten leben parasitisch auf verschiedenen Fischen, in großen Süßwasserseen oder im Meer, wo sie als Erwachsene die meiste Zeit ihres Lebens zubringen. Sie heften sich an die Seiten der Fische, reiben die Haut weg und ernähren sich von der Körperflüssigkeit und der Muskelmasse ihrer Wirte. Das Beutetier erholt sich oft nicht mehr von einem solchen Angriff (besonders dann, wenn die Körperhöhle geöffnet wurde), und in manchen Gewässern sind Neunaugen eine ernste Gefahr für die wirtschaftlich wichtigen Fischbestände. (In Nordamerika kam das Meerneunauge durch Kanalbauten zum 1. Mal in die großen Seen, wo es verschiedene, wirtschaftlich wichtige Fischbestände, u. a. den Amerikanischen Seesaibling, stark dezimierte.) Nach der Geschlechtsreife wandern sie wieder zurück in die Laichgebiete.

Es gibt im europäischen Süßwasser acht Arten von Petromyzoniden und eine Anzahl von Unterarten.

Bestimmungsschlüssel für europäische Neunaugen

1 Oberkieferplatte (Maxillarplatte) schmal, nur mit einem oder zwei Zähnen. **2**

Oberkieferplatte breit, mit einem Zahn an jeder Seite. **3**

2 Zwei Zähne auf der Maxillarplatte. 7–8 Zähne auf der Unterkieferplatte (Mandibularplatte). Zähne kräftig, scharf. Vordere Zungenplatte (Lingualplatte) mit mittlerer Einsenkung. **Petromyzon marinus**

Normalerweise ein Zahn auf der Oberkieferplatte. 5 Zähne auf der Unterkieferplatte. Zähne schwach, stumpf, gerundet. Vordere Zungenplatte ohne mittlere Einsenkung. **Caspiomyzon wagneri**

3 Äußere und innere Lippenzähne. Mittlere seitliche (mediolaterale) Lippenzähne zweizackig. (Untere Lippenzähne vorhanden.) **4**

Äußere seitliche (laterale) Lippenzähne fehlen. Mittlere seitliche Lippenzähne zwei- oder dreizackig. **6**

4 Körper nahe der Mitte am dicksten. Zungenplatte mit 9–13 Zähnen. **Eudontomyzon danfordi**

Körper vorn am dicksten. Zungenplatte mit 9 oder weniger Zähnen. **5**

5 Zungenplatte mit 5–9 Zähnen. **Eudontomyzon vladykovi**

Zungenplatte mit 5 Zähnen. **Eudontomyzon mariae**

6 Untere Lippenzähne gut entwickelt. Mittlere seitliche Zähne zweizackig. **Lampetra japonica**

Untere Lippenzähne fehlend. Mittlere seitliche Lippenzähne dreizackig. **7**

7 Unterkieferplatte mit 7–10 Zähnen, alle kräftig und scharf. Rückenflossen getrennt. **Lampetra fluviatilis**

Unterkieferplatte mit 5–9 Zähnen, alle schwach und stumpf. Rückenflossen miteinander verbunden. **Lampetra planeri**

Meerneunauge Petromyzon marinus
Größe: 50–70 cm, maximal 86 cm. Ein Exemplar von 53 cm wiegt etwa 360 g. *Kennzeichen:* Charakteristisches Zahnmuster; Erwachsene farblich stark gesprenkelt; größtes europäisches Neunauge. *Verbreitung:* Eine einheimische wandernde (anadrome) Art, die im größten Teil der atlantischen Küstenregion Westeuropas und des östlichen Nordamerika häufig vorkommt sowie in den dort vorhandenen Flußmündungen und leicht erreichbaren Flüssen. *Fortpflanzung:* März–Mai. Durchsichtige Eier, die in Nestern unter Steinen in fließendem Wasser abgelegt werden. Entwicklung zu langgestreckten, blinden Querderlarven, die 2–5 Jahre in ruhigen Gewässern im Schlick eingegraben leben. Dann wandeln sie sich um und wandern ins Meer, wo sie heranreifen und nach 3–4 Jahren zum Laichen ins Süßwasser zurückkehren. *Fruchtbarkeit:* 34 000 bis 240 000 Eier je Weibchen. *Nahrung:* Als Larven gefiltertes organisches Material (Diatomeen, Bakterien usw.), als Erwachsene Fische. *Bedeutung:* Wenn auch früher häufiger als heute, wird das Meerneunauge doch in einigen europäischen Flüssen beim Aufsteigen zum Laichen noch mit Reusen oder Netzen gefangen. Niemals geangelt. In einigen Gebieten eine ernste Bedrohung der kommerziellen und sportlichen Fischereiwirtschaft.

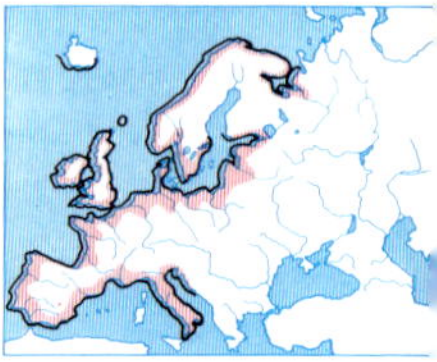

Kaspineunauge Caspiomyzon wagneri
Größe: 20–40 cm, maximal 55 cm – dieser Fisch wog 205 g. *Kennzeichen:* Charakteristisches Zahnmuster; Erwachsene einfarbig (gewöhnlich grau). *Verbreitung:* Eine einheimische anadrome (s. S. 17) Art, weit verbreitet im Kaspischen Meer und seinen größeren, leicht zugänglichen Flüssen, besonders in der Wolga. *Fortpflanzung:* März–Mai. Eier werden abgelegt in Nester unter Steinen und Kies in fließendem Wasser. Die Querderlarven, die in Sand und Schlick eingegraben leben, wandeln sich nach etwa 3 Jahren um und begeben sich ins Meer. *Fruchtbarkeit:* 20 000–32 000 Eier je Weibchen. *Nahrung:* Als Larven gefiltertes organisches Material (Algen und Detritus). Die Erwachsenen ernähren sich wahrscheinlich von anderen Fischen, doch hat man auch Tiere mit pflanzlicher Nahrung im Darm gefunden. *Bedeutung:* Eine für den Handel wichtige Art, die in Netzen und Reusen gefangen wird, hauptsächlich während der Laichwanderungen (zum Beispiel in der Wolga). Zu Beginn des Jahrhunderts wurden in der unteren Wolga jährlich 15 bis 30 Millionen Fische gefangen und für die Ernährung verwendet. Sportlich ohne Bedeutung.

Meerneunauge

„Querder“

Kaspineunauge

Donauneunauge Eudontomyzon danfordi
Größe: 15–25 cm, maximal 30 cm. *Kennzeichen:* Körper nahe der Mitte am dicksten. 9–13 Zähne auf der Zungenplatte. *Verbreitung:* Kommt nur im Donaubecken oder angrenzenden Gewässern vor. Eine reine Süßwasserform. *Fortpflanzung:* April–Mai, meist in den kleineren Nebenflüssen der Donau. Die Larven leben 3–4 Jahre im schlickigen Sandgrund, ehe sie sich umwandeln und als Erwachsene abwärts in die größeren Flüsse schwimmen. Die Erwachsenen reifen nach etwa einem Jahr. *Nahrung:* Die Larven filtern kleine organische Partikel; die erwachsenen Tiere ernähren sich von verschiedenen anderen Flußfischen. *Bedeutung:* Keine wirtschaftliche oder sportliche Bedeutung.

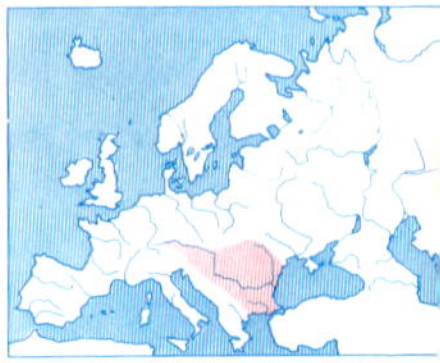

Donaubachneunauge Eudontomyzon vladykovi
Größe: 15–20 cm, maximal 21 cm. *Kennzeichen:* Körper vorn am dicksten. 5–9 Zähne auf der Zungenplatte. Innerste Lippenzähne gewöhnlich mit 2–4 Punkten. *Verbreitung:* Eine reine Süßwasserform, die man nur in Teilen des Donaubeckens findet. *Fortpflanzung:* April–Mai, hauptsächlich in kleinen Nebenflüssen. Die Larven leben in schlickigen Stromabschnitten 4–6 Jahre, ehe sie sich in erwachsene Tiere umwandeln. Diese laichen kurz danach ab. *Nahrung:* Als Larven feine, gefilterte organische Partikel. Die Erwachsenen fressen nichts. *Bedeutung:* Keine wirtschaftliche oder sportliche Bedeutung.

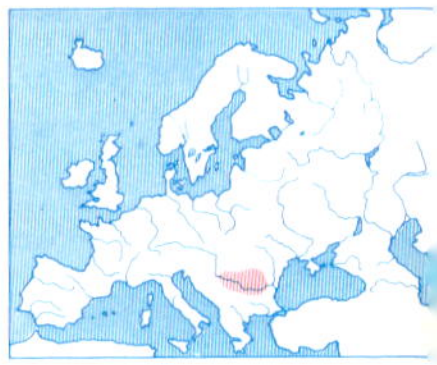

Ukrainisches Bachneunauge Eudontomyzon mariae
Größe: 15–20 cm, maximal 21 cm. *Kennzeichen:* Zahlreiche kleine äußere Lippenzähne am Rand der Scheibe, gewöhnlich in mehreren Reihen. Untere Lippenzähne vorhanden, doch selten eine Einheit bildend. *Verbreitung:* Nur in Süßwasser vorkommend, und zwar in Flüssen, die in den nördlichen Teil des Schwarzen Meeres münden (zum Beispiel Don, Dnjepr und Dnjestr). *Fortpflanzung:* März–Mai, hauptsächlich in kleineren Flüssen unter Steinen und Kies. Die Larven leben in schlickigen Flußbetten 4–6 Jahre, ehe sie sich in erwachsene Tiere umwandeln. Diese laichen kurz danach ab. *Fruchtbarkeit:* 2429 Eier hat man in einem Weibchen gefunden, das 14,7 cm lang war. *Nahrung:* Larven filtern feine organische Partikel aus ihrer Umgebung. Die Erwachsenen fressen nichts. *Bedeutung:* Keine wirtschaftliche oder sportliche Bedeutung.

Donauneunauge

Donaubachneunauge

Ukrainisches Bachneunauge

Arktisches Neunauge Lampetra japonica
Größe: 40–60 cm, maximal 63 cm. Neunaugen mit einer mittleren Länge von 54 cm wiegen etwa 146 g. *Kennzeichen:* Breite Oberkieferplatte mit gut entwickelten unteren Lippenzähnen. *Verbreitung:* Im nördlichen Europa und Asien in Flüssen, die Verbindung mit den arktischen und pazifischen Becken haben. *Fortpflanzung:* Mai–Juni, in Flüssen, die vom Meer aus leicht zugänglich sind. Die Larven leben in schlickigen Flußbetten 3–4 Jahre, ehe sie sich umwandeln und ins Meer wandern, wo sie zu reifen Tieren heranwachsen. *Fruchtbarkeit:* 80 000 bis 101 000 Eier je Weibchen. *Nahrung:* Als Larven feine organische Partikel; als Erwachsene Fische (einschließlich anadrome Arten, zum Beispiel *Oncorhynchus gorbuscha*). *Bedeutung:* Geringe wirtschaftliche und keine sportliche Bedeutung.

Flußneunauge Lampetra fluviatilis
Größe: 30–35 cm, maximal 41 cm. Das Durchschnittsgewicht eines 32–34 cm langen Weibchens liegt bei 62 g. *Kennzeichen:* Oberkieferplatte breit, doch ohne untere Lippenzähne. 7–10 Zähne auf der Unterkieferplatte. *Verbreitung:* Im größten Teil Westeuropas vom südlichen Norwegen bis zum westlichen Mittelmeer, im Meer und in den erreichbaren Flüssen. Es gibt eine Anzahl nichtwandernder Populationen, die ohne Zugang zum Meer leben. *Fortpflanzung:* April–Mai. Die Eier werden in Nester abgelegt, die sich zwischen Steinen im fließenden Wasser befinden. Die Querderlarven leben in schlickigen Flußbetten 3–5 Jahre, wandeln sich dann in erwachsene Tiere um und wandern ins Meer (oder bei isolierten Populationen in große Seen). Die reifen Tiere begeben sich im Winter und Frühjahr wieder flußaufwärts.. *Fruchtbarkeit:* 19 000–20 000 Eier je Weibchen. *Nahrung:* Als Larven gefiltertes organisches Material, als Erwachsene Fische. *Bedeutung:* Eine wirtschaftlich wichtige Art. Die Erwachsenen werden bei ihrer Wanderung flußaufwärts in Netzen und Reusen gefangen. Viele werden geräuchert; für den Angler ohne Bedeutung, wenn man von der gelegentlichen Verwendung der Larven als Köder absieht.

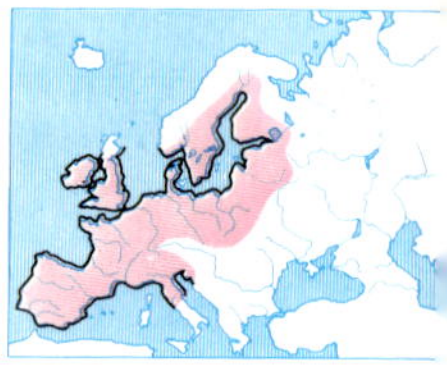

Bachneunauge Lampetra planeri
Größe: 12–15 cm, maximal 21 cm. *Kennzeichen:* Breite Oberkieferplatte vorhanden, doch keine unteren Lippenzähne. 5–9 Zähne in der Unterkieferplatte. *Verbreitung:* Eine reine Süßwasserart, die in den Flüssen Westeuropas vorkommt, besonders in Gebieten, die mit der Nord- und Ostsee Verbindung haben. *Fortpflanzung:* April–Juni. Die Eier werden in Nester zwischen Steinen in fließendem Wasser abgelegt. Die Larven leben im Schlick der Ströme und Flüsse und wandeln sich nach 3–5 Jahren in erwachsene Tiere um, die kurz danach ablaichen und sterben. *Fruchtbarkeit:* 854–1400 Eier je Weibchen. *Nahrung:* Als Larven gefiltertes organisches Material. Die Erwachsenen fressen nichts. *Bedeutung:* Keine wirtschaftliche Bedeutung, doch werden die Larven gelegentlich von Anglern als Köder benutzt.

Arktisches Neunauge

Flußneunauge

Bachneunauge

Familie Acipenseridae, Störe

Die Acipenseriden oder Störe bilden eine äußerst interessante Familie primitiver Großfische, die sich deutlich von allen anderen lebenden Knochenfischen unterscheiden. Sie kommen nur auf der nördlichen Halbkugel vor, und die Familie umfaßt etwa 23 Arten. Der langgestreckte Körper hat keine Schuppen, doch mehrere Reihen charakteristischer Knochenplatten – oft eine wichtige Hilfe bei der Bestimmung. Diese Platten werden mit zunehmendem Alter weicher und verschwinden bei alten Fischen manchmal vollkommen. Der Schwanz ist im oberen Teil vergrößert und ausgezogen (was man heterocercal nennt). Die Schnauze ist rüsselartig verlängert und streckt sich weit über das bauchwärts (ventral) liegende Maul nach vorn. Vor dem Maul liegen vier Bartfäden, deren genaue Form sich bei den einzelnen Arten unterscheidet. Das Maul selbst ist ungewöhnlich, da es als vorstreckbare Röhre ausgebildet ist. Hierdurch eignet es sich hervorragend für die Nahrungssuche, da hauptsächlich benthische (s. S. 25) Wirbellose gefressen werden (Bild 30).

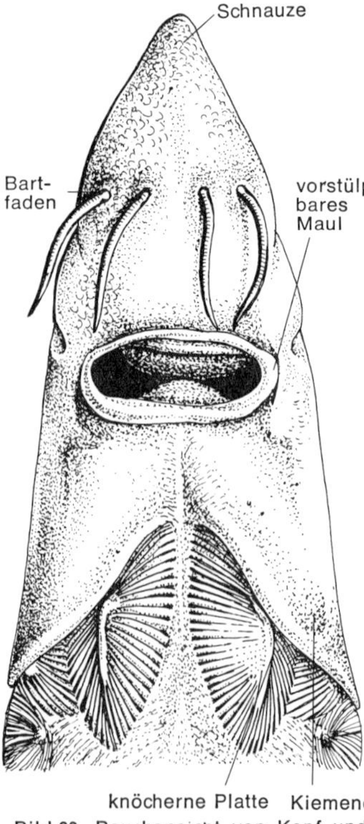

Bild 30. Bauchansicht von Kopf und Maul des Glattdicks.

Störe laichen gewöhnlich zu zweien oder dreien in geeigneten Abschnitten großer Flüsse oder mitunter auch in Seen. Die erwachsenen Tiere sind oft außerordentlich große Fische und keine besonders guten Schwimmer: Selten findet man sie in schnellfließenden oder kleinen Gewässern. Die Eier sind in ihrer Färbung ziemlich ungewöhnlich, nämlich sehr dunkel. Sie werden meist locker am Boden abgelegt, und da sie klebrig sind, heften sie sich an Steine und dergleichen an. Nach dem Schlüpfen wandern die Jungen allmählich in andere Aufenthaltsräume, gewöhnlich große Seen, die Unterläufe großer Flüsse oder – bei vielen Arten – ins Meer. Dort vollzieht sich das Wachstum sehr langsam, und es kann bis zu 15 Jahre dauern, bevor die Geschlechtsreife erreicht ist und der Fisch zurück in die Laichgebiete wandert.

Störe waren für Hunderte oder gar Tausende von Jahren eine wirtschaftlich wichtige Gruppe von Fischarten. Ihre beachtliche Größe, der leichte Fang und der Wohlgeschmack ihres Fleisches und der Eier haben zur Entwicklung bedeutender Fischereiwirtschaften in fast allen Teilen der Welt, wo Störe vorkommen, geführt. Ihre geringe Wachstumsrate hat sie jedoch gegen Überfischung sehr anfällig gemacht, und daher sind eine Reihe von Populationen bereits ausgestorben. Andere sind infolge der zunehmenden Verschmutzung im Unterlauf der Flüsse verschwunden. Das Fleisch wird frisch oder geräuchert gegessen, in einigen Gebieten trocknet man es. Der Rogen ist als Kaviar berühmt. Um ihn zu gewinnen, werden den Weibchen die reifen Eierstöcke entnommen, sorgfältig gesäubert und dann in Salzwasser gelegt.

Der Rückgang der Bestände in manchen Gebieten hat zu einer experimentellen Fischzucht bei einigen Arten geführt. Das Auftreten von Hybriden verschiedener Species war hierbei sehr wesentlich, und man hat gute Erfolge erzielt. Mehrere

dieser Hybriden kommen in der Natur vor. Die häufigsten sind:
Huso huso × *Acipenser stellatus*
Huso huso × *Acipenser nudiventris*
Huso huso × *Acipenser guldenstadti*
Acipenser nudiventris × *Acipenser stellatus*
Acipenser ruthenus × *Acipenser sturio*
Acipenser ruthenus × *Acipenser stellatus*
Acipenser guldenstadti × *Acipenser stellatus*

Die anadromen (s. S. 17) Störe kommen in zwei jahreszeitlich verschiedenen Formen vor: Die Frühlingsform steigt im Frühjahr die Flüsse aufwärts und laicht im Frühjahr oder im Frühsommer des gleichen Jahres; die Winterform steigt im Spätsommer oder Herbst die Flüsse aufwärts und laicht im folgenden Jahr, nachdem sie den Winter im Fluß verbracht hat.
Von den Stören kennt man in Europa 7 Arten.

Bestimmungsschlüssel für europäische Störe

1 Maul groß, sichelförmig. Kiemenhaut verschmolzen, eine freie Falte unter dem Isthmus bildend. **Huso huso**

Maul klein, quergestellt. Kiemenhaut dem Isthmus angeheftet, keine Falte darunter bildend. **2**

2 Unterlippe einheitlich, nicht in der Mitte unterbrochen. (Bartfäden gefranst.) **Acipenser nudiventris**

Unterlippe mit einem Zwischenraum in der Mitte. **3**

3 Schnauze kurz, gewöhnlich weniger als 60% der Kopflänge. **4**

Schnauze langgestreckt, gewöhnlich länger als 60% der Kopflänge. (Seitliche Schilde 26–43.) **Acipenser stellatus**

4 Mehr als 50 seitliche Schilde. Bartfäden mit deutlichen Fransen. **Acipenser ruthenus**

Weniger als 50 seitliche Schilde. Bartfäden ohne oder nur mit kleinen Fransen. **5**

5 Schnauze kürzer und runder. (Seitliche Schilde 21–50.) **Acipenser guldenstadti**

Schnauze länger und zugespitzt. **6**

6 Seitliche Schilde weniger als doppelt so hoch wie breit. Schnauze bei Betrachtung von oben weniger gerundet. **Acipenser sturio**

Seitliche Schilde mehr als doppelt so hoch wie breit. Schnauze bei Betrachtung von oben stärker gerundet. **Acipenser naccari**

Hausen Huso huso
Größe: 1,5–3 m, maximal 4,24 m. Größtes Gewicht 1220 kg. *Kennzeichen:* Der erwachsene Fisch ist sehr groß und hat ein großes sichelförmiges Maul. *Verbreitung:* Schwarzes Meer, Kaspisee, Adria mit den leicht zugänglichen Flüssen (zum Beispiel Wolga, Donau und Don). *Fortpflanzung:* Mai. Die Laichgründe liegen hauptsächlich in den Unter- und Mittelläufen der betreffenden Flüsse. Die Jungen wandern im ersten Jahr flußabwärts ins Meer. Es können 15–20 Jahre vergehen, ehe sie reif werden und die Flüsse wieder zum Laichen aufsuchen. Man kennt Fische mit einem Alter von 60 Jahren. *Nahrung:* Als Jungtiere Wirbellose, doch beim Aufenthalt im Meer meist kleine Fischarten (zum Beispiel Grundeln und Sardellen). *Bedeutung:* In den betreffenden Gebieten von großer wirtschaftlicher Bedeutung. Ausgewachsene Tiere von über 1000 kg sind nicht ungewöhnlich, und die Fischerei erzielt jährlich sehr hohe Fangquoten. Besonders wertvoll sind Fleisch und Eier (Kaviargewinnung) der Weibchen.

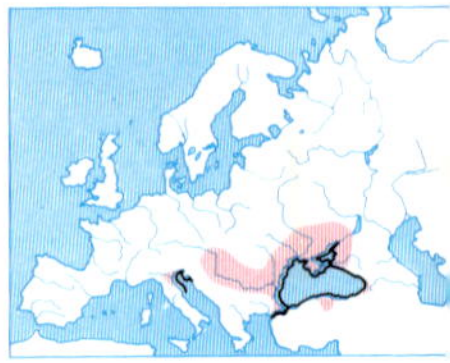

Glattdick Acipenser nudiventris
Größe: 1–1,25 m, maximal 2 m. Exemplare mit einer Durchschnittslänge von 1,5 m wiegen 20 kg. *Kennzeichen:* Kleines Maul mit ungeteilter Unterlippe. *Verbreitung:* Im Schwarzen Meer, Kaspisee und Aralsee sowie in deren größeren Zuflüssen häufig (zum Beispiel Kura und Syr-Darja). *Fortpflanzung:* April–Mai, in den Mittel- und Unterläufen der betreffenden Flüsse. Die Jungen begeben sich flußabwärts ins Meer, wo sie 10 bis 15 Jahre bis zur Reife benötigen. Manche Tiere dürften bis zu 30 Jahre alt werden und laichen mehrmals im Leben. *Fruchtbarkeit:* 216 000–1 002 000 Eier je Weibchen. *Nahrung:* Als Jungtiere Wirbellose, als Erwachsene Wirbellose und in gewissem Umfang auch Fische. *Bedeutung:* Ein wirtschaftlich wichtiger Fisch, der in den betreffenden Meeresgebieten und Flüssen in großen Mengen mit Netzen gefangen wird. Die Eier dienen als Kaviar.

Sterlet Acipenser ruthenus
Größe: 25–50 cm, maximal 92 cm. Dieser Fisch wiegt 891 g. *Kennzeichen:* Kleines Maul mit mittlerem Zwischenraum in der Unterlippe. Mehr als 50 seitliche Schilde. *Verbreitung:* Flußläufe, die in den Norden des Schwarzen Meeres und in den Westen des Kaspisees sowie in den östlichen Teil der Ostsee münden. Es handelt sich hauptsächlich um eine Süßwasserart, die man in Flüssen und großen Seen findet, doch kommt sie manchmal auch im Meer vor. *Fortpflanzung:* April–Juni in schnellfließenden Flüssen über Kiesgrund. Die klebrigen Eier entwickeln sich in 6–9 Tagen, und die Jungen verteilen sich allmählich flußabwärts. Die Erwachsenen reifen und beginnen mit dem Laichen nach 4–5 Jahren, können aber bis zu 25 Jahre leben. *Fruchtbarkeit:* 7800–76 400 Eier je Weibchen. *Nahrung:* Hauptsächlich am Boden lebende Wirbellose, besonders Insektenlarven (Kriebelmücken, Köcherfliegen und Zuckmücken). *Bedeutung:* Wirtschaftlich wichtig; Fang in Netzen und Reusen.

Hausen

Glattdick

Sterlet

Waxdick Acipenser guldenstadti
Größe: 1–2 m, maximal 2,3 m. Höchstgewicht über 100 kg. *Kennzeichen:* Kurze gerundete Schnauze, weniger als 50 seitliche Schilde. *Verbreitung:* Schwarzes Meer, Kaspisee und deren große Flüsse (zum Beispiel Wolga). *Fortpflanzung:* Mai–Juni, in den Unterläufen der Flüsse. Nach 3 Jahren begeben sich die Jungtiere ins Meer, doch bleiben einige während ihres ganzen Lebens im Süßwasser. Die erwachsenen Tiere reifen in 10–15 Jahren und leben bis zu 50 Jahre. *Nahrung:* Wirbellose (hauptsächlich Insektenlarven und Weichtiere) und im Meer auch Fische. *Bedeutung:* Während der Wanderung in großen Mengen gefangen. Der Rogen wird als Kaviar gegessen.

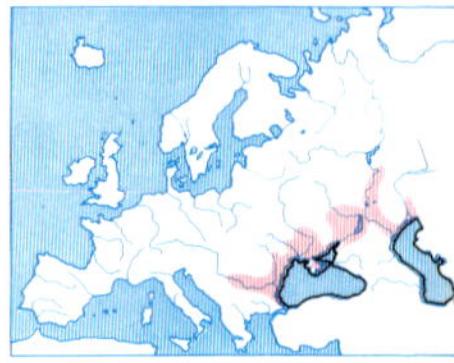

Adriastör Acipenser naccari
Größe: 1–1,5 m, maximal 2 m. *Kennzeichen:* Schnauze kurz und zugespitzt. Seitliche Schilde mehr als doppelt so hoch wie breit. *Verbreitung:* Adriatisches Meer und zugehörige Flüsse (zum Beispiel Po). *Fortpflanzung:* April–Mai im Mittellauf der Flüsse. Die Jungen wandern flußabwärts ins Meer, wo sie heranreifen und zum Laichen wieder flußaufwärts ziehen. *Nahrung:* Als Jungtiere Wirbellose, die am Grund leben; als Erwachsene Wirbellose und Fische. *Bedeutung:* Im Bereich der Adria wirtschaftlich wichtig.

Stör Acipenser sturio
Größe: 1,5–2,5 m, maximal 3,45 m. Dieser Fisch wog 320 kg. *Kennzeichen:* Schnauze zugespitzt. Seitliche Schilde weniger als doppelt so hoch wie breit. *Verbreitung:* Die Küsten Westeuropas einschließlich Schwarzem Meer sowie die großen, für Fische zugänglichen Flüsse. *Fortpflanzung:* April–Juli im Mittellauf der Flüsse. Die Eier kleben an Steinen und entwickeln sich innerhalb von 3–5 Tagen bis zum Schlüpfen. Die Jungen begeben sich nach 2 Jahren ins Meer. Das gilt jedoch nicht für reine Süßwasserpopulationen (zum Beispiel im Ladogasee). Erwachsene Tiere werden nach 7 bis 15 Jahren geschlechtsreif. *Fruchtbarkeit:* 800 000 bis 2 400 000 Eier je Weibchen. *Nahrung:* Benthische Wirbellose und als Erwachsene in gewissem Umfang Fische. *Bedeutung:* Früher wirtschaftlich wichtig und wegen des Fleisches und des Kaviars gefangen; in einigen Gebieten noch heute Netzfang, doch sind die Fangquoten viel geringer als vor 100 Jahren.

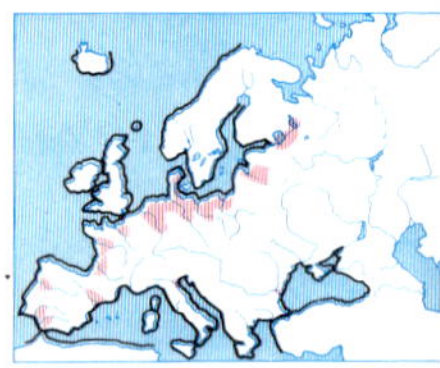

Sternhausen Acipenser stellatus
Größe: 1–1,5 m, maximal 190 cm. *Kennzeichen:* Langgestreckte Schnauze, 26–43 seitliche Schilde. *Verbreitung:* Nördlicher Bereich von Kaspisee, Schwarzem Meer und Asowschem Meer sowie angrenzende Flüsse. Vereinzelt im östlichen Mittelmeer. *Fortpflanzung:* April–Juni, im Mittellauf der Flüsse. Die Jungen wandern allmählich flußabwärts ins Meer und reifen in 8–12 Jahren. *Nahrung:* In der Jugend Wirbellose, als Erwachsene Wirbellose und kleine Fische. *Bedeutung:* Während der Wanderung für kommerzielle Zwecke gefangen. Sowohl Fleisch als auch Kaviar sind von Bedeutung.

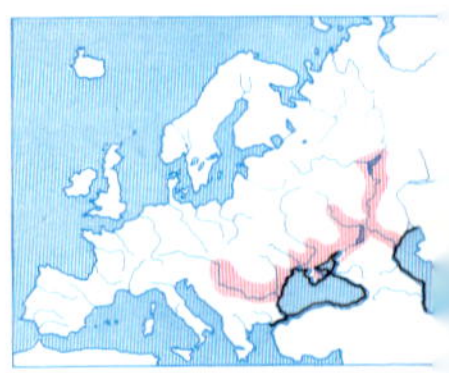

Waxdick

Adriastör

Stör

Sternhausen

Familie Clupeidae, Heringe

Die Clupeiden, von denen viele als Heringsfische oder Maifische bekannt sind, bilden eine große Familie pelagisch (s. S. 25) lebender Fische, die in allen Ozeanen der Welt zu finden sind. Die meisten Arten sind marin, doch kennt man auch einige wandernde (anadrome), und manche leben dauernd im Süßwasser. Es gibt mehrere Gattungen mit insgesamt über 190 Species.

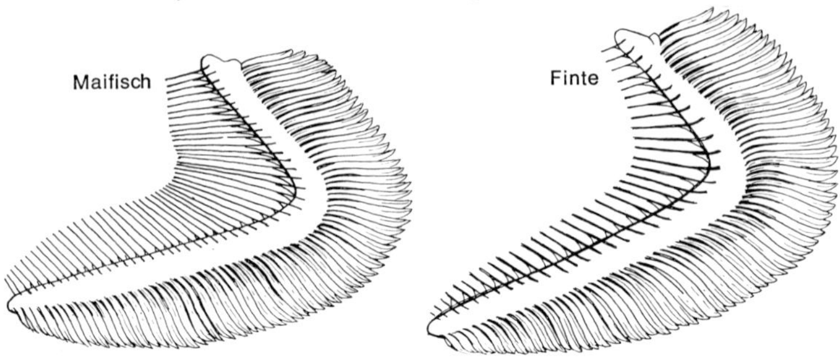

Bild 31. Kiemen zweier häufig vorkommender Heringsfische.

Die Heringsfische sind meist kleine bis mittelgroße Fische mit einem stromlinienförmigen, seitlich zusammengedrückten Körper, der mit großen, runden Zykloidschuppen bedeckt ist. Diese sind dadurch ungewöhnlich, daß die Kreislinien eher über der Schuppe gebogen als in konzentrischen Ringen angelegt erscheinen, wie dies bei den meisten zykloiden Schuppen der Fall ist. Der untere Rand des Bauches ist besetzt mit schildartigen Schuppen, die bei der Betrachtung von der Seite eine sehr charakteristische bezahnte Kante bilden. Der Kopf trägt große Augen mit typischen fleischigen Augenlidern. Das Maul steht üblicherweise endständig, und die Zähne sind entweder klein oder fehlen ganz. Die vielen Kiemenreusen sind lang und dünn, und ihre Zahl ist für die Bestimmung wichtig. Eine Seitenlinie fehlt (Bild 31).

Die meisten Vertreter der Familie leben frei im Wasser und schwimmen in Schwärmen umher. Diese sind oft außerordentlich groß und umfassen manchmal viele Tausende von Fischen. Die Hauptnahrung dieser Schwärme sind die Massen von Zooplankton, die in den biologisch produktiveren Meeresbereichen gedeihen. Beim Erbeuten dieser Wirbellosen helfen die kammartigen Reusen an den Kiemen, die bei der Trennung der Nahrung vom Wasser beteiligt sind. Freßbares wird verschluckt, das Wasser tritt durch die Kiemen aus. Die Heringsfische selbst stellen eine wichtige Nahrungsquelle für viele größere Fische dar, und sie ernähren auch die ungeheuren Scharen von Seevögeln in manchen Teilen der Welt.

Wegen der Größe der Schwärme und der Leichtigkeit, mit der man sie fangen kann, sind die Heringsfische eine der wichtigsten wirtschaftlich bedeutsamen Fischfamilien der Welt. Man fängt die Tiere hauptsächlich in Kiemennetzen, Ringnetzen und Schleppnetzen, und die Heringsfische machen etwa 30% aller auf der Erde gefangenen Fische aus. Das Fleisch ist besonders reich an Fetten und Ölen. Fische, die frisch nicht auf den Markt gebracht werden können, friert oder salzt man ein oder räuchert sie. Fische, die für den Verbrauch zu klein sind, verarbeitet man im Ganzen zu Fischmehl (zur Fütterung von Haustieren) oder gewinnt daraus Öl.

Da ja die Heringsfische vom lokalen Vorkommen des Zooplanktons sehr abhängig sind, ist das Gedeihen ihrer verschiedenen Populationen eng verknüpft mit dem Schicksal des Zooplanktons und damit abhängig von dem des Phytoplanktons, von dem sich diese kleinen Tierchen ernähren. Das Phytoplankton seinerseits hängt ab von einer ausreichenden Versorgung mit Nährstoffen, die die aufsteigenden Strömungen an

die Meeresoberfläche bringen. Somit helfen die Forschungen der Hydrologen, die die ozeanischen Strömungen studieren und aufzeichnen, der Praxis wesentlich, indem sie dazu beitragen, die Veränderungen im Vorkommen lokaler Heringsfischpopulationen zu verstehen.
Die europäischen Heringsfische sind hauptsächlich marin, doch findet man auch einige Arten während ihres ganzen Lebens im Süßwasser, und eine Anzahl anderer Species wandert gelegentlich oder regelmäßig während einer gewissen Zeit ihres Lebens ins Süßwasser ein. Insgesamt kann man 10 europäische Arten in diese Gruppen einordnen.

Bestimmungsschlüssel für europäische Heringe, die ins Süßwasser einwandern

1 Oberkiefer mit einer deutlichen mittleren Kerbe. Unterkiefer hinter dem hinteren Augenrand eingehängt. **2**

Oberkiefer ohne oder nur mit kleiner mittlerer Kerbe. Unterkiefer vor dem hinteren Augenrand eingehängt. **9**

2 Keine Zähne auf dem Pflugscharbein. **3**

Zähne auf dem Pflugscharbein. **4**

3 Mehr als 90 Reusendornen auf dem ersten Kiemenbogen. Mehr als 70 seitliche Schuppen. **Alosa alosa**

Weniger als 50 Reusendornen auf dem ersten Kiemenbogen. Weniger als 60 seitliche Schuppen. **Alosa fallax**

4 Mehr als 90 Reusendornen auf dem ersten Kiemenbogen. Zähne klein oder fehlend. **Caspialosa caspia**

Weniger als 90 Reusendornen auf dem ersten Kiemenbogen. Zähne vorhanden. **5**

5 Weniger als 45 Reusendornen. **6**

Mehr als 50 Reusendornen. **8**

6 Oberes und unteres Kopfprofil gerade. Reusendornen kürzer als Kiemenblättchen. **7**

Oberes und unteres Kopfprofil gerundet. Reusendornen länger als Kiemenblättchen. **Caspialosa curensis**

7 Auge groß, Durchmesser größer als 6% der Fischlänge. Höhe des Körpers mehr als 24% der Länge. **Caspialosa saposhnikovi**

Auge klein, Durchmesser kleiner als 6% der Fischlänge. Höhe des Körpers weniger als 24% der Länge. **Caspialosa brashnikovi**

8 Gewöhnlich 50–55 Reusendornen. Kiemenbögen schlank und schwach ausgebildet. Reusendornen eineinhalbmal so lang wie die Kiemenblättchen. **Caspialosa suworowi**

Gewöhnlich 60–90 Reusendornen. Kiemenbögen dick und kräftig ausgebildet. Reusendornen übertreffen die Kiemenblättchen nicht an Länge. **Caspialosa pontica**

9 Körper hoch, mehr als 20% der Länge. 52–64 Reusendornen. **Clupeonella delicatula**

Körper schlank, weniger als 20% der Länge. 38–52 Reusendornen. **Clupeonella abrau**

Maifisch, Alse Alosa alosa
Größe: 30–50 cm, maximal 70 cm. Britischer Anglerrekord: 1,488 kg. *Kennzeichen:* Gut entwickelte mittlere Kerbe im Oberkiefer. Keine Zähne auf dem Pflugscharbein. Mehr als 70 Seitenschuppen. *Verbreitung:* An allen Küsten Westeuropas von Südnorwegen bis Spanien und im Mittelmeer nach Osten bis Norditalien. Wandert an diesen Küsten in die Unterläufe der großen zugänglichen Flüsse. *Fortpflanzung:* Mai–Juni. Die durchsichtigen Eier werden in die Unterläufe der Flüsse oder in deren Mündungsbereich abgelegt. Das Schlüpfen erfolgt nach 6–8 Tagen, und die Jungen begeben sich nach einigen Monaten flußabwärts ins Meer. Die erwachsenen Tiere erreichen die Geschlechtsreife nach 3–4 Jahren und wandern dann oft in großen Mengen zurück in die Heimatgewässer. *Nahrung:* Hauptsächlich Wirbellose, vor allem frei im Wasser lebende Krebse. *Bedeutung:* Früher wirtschaftlich von größerer Bedeutung als heute, doch fängt man die Fische in einigen Mündungsgebieten und großen Flüssen noch mit Netzen.

Finte, Elben Alosa fallax
Größe: 25–40 cm, maximal 55 cm. Britischer Anglerrekord: 1,417 kg. *Kennzeichen:* Deutliche mittlere Kerbe im Oberkiefer. Keine Zähne auf dem Pflugscharbein. Weniger als 70 Seitenschuppen. *Verbreitung:* An den meisten westeuropäischen Küsten von Südnorwegen bis zum östlichen Mittelmeer, ferner in den großen zugänglichen Flüssen dieser Küstenabschnitte. *Fortpflanzung:* Mai–Juni, in den Unterläufen und Mündungsgebieten der Flüsse. Das Schlüpfen erfolgt nach 5–8 Tagen, und die Jungen wandern flußabwärts ins Meer. Nur bei reinen Süßwasserpopulationen begeben sich die Jungen in große Seen (zum Beispiel Killarneysee, Comersee, Luganer See, Lago Maggiore). Die Erwachsenen werden nach 3–4 Jahren geschlechtsreif. *Fruchtbarkeit:* 75 000–200 000 Eier je Weibchen. *Nahrung:* Hauptsächlich Wirbellose, vor allem im freien Wasser lebende Krebse. *Bedeutung:* Wenngleich die Bedeutung zurückgegangen ist, wird doch auch heute noch in manchen Gegenden der Netzfang wirtschaftlich betrieben. In manchen Gewässern (zum Beispiel im Severn in England) werden beträchtliche Mengen geangelt.

Dolginka-Maifisch Caspialosa brashnikovi
Größe: 30–45 cm, maximal 49 cm. *Kennzeichen:* Deutliche mittlere Kerbe auf dem Oberkiefer. Zähne auf dem Pflugscharbein. Augen klein. *Verbreitung:* Kaspisee und Asowsches Meer, in Mündungsnähe einiger Flüsse, doch gelegentlich auch im Süßwasser. *Fortpflanzung:* April–Juni. Die Jungen reifen nach 3 Jahren und erreichen ein Alter bis zu 8 Jahren. *Nahrung:* Als Jungtiere Wirbellose, als Erwachsene Wirbellose (vor allem Krebse) und Fische (zum Beispiel Meergrundeln). *Bedeutung:* Von beträchtlichem wirtschaftlichem Interesse. In verschiedenen Teilen des Kaspisees werden große Mengen mit dem Netz gefangen.

Maifisch

Finte

Dolginka-Maifisch

Kisilagach-Maifisch Caspialosa curensis
Größe: 14–16 cm, maximal 19 cm. *Kennzeichen:* Keine Kerbe auf dem Oberkiefer. Deutliche Zähne und große Augen. *Verbreitung:* Kaspisee, vor allem in der Kisilagachbucht. *Fortpflanzung:* April–Mai im Meer. Man weiß verhältnismäßig wenig von der Biologie dieser Art. Die Jungen erreichen mit 3 bis 4 Jahren die Reife. *Nahrung:* Wirbellose, vor allem Krebse. *Bedeutung:* Wirtschaftlich wichtig, insbesondere im Kisilagachgebiet, wo die Tiere in größeren Mengen mit Netzen gefangen werden.

Großaugen-Maifisch Caspialosa saposhnikovi
Größe: 20–30 cm, maximal 36 cm. Fische mit einer Durchschnittslänge von 18 cm wiegen 84 g. *Kennzeichen:* Oberkiefer mit deutlicher Kerbe. Zähne kräftig, Augen groß. *Verbreitung:* Nördlicher Teil des Kaspisees und das Wolgadelta, obwohl die Tiere sich niemals in den eigentlichen Fluß begeben. *Fortpflanzung:* April, in Mündungsgewässern im nordöstlichen Teil des Meeres. Die Jungen erreichen mit 3–4 Jahren die Reife und leben 6–7 Jahre lang. *Nahrung:* Wirbellose, vor allem Krebse. *Bedeutung:* Netzfänge (zum Beispiel vor der Küste von Daghestan), doch nicht so bedeutend wie andere *Caspialosa*-Arten.

Suworow-Maifisch Caspialosa suworowi
Größe: 15–20 cm, maximal 27 cm. *Kennzeichen:* Mittlere Kerbe im Oberkiefer. Zähne auf dem Pflugscharbein. Gewöhnlich 50–55 Reusendornen. *Verbreitung:* Kaspisee, besonders in den nördlichen Gebieten; wandert regelmäßig ins Wolgadelta ein. *Fortpflanzung:* Mai; laicht im Meer vor dem Wolgadelta. *Nahrung:* Hauptsächlich Wirbellose. *Bedeutung:* In dem nördlichen Kaspisee werden beträchtliche Mengen mit dem Netz gefangen.

Kizilagach-Maifisch

Großaugen-Maifisch

uworow-Maifisch

Schwarzmeer-Maifisch Caspialosa pontica
Größe: 15–20 cm, maximal 41 cm. Durchschnittsgewicht etwa 69 g. *Kennzeichen:* Deutliche mittlere Kerbe im Oberkiefer. 60–90 Reusendornen. *Verbreitung:* Schwarzes Meer, Kaspisee und Asowsches Meer. Wandert im Frühling in große Flüsse (zum Beispiel Dnjepr, Donau, Wolga) ein und zieht stromaufwärts. *Fortpflanzung:* April–Juli im Mittellauf der Flüsse. Laicht über Sand und Kies. Die Brut wandert in einigen Monaten flußabwärts und erreicht im Meer die Geschlechtsreife nach 2–3 Jahren. Die Tiere leben höchstens 7 Jahre. *Nahrung:* Als Junge Wirbellose, als Erwachsene Wirbellose und kleine Fische. *Bedeutung:* Eine wirtschaftlich wichtige Art.

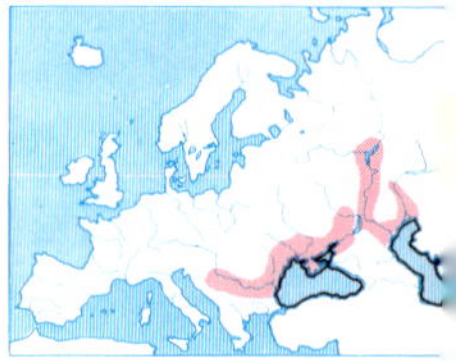

Kaspi-Maifisch Caspialosa caspia
Größe: 12–20 cm, maximal 32 cm. Durchschnittsgewicht etwa 100 g. *Kennzeichen:* Oberkiefer mit mittlerer Kerbe, aber Zähne klein oder fehlend. Mehr als 90 Reusendornen. *Verbreitung:* Schwarzes Meer und Kaspisee, Asowsches Meer. Wandert im Frühling in große Flüsse ein (zum Beispiel Donau, Don). *Fortpflanzung:* Mai–Juni. Laicht in den Unterläufen der Flüsse und ihren Mündungsgebieten. Die halbpelagisch (s. S. 25) lebenden Eier entwickeln sich innerhalb 2–3 Tagen, und die Jungen begeben sich ins Meer, wo sie in 2–3 Jahren geschlechtsreif werden. *Fruchtbarkeit:* 400 000–700 000 Eier je Weibchen. *Nahrung:* Hauptsächlich Wirbellose und kleine Fische. *Bedeutung:* Eine wirtschaftlich wichtige Art, die im Kaspisee in großen Mengen mit dem Netz gefangen wird.

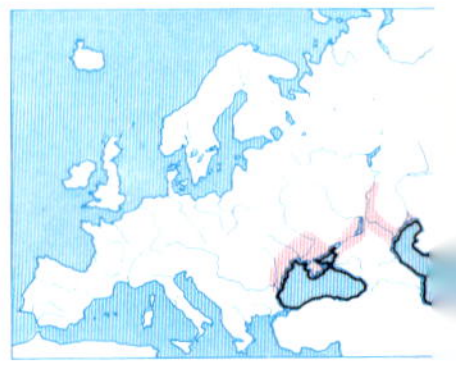

Tyulka-Sardelle Clupeonella delicatula
Größe: 9–12 cm, maximal 17 cm. Durchschnittsgewicht etwa 5 g. *Kennzeichen:* Keine Kerbe im Oberkiefer. Mehr als 52 Reusendornen. *Verbreitung:* Schwarzes Meer und Kaspisee sowie die Unterläufe der großen Flüsse (zum Beispiel Donau, Bug). Eine isolierte Population findet man im Chorkhal-See (Uralbecken). *Fortpflanzung:* April–Mai, laicht in den Unterläufen der Flüsse und in ihren Mündungsgebieten. Die halbpelagischen Eier entwickeln sich innerhalb von 3–4 Tagen, und die Jungen begeben sich ins Meer, wo man gelegentlich auch Eier und Larven gefunden hat. Die Erwachsenen reifen in 2–3 Jahren heran und leben bis zu 5 Jahre. *Fruchtbarkeit:* Etwa 30 000 Eier je Weibchen. *Nahrung:* Hauptsächlich Wirbellose. *Bedeutung:* Eine wirtschaftlich wichtige Art, die man im Meer mit Netzen fängt. Konservierung in Dosen.

Abrau-Sardelle Clupeonella abrau
Größe: 6–7 cm, maximal 8,5 cm. *Kennzeichen:* Keine Kerbe im Oberkiefer. Weniger als 53 Reusendornen. *Verbreitung:* Nur im Süßwasser: Abrau-See bei Novorossiisk und Abulio-See bei Bursa (Kleinasien). *Fortpflanzung:* Juni–Oktober. Die frei im Wasser lebenden Eier entwickeln sich in etwa 12 Stunden. Die Erwachsenen werden nach 2 Jahren geschlechtsreif. *Nahrung:* Wirbellose, vor allem Spaltfüßerkrebse (*Mesomysis*). *Bedeutung:* Geringe wirtschaftliche und sportliche Bedeutung.

Schwarzmeer-Maifisch

Kaspi-Maifisch

Tyulka-Sardelle

Abrau-Sardelle

Familie Salmonidae, Lachsfische

Die Salmoniden umfassen mehrere Gruppen von Fischen, die allgemein als Lachse, Forellen und Seesaiblinge bekannt sind. Kein Vertreter dieser wichtigen Familie ist ausschließlich marin, alle Arten sind entweder anadrom (s. S. 17) oder kommen nur im Süßwasser vor. Sie sind in Europa, Nordwestafrika, Nordasien und Nordamerika heimisch, doch hat man sie in vielen anderen Teilen der Welt eingeführt, in Südamerika, Indien, Australien und Neuseeland. Zum großen Teil stammen die Bestände bei diesen Einführungen aus Europa.

Alle Salmoniden besitzen eine Fettflosse, und der Körper ist mit gut entwickelten Zykloidschuppen bedeckt (Bild 32). Verschiedenartige Sprenkelung ist üblich, und die Jugendstadien vieler Arten sind durch dunkle Flecken an den Seiten gekennzeichnet. Zähne sind im allgemeinen vorhanden und bei manchen Species gut entwickelt. Zur Laichzeit unterscheiden sich die Geschlechter oft erheblich.

Die Biologie aller Arten der Familie zeigt viele Gemeinsamkeiten. Alle laichen in fließendem Süßwasser, mitunter aber auch am Seegrund,

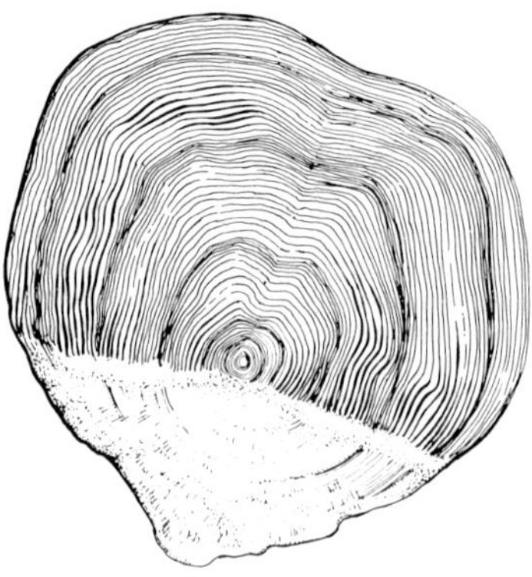

Bild 32. Zykloidschuppe einer Forelle mit Jahresringen.

wenn das Wasser sauber ist. Man findet sie in allen Teilen der Welt nur in kühlen Gewässern (in den Tropen zum Beispiel nur im Gebirge), und sie laichen während des kältesten Monats im Jahr. Das Ablaichen erfolgt im allgemeinen paarweise: Nach einer Art Balz gräbt das Weibchen im Kiesgrund ein Nest aus und legt darin die Eier ab. Sie werden dann vom Weibchen mit Kies bedeckt.

Die Angehörigen der Familie Salmonidae werden von Anglern und gewerbsmäßigen Fischern in vielen Ländern hoch geschätzt, und vor allem haben gute Bestände von Lachsen und Forellen einen hohen Wert. Im westlichen Nordamerika und im nordöstlichen Asien sind die Pazifik-Lachse (*Oncorhynchus*) von großer Bedeutung. Die fünf Arten, die hier vorkommen, bilden seit mehr als 100 Jahren die Grundlage für eine ausgedehnte Fischereiwirtschaft. Der Kampf um die Bestände wurde von den Nationen am Pazifik (vor allem von der UdSSR, von Japan, Kanada und den USA) so heftig geführt, daß es nötig war, eine internationale Kommission einzusetzen, die die Fischerei regeln und die biologische Erforschung der Arten einleiten mußte. Diese Forschungen haben zu vielen bemerkenswerten Erkenntnissen bei *Oncorhynchus* und anderen Fischen geführt. Hierher gehören Informationen über die Navigationsmethoden der Fische (im Meer und im Süßwasser), über die Physiologie der Anpassung an Süß- und Salzwasser und über Faktoren, die die Individuenzahl in den Beständen kontrollieren.

An vielen Flüssen, die von den Pazifik-Lachsen aufgesucht werden, sind bedeutende Konservenfabriken entstanden. Eingedoste und geräucherte Fische werden in alle Teile der Welt exportiert. Versuche, die Fische in anderen Gebieten der Erde heimisch zu machen, hatten geringere Erfolge als bei der Forelle, doch sind Populationen der beiden Arten jetzt offensichtlich in Nordeuropa und in Neuseeland eingeführt.

Elf Arten kommen in Europa vor.

Bestimmungsschlüssel für europäische Lachsfische

1 Die hinteren Augenhöhlenknochen reichen bis an den vorderen Kiemendeckel heran. 10–16 gegabelte Strahlen in der Afterflosse. **2**

Die hinteren Augenhöhlenknochen reichen nicht bis an die vorderen Kiemendeckel heran. 7–10 gegabelte Strahlen in der Afterflosse. **3**

2 Schuppen groß, 150–160 entlang der Seitenlinie. 19–25 Reusendornen. **Oncorhynchus keta**

Schuppen klein, 177–240 entlang der Seitenlinie. 26–33 Reusendornen. **Oncorhynchus gorbuscha**

3 Pflugscharbein langgestreckt, hinten bei jungen Fischen stets bezahnt. **4**

Pflugscharbein kurz und breit, auch bei jungen Fischen stets ohne Zähne. **7**

4 Mehr als 130 Schuppen entlang der Seitenlinie. Keine roten Flecken auf dem Körper, aber ein breites rosa Band an den Seiten. Zahlreiche schwarze Flecken auf Körper und Flossen, einschließlich Fett- und Schwanzflosse. **Salmo gairdneri**

Weniger als 130 Schuppen entlang der Seitenlinie. Der Körper kann ganz silbrig aussehen, zeigt aber normalerweise viele schwarze und einige rote Flecken; schwarze Flecken auf Fett- und Schwanzflosse sind undeutlich ausgebildet oder fehlen. Kein breites rosa Band an den Seiten. **5**

5 Weniger als 110 Schuppen entlang der Seitenlinie. **Salmothymus obtusirostris**

Mehr als 110 Schuppen entlang der Seitenlinie. **6**

6 Kopf des Pflugscharbeins zahnlos, Schaft spärlich mit leicht ausfallenden Zähnen besetzt. 10–12 Strahlen in der Rückenflosse. 10–13 Schuppen zwischen Fettflosse und Seitenlinie. **Salmo salar**

Kopf des Pflugscharbeins bezahnt, Schaft ebenfalls mit dauerhaften Zähnen besetzt. 8–10 Strahlen in der Rückenflosse. 13–16 Schuppen zwischen Fettflosse und Seitenlinie. **Salmo trutta**

7 Gut ausgebildeter Zwischenraum zwischen den Pflugschar- und den Gaumenbeinzähnen. Keine dunklen Flecken am Körper. **8**

Die Pflugschar- und Gaumenbeinzähne bilden eine zusammenhängende hufeisenförmige Fläche. Dunkle Flecken am Körper. **10**

8 Schwanzflosse tief eingeschnitten. Körper und Flossen mit kleinen, ovalen, hellen Flecken bedeckt. Nie orange oder rot am Körper. Mehr als 90 Blindsäcke am Magenausgang. **Salvelinus namaycush**

Schwanzflosse nicht oder nur leicht eingeschnitten. Körper und Flossen mit rosa oder roten Flecken und im allgemeinen mit dunklen Wellenlinien und Punkten. Weniger als 75 Blindsäcke am Magenausgang. **9**

9 Zähne auf dem Zungenbein. Zwischenkiefer (Prämaxillare) auf der rechten Seite nicht mit Zähnen besetzt. Rücken einfarbig mit fahlen Flecken. Kein schwarzer Streifen auf der Afterflosse. **Salvelinus alpinus**

Keine Zähne auf dem Zungenbein. Zwischenkiefer auf der rechten Seite mit Zähnen besetzt. Rücken deutlich mit wurmartigen Zeichnungen bedeckt. Schwarzer Streifen auf der Afterflosse. **Salvelinus fontinalis**

10 16 Reusendornen auf dem ersten Kiemenbogen. 180–200 Schuppen entlang der Seitenlinie. **Hucho hucho**

11–12 Reusendornen auf dem ersten Kiemenbogen. 193–242 Schuppen entlang der Seitenlinie. **Hucho taimen**

Ketalachs Oncorhynchus keta

Größe: 45–90 cm, maximal 100 cm. Fische mit einer durchschnittlichen Länge von 75 cm wiegen 4,9 kg. *Kennzeichen:* 10 oder mehr gegabelte Strahlen in der Afterflosse. 150–160 Schuppen entlang der Seitenlinie. *Verbreitung:* Im Nordpazifik und den anliegenden großen Flüssen Nordamerikas und Asiens heimisch. Kommt gelegentlich in den nordeuropäischen Meeren und einigen Flüssen vor, da er regulär in den Bereich des Weißen Meeres eingeführt wurde. *Fortpflanzung:* August–Dezember in Gebieten mit grobem Kies, wo eine beträchtliche Strömung auftritt. Die Eier werden in Nestern abgelegt, die das Weibchen aushebt; sie entwickeln sich in 90–130 Tagen. Die Brut bleibt mehrere Monate im Fluß, wandert jedoch normalerweise gegen Ende des ersten Lebensjahres ins Meer. Die Erwachsenen erreichen nach 3–4 Jahren die Geschlechtsreife und ziehen in ihre Heimatflüsse zurück. *Fruchtbarkeit:* 2008–4388 Eier je Weibchen. *Nahrung:* Als Jungtiere Wirbellose, als Erwachsene große Wirbellose (hauptsächlich Krebse) und Fische. *Bedeutung:* Eine wirtschaftlich und sportlich wichtige Art, und zwar sowohl im Meer wie im Süßwasser.

Buckellachs Oncorhynchus gorbuscha

Größe: 40–50 cm, maximal 64 cm. Fische mit einer Durchschnittslänge von etwa 50 cm wiegen rund 1,7 kg. *Kennzeichen:* 10 oder mehr gegabelte Strahlen in der Afterflosse. 170–240 Schuppen entlang der Seitenlinie. *Verbreitung:* Im Nordpazifik und den anliegenden großen Flüssen in Nordamerika und Asien heimisch. Kommt gelegentlich in den nordeuropäischen Meeren und einigen Flüssen vor, da er im Bereich des Weißen Meeres eingeführt wurde. *Fortpflanzung:* September–Oktober, Nester unter Kies in fließendem Wasser. Die Eier entwickeln sich nach 100–120 Tagen, und die Jungen wandern sehr schnell flußabwärts ins Meer, wo sie heranwachsen und nach zwei Jahren reif werden. *Fruchtbarkeit:* 1090–1629 Eier je Weibchen. *Nahrung:* Hauptsächlich Wirbellose (vor allem größere Krebse) und Fische. *Bedeutung:* Eine wirtschaftlich und sportlich wichtige Art in einigen nordpazifischen Küstenbereichen und Gewässern.

Ketalachs ♂

♀

Buckellachs
♂ im Brutkleid

♀

Atlantischer Lachs Salmo salar

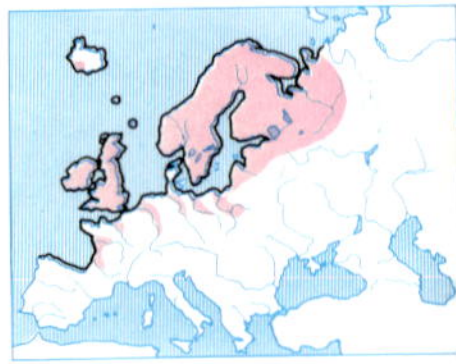

Größe: 40–100 cm, maximal 120 cm. Britischer Anglerrekord: 29,028 kg. *Kennzeichen:* 10 oder weniger gegabelte Strahlen in der Afterflosse. Pflugscharbein hinten, aber nicht vorn bezahnt. *Verbreitung:* Eine anadrome (s. S. 17) einheimische Art, die man in weiten Bereichen des Atlantik, in Nordeuropa und im östlichen Kanada findet. Klare, steinige Flüsse, Ströme und erreichbare Seen. *Fortpflanzung:* Oktober–Januar. Die Eier, die unter Kies in fließendem Wasser abgelegt werden, entwickeln sich zu Setzlingen, die zu Brut, dann zu Junglachsen werden. Nach 2–6 Jahren werden sie Silberlachse und wandern ins Meer. Das Wachstum erfolgt hauptsächlich im Meer: Nach einem Jahr oder später kehren sie zurück. Ein 10 kg schweres Weibchen trägt etwa 22 000 Eier. *Nahrung:* Wirbellose als Jungtiere; später Wirbellose und Fische. *Bedeutung:* Eine wirtschaftlich wichtige Art, die vor den atlantischen Küsten und Flußmündungen sowie vor Grönland mit Netzen gefangen wird. Für das Sportangeln in Flüssen und großen Seen sehr wichtig, wobei unterschiedliche Fangmethoden in den einzelnen Gewässern zum Erfolg führen.

Atlantischer Lachs

Brut

Jungfisch

Forelle Salmo trutta
Größe: 50 cm, maximal 70 cm. Britischer Anglerrekord: 8,745 kg. *Kennzeichen:* 10 oder weniger gegabelte Strahlen in der Afterflosse. Pflugscharbein vorn und hinten bezahnt. Weniger als 130 Schuppen entlang der Seitenlinie. *Verbreitung:* Kommt überall in Europa in allen Arten von fließendem und stehendem Wasser vor. Wanderpopulationen treten in Flüssen entlang der europäischen Küste von Spanien nordwärts auf. *Fortpflanzung:* September–Oktober in kleineren Flüssen und Strömen, wo die Weibchen ihre Eier in Nestern ablegen, die sie im Kies ausheben. Die Eier entwickeln sich in etwa 150 Tagen, und die Brut bleibt ein Jahr oder länger in dem betreffenden Fluß, bevor sie abwärts in einen größeren Strom, See oder ins Meer wandert. Letzteres trifft für die wandernde Meerforelle zu. Die erwachsenen Tiere erreichen nach 3–5 Jahren die Geschlechtsreife, und viele leben bis zu 20 Jahren. *Fruchtbarkeit:* Durchschnittlich trägt ein Weibchen etwa 5400 Eier. *Nahrung:* Als Jungtiere Wirbellose, als Erwachsene Wirbellose und einige Fische (dies besonders bei der Meerforelle). *Bedeutung:* In manchen Gebieten eine wirtschaftlich wichtige Art und wahrscheinlich die wichtigste Art für die Sportfischerei in ganz Europa. Man angelt die Forelle in vielen Flüssen, Seen und Flußmündungen, wobei man verschiedenes Gerät und verschiedene Techniken anwendet.

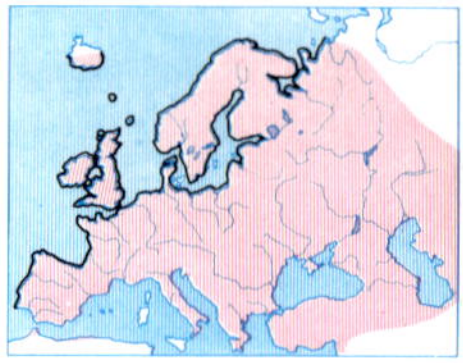

Regenbogenforelle Salmo gairdneri
Größe: 25–45 cm, maximal 70 cm. Britischer Anglerrekord: 5,953 kg. *Kennzeichen:* 10 oder weniger gegabelte Strahlen in der Afterflosse. Schwanz- und Fettflossen kräftig gepunktet. Breites rosa Band an den Seiten. *Verbreitung:* In den westlichen Küstenbecken Nordamerikas heimisch, wo Wanderformen und reine Süßwasserpopulationen auftreten. Überall in Europa eingeführt, obwohl die Art nur an einigen Orten erhaltungsfähige Populationen entwickelt hat. *Fortpflanzung:* Oktober–März. Die Eier werden in fließendem Wasser in Nestern abgelegt, die in Kies gegraben wurden. Die Eier entwickeln sich nach 100–150 Tagen, und die Jungtiere wandern allmählich in größere Ströme und Seen. *Fruchtbarkeit:* 1000–5000 Eier je Weibchen. *Nahrung:* Als Jungtiere Wirbellose, als Erwachsene Wirbellose und Fische. *Bedeutung:* Als wirtschaftlich wichtige Art in vielen Fischzuchtanstalten überall in Europa und als Sportfisch in Flüssen und Seen von großer Bedeutung.

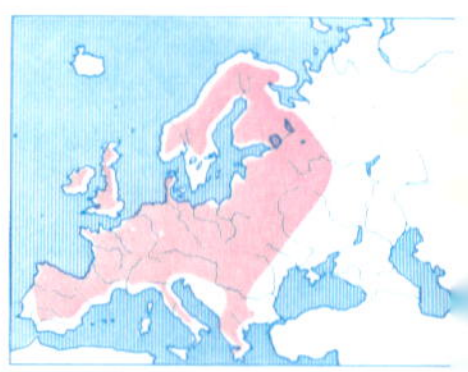

;achforelle

eeforelle

genbogenforelle

Wandersaibling Salvelinus alpinus

Größe: 15–40 cm, maximal 88 cm. Britischer Anglerrekord: 0,8 kg. *Kennzeichen:* 10 oder weniger gegabelte Strahlen in der Afterflosse. Pflugscharbein ohne Zähne. Körper einfarbig mit vereinzelten fahlen Flecken. *Verbreitung:* In einem großen Teil der nördlichen Hemisphäre in sauberen, kühlen Seen. In den arktischen Meeren findet man wandernde Bestände, die im Meer heranreifen und zum Laichen in die Flüsse schwimmen. Diese Fische sind größer als die Süßwasserformen, von denen einige Zwergrassen sind. *Fortpflanzung:* Oktober–März auf Kiesgrund in Seen und Flüssen. Nach dem Ausschlüpfen begeben sich die Jungen in Seen oder ins Meer, wo sie nach 3–6 Jahren geschlechtsreif werden. *Fruchtbarkeit:* 560–7300 Eier je Weibchen. *Nahrung:* Hauptsächlich Wirbellose, vor allem Krebse des Planktons. *Bedeutung:* In arktischen Bereichen wichtig, wo die Fische während der Laichwanderungen mit Netzen gefangen werden. Sportfisch in manchen Seen.

Bachsaibling Salvelinus fontinalis

Größe: 20–35 cm, maximal 50 cm. Britischer Anglerrekord: 1,162 kg. *Kennzeichen:* 10 oder weniger gegabelte Strahlen in der Afterflosse. Pflugscharbein ohne Zähne. Körper kräftig gemustert mit dunklen und hellen Bereichen. *Verbreitung:* Im westlichen Nordamerika heimisch, doch in vielen Teilen Europas eingeführt, wo er sich behauptet hat. *Fortpflanzung:* Oktober–März auf Kiesgrund in fließenden Gewässern. Die Eier entwickeln sich im Frühjahr, und die Jungen bleiben etwa 2 Jahre im Brutgebiet, ehe sie sich in größere Flüsse oder Seen begeben. Die Erwachsenen kommen im Alter von 2–3 Jahren zur Geschlechtsreife. *Fruchtbarkeit:* 100–5000 Eier je Weibchen. *Nahrung:* Hauptsächlich Wirbellose, doch fressen große ausgewachsene Tiere Fische. *Bedeutung:* In Nordamerika eine wichtige Art für Sportzwecke, die jedoch vielerorts in Europa noch nicht geangelt wird.

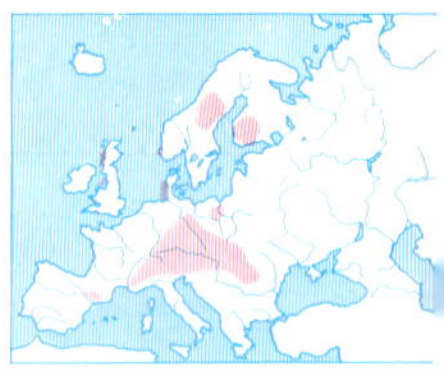

Amerikanischer Seesaibling Salvelinus namaycush

Größe: 30–50 cm, maximal 126 cm. Dieser Fisch wog 46,3 kg. *Kennzeichen:* 10 oder weniger gegabelte Strahlen in der Afterflosse. Pflugscharbein ohne Zähne. Körper mit hellen gelblichen Flecken bedeckt. *Verbreitung:* In den nördlichen USA und in Zentralkanada weit verbreitet; in Europa eingeführt, wo man beständige Populationen in großen, tiefen Seen Schwedens und der Schweiz findet. *Fortpflanzung:* September–November. Ablaichen über Steinen und Kies. Die Eier entwickeln sich in 100–150 Tagen, und die Jungen begeben sich kurz danach in den Küstenbereich. Die erwachsenen Tiere erreichen nach 6–8 Jahren die Geschlechtsreife, können aber bis zu 25 Jahre alt werden. *Fruchtbarkeit:* Ein 80 cm langer Fisch trägt etwa 18 000 Eier. *Nahrung:* Als Junge Wirbellose, doch mit zunehmender Größe andere Fische (vor allem *Coregonus*). *Bedeutung:* In Nordamerika eine wirtschaftlich und sportlich wichtige Art, doch in Europa bis jetzt von geringer Bedeutung.

♂ im Brutkleid

Wandersaibling
2 Farb- und Formvarietäten

Bachsaibling ♂

Amerikanischer Seesaibling

Huchen Hucho hucho
Größe: 50–100 cm, maximal 150 cm. Dieser Fisch wog 21 kg. *Kennzeichen:* 10 oder weniger gegabelte Strahlen in der Afterflosse. Pflugscharbein ohne Zähne. Dunkle Flecke auf dem Körper. 16 Reusendornen auf dem ersten Kiemenbogen. *Verbreitung:* Kommt nur im Donaubecken vor, vor allem im Mittel- und Oberlauf der Flüsse. *Fortpflanzung:* März–Mai, Ablaichen zwischen Kies in fließendem Wasser. Die Eier entwickeln sich in etwa 35 Tagen, und die Erwachsenen reifen in 4–5 Jahren heran. Sie können ein Alter von 15 Jahren und mehr erreichen. *Fruchtbarkeit:* Weibchen mit einem Durchschnittsgewicht von 5 kg tragen etwa 5000 Eier. *Nahrung:* Als Jungtiere Wirbellose und Fische, doch wenn sie älter sind hauptsächlich Fische (vor allem *Chondrostoma*). *Bedeutung:* Ein hoch geschätzter Sportfisch, dessen Bestände sich jedoch in den letzten Jahren besorgniserregend verringert haben.

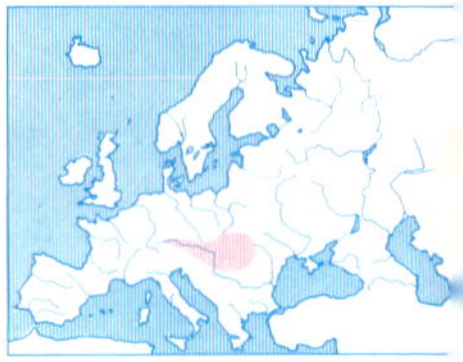

Taimen Hucho taimen
Größe: 50–100 cm, maximal 150 cm. Höchstgewicht 80 kg. *Kennzeichen:* 10 oder weniger gegabelte Strahlen in der Afterflosse. Pflugscharbein ohne Zähne. Dunkle Flecken auf dem Körper. 11–12 Reusendornen auf dem ersten Kiemenbogen. *Verbreitung:* In den Flüssen überall in Sibirien (zum Beispiel Ob, Lena), gelegentlich auch in Seen. *Fortpflanzung:* Mai, Ablaichen über Kies in fließendem Wasser. Die Eier entwickeln sich in etwa 30–35 Tagen, und die Erwachsenen erreichen nach etwa 5 Jahren die Geschlechtsreife. *Fruchtbarkeit:* 10 000 bis 34 000 Eier je Weibchen. *Nahrung:* Als Jungtiere einige Wirbellose, doch später hauptsächlich Fische. *Bedeutung:* In einigen Gebieten sowohl wirtschaftlich als auch sportlich von Bedeutung.

Adriatischer Lachs Salmothymus obtusirostris
Größe: 25–40 cm, maximal 50 cm. Höchstgewicht etwa 5 kg. *Kennzeichen:* 101–130 Schuppen an der Seitenlinie, kurzer Kopf. *Verbreitung:* Viele Ichthyologen betrachten diese nur in den Gewässern Dalmatiens vorkommende Art als Abkömmling isolierter Lachspopulationen. Man kennt mehrere Lokalrassen. *Fortpflanzung:* Oktober–Dezember zwischen Kies in fließendem Wasser. *Nahrung:* Als Jungtiere Wirbellose, später Wirbellose und Fische. *Bedeutung:* Von geringem wirtschaftlichem und sportlichem Interesse.

Huchen

Taimen

Adriatischer Lachs

Familie Coregonidae, Renken, Maränen, Felchen

Die Coregoniden sind eng mit den Salmoniden verwandt und besitzen wie diese eine gut entwickelte Fettflosse. Der langgestreckte Körper ist von verhältnismäßig großen Schuppen bedeckt, doch fehlt im Gegensatz zu den Salmoniden jede deutlich sichtbare Fleckung oder Farbzeichnung. Die meisten Arten sind silbrigbraun, grau oder graublau. Zähne sind im allgemeinen sehr klein oder fehlen ganz.

Die Vertreter der Familie bleiben auf die nördliche Halbkugel beschränkt. Man findet sie in kühlen, sauberen Gewässern im nördlichen Europa, Asien und Nordamerika. Ihre Bestimmung bereitet große Schwierigkeiten. Man nimmt an, daß es wahrscheinlich nur drei Gattungen gibt (*Stenodus, Prosopium* und *Coregonus*), doch wird über die Zahl der Arten innerhalb dieser Gattungen (vor allem bei *Coregonus*) heftig diskutiert. Vermutlich findet man heute in der ganzen Welt insgesamt zwischen 20 und 30 Arten. Das Problem, der Gattung *Coregonus* einzelne Arten zuzuweisen, liegt in der offenkundigen Formenmannigfaltigkeit, die diese Fische in den verschiedenen Lebensräumen ausbilden können. Anscheinend sind viele charakteristische Eigenschaften, die man normalerweise zur Bestimmung einer Art benutzt (Gestalt, Größe, Wachstumsrate, Zahl der Schuppen und Reusendornen), sehr variabel und unmittelbar von der Umgebung beeinflußt (Bild 33). Der Beweis dieser Variabilität wurde zum Teil durch experimentelle Arbeiten erbracht: Man übertrug bestimmte Rassen von einer Umgebung in die andere oder zog verschiedene Arten gemeinsam im gleichen Versuchsteich auf. Es gibt daher innerhalb der Gruppe viele wissenschaftliche Namen, von denen sich einige nur auf einzelne Populationen in einem bestimmten Seen- oder Flußsystem beziehen.

Die Coregoniden sind im wesentlichen Süßwasserfische, obwohl einige anadrome Populationen auch in den nördlichen Meeren vorkommen. In vielen Seen sind sie häufig, vor allem in großen, kühlen, nicht verschmutzten Gewässern im Gebirge oder in nördlichen Gebieten. Viele Formen sind hinsichtlich ihres Lebensraumes gänzlich frei im Wasser (pelagisch), einige am Boden lebend (benthisch), während andere Populationen in einer bestimmten Jahreszeit (gewöhnlich im Winter) benthisch, in einer anderen Jahreszeit (Sommer) pelagisch leben. Sie ziehen oft in großen Schwärmen umher und nähren sich von benthischen Wirbellosen und Zooplankton. Das Laichen findet während der kälteren Monate des Jahres (oft unter Eis) statt, und zur Laichzeit versammeln sich sehr viele Fische in den Laichgebieten. Die Eier werden im freien Wasser abgelegt, üblicherweise über Stein- oder Kiesgrund, und das Schlüpfen erfolgt im Frühjahr. Die Jungen leben zumindest im ersten Jahr frei im Wasser.

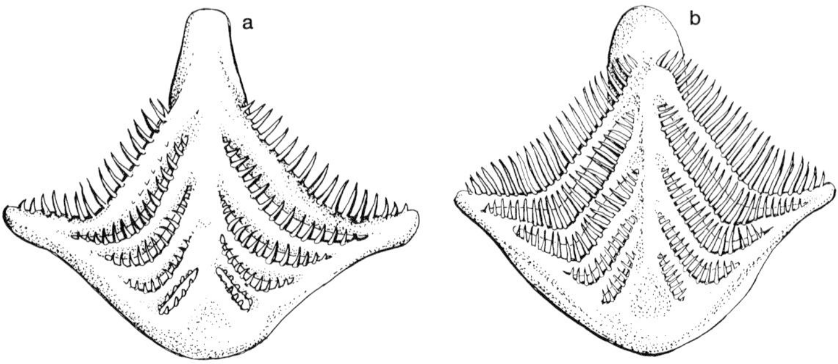

Bild 33. Vollständiges Kiemenbogen- und Kiemenreusensystem von *Coregonus lavaretus* (a) und *C. albula* (b).

Obgleich sie als Sportfische keine Bedeutung haben, bilden die Renken doch die Grundlage für einige der wichtigsten Fischereiwirtschaften im Süßwasser, die man auf der Welt kennt. Auch sind sie eine bedeutende Quelle für Fischfleisch in Teilen von Europa (Skandinavien und Alpenländer), im nördlichen Asien und Nordamerika (besonders im Gebiet der Großen Seen und anderer großer Gewässer in Kanada). Die Fische werden in Reusen, Kiemennetzen und Wadenetzen gefangen und manchmal getrocknet oder geräuchert. Die erwachsenen Fische sind von geeigneter Größe und haben ein gutes, leicht öliges Fleisch, das oft einen charakteristischen Geruch aufweist, der an frische Gurken erinnert. In den letzten Jahren sind die Bestände in vielen der wichtigsten Gewässer infolge Überfischung, Verunreinigung oder anderer Einflüsse des Menschen zusammengebrochen, und Fischereiwirtschaften, die Erträge von bis zu 40 Millionen Fische im Jahr aufzuweisen hatten, gehen jetzt ein. In Rußland sind *Coregonus*-Arten in große, künstlich geschaffene Stauseen eingeführt worden. Sie bilden heute die Grundlage für mehrere bedeutende Fischereien.

In Europa kann man sieben Hauptarten unterscheiden. Mehrere davon sind Formen, die man in Nordamerika findet, sehr ähnlich.

Bestimmungsschlüssel für europäische Renken

1 Maul groß, schräg und endständig. Unterkiefer vorstehend und mit dem Schädel hinter dem hinteren Augenrand verbunden. Auf den Kiefern kleine Zähne. (19–26 Reusendornen.) **Stenodus leucichthys**

Maul klein, Unterkiefer nicht vorstehend und vor oder unter dem Auge mit dem Schädel verbunden. Kiefer zahnlos oder gelegentlich mit winzigen Zähnen. **2**

2 Maul end- oder oberständig. Oberkiefer reicht bis hinter den vorderen Augenrand. **3**

Maul unterständig. Oberkiefer reicht nicht bis hinter den vorderen Augenrand. **4**

3 Maul oberständig (Oberkiefer kürzer als Unterkiefer). 36–52 Reusendornen. **Coregonus albula**

Maul endständig (Oberkiefer ebenso lang wie Unterkiefer). 49–68 Reusendornen. **Coregonus peled**

4 Gut entwickelte Schnauze. Abstand zwischen vorderem Augenrand und Schnauzenspitze mehr als doppelt so groß wie der Augendurchmesser. (35–44 Reusendornen.) **Coregonus oxyrhynchus**

Schnauze nicht gut ausgebildet. Abstand zwischen vorderem Augenrand und Schnauzenspitze weniger als doppelt so groß wie der Augendurchmesser. **5**

5 Oberkiefer breit und kurz; Breite gewöhnlich größer als die Hälfte der Länge; Länge gewöhnlich geringer als 22% der Kopflänge. Schnauze vor dem Auge höckerig. (20–29 Reusendornen.) **Coregonus nasus**

Oberkiefer schmal und lang; Breite gewöhnlich kleiner als die Hälfte der Länge; Länge gewöhnlich größer als 22% der Kopflänge. Schnauze vor dem Auge nicht höckerig. **6**

6 Länge des Unterkiefers übertrifft das Minimum der Körperhöhe. 17–48 Reusendornen. **Coregonus lavaretus**

Länge des Unterkiefers geringer als das Minimum der Körperhöhe. 16 bis 29 Reusendornen. **Coregonus pidschian**

Inconnu Stenodus leucichthys

Größe: 50–80 cm, maximal 130 cm. Höchstgewicht etwa 35 kg. *Kennzeichen:* Vorstehender Unterkiefer mit kleinen Zähnen. Gewöhnlich groß. *Verbreitung:* Kommt in Europa und Nordamerika in vielen Seen und Flüssen vor, die mit dem Arktischen Ozean Verbindung haben. Man findet die Art auch in einigen Küstengebieten, wo sie zum Laichen ins Süßwasser wandert. *Fortpflanzung:* Oktober–November, üblicherweise in den Unter- oder Mittelläufen großer Flüsse. Die Erwachsenen werden im Alter von 8–10 Jahren reif und können bis zu 20 Jahre leben. *Fruchtbarkeit:* 130 000–420 000 Eier je Weibchen. *Nahrung:* Als Jungtiere Wirbellose, aber als Erwachsene hauptsächlich Fische (zum Beispiel *Coregonus*). *Bedeutung:* Von geringem sportlichem Wert, doch in Kanada und Rußland eine wirtschaftlich wichtige Fischart. Die meisten Fische werden während der Laichwanderung in Netzen gefangen, und viele lagert man nach dem Räuchern oder Trocknen.

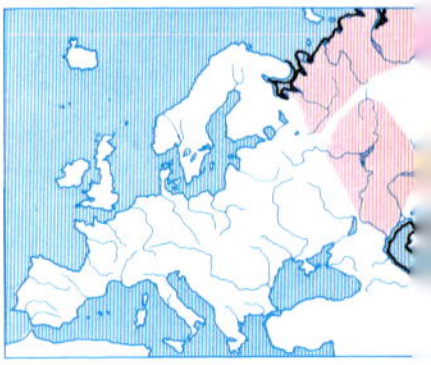

Zwergmaräne, Kleine Maräne Coregonus albula

Größe: 15–25 cm, maximal 33 cm. Fische mit einer Durchschnittslänge von 18 cm wiegen 60 g. *Kennzeichen:* Maul oberständig. 36–52 Reusendornen. Gewöhnlich klein. *Verbreitung:* In vielen Teilen von Nord- und Mitteleuropa zu finden, im allgemeinen in tiefen, kalten Seen. *Fortpflanzung:* Oktober–Dezember über Kies oder Steinen in Tiefen von 2 bis 3 Metern oder mehr. Die Eier entwickeln sich nach 100–120 Tagen, und die Jungen begeben sich in tieferes Wasser. Die Erwachsenen reifen nach 2 bis 3 Jahren und können bis zu 10 Jahre alt werden. *Fruchtbarkeit:* 1700–4800 Eier je Weibchen. *Nahrung:* Wirbellose, besonders Krebse des Planktons. *Bedeutung:* Ohne sportlichen Wert, doch in vielen Gebieten wirtschaftlich wichtig. Die Fische werden während ihrer Laichwanderung in Netzen und Reusen gefangen, manchmal werden sie geräuchert.

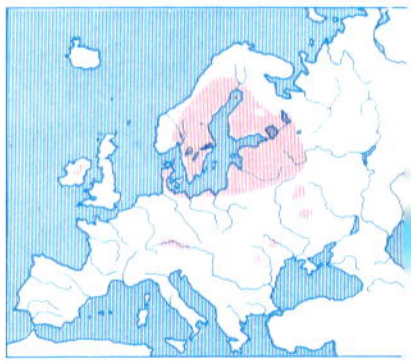

Peledmaräne Coregonus peled

Größe: 30–40 cm, maximal 50 cm. Höchstgewicht etwa 5 kg. *Kennzeichen:* Maul endständig und zahnlos. 49–68 Reusendornen. *Verbreitung:* In großen Teilen des nördlichen Europas zu finden, besonders in Seen des arktischen Bereichs von Sibirien, Finnland und Schweden. *Fortpflanzung:* September–November in flachen Abschnitten von Seen und Flüssen. Die Art überwindet bei der Wanderung zu den Laichplätzen oft beträchtliche Entfernungen. *Fruchtbarkeit:* 29 000–105 000 Eier je Weibchen. *Nahrung:* Wirbellose, besonders Krebse des Planktons. *Bedeutung:* Eine wirtschaftlich sehr wichtige Art, in vielen russischen Gewässern in großer Zahl mit Netzen gefangen.

Inconnu

Zwergmaräne

Peledmaräne

Kleine Bodenrenke, Kilch, Kropffelchen Coregonus pidschian

Größe: 20–30 cm, maximal 50 cm. Ein 48 cm langer Fisch wiegt etwa 1,25 kg. *Kennzeichen:* Maul unterständig. Oberkiefer schmal und lang. 16–29 Reusendornen. *Verbreitung:* Arktische Gebiete Europas in Flüssen, Seen und einigen Küstenzonen der Ostsee. *Fortpflanzung:* Oktober–Dezember, Eientwicklung im Frühling. Erwachsene reifen mit 2–4 Jahren und leben bis zu 12 Jahre. *Fruchtbarkeit:* 8000 bis 50 000 Eier je Weibchen. *Nahrung:* Wirbellose, vor allem Krebse. *Bedeutung:* In vielen Gebieten von großem wirtschaftlichem Interesse.

Große Bodenrenke, Sandfelchen, Große Maräne Coregonus nasus

Größe: 35–60 cm, maximal 86 cm. Dieser Fisch wiegt 10 kg. *Kennzeichen:* Maul klein, zahnlos und unterständig. Oberkiefer breit und kurz. Schnauze höckerig. *Verbreitung:* Hauptsächlich in Seen und den Unterläufen von Flüssen, die mit dem Arktischen Ozean in Verbindung stehen. *Fortpflanzung:* Oktober–November in Flüssen. Die Jungen wandern zurück in die Seen, wo sie nach 4–5 Jahren reif werden. Sie werden bis zu 10 Jahre alt. *Fruchtbarkeit:* 14 000–29 000 Eier je Weibchen. *Nahrung:* Wirbellose, besonders Insekten und Weichtiere. *Bedeutung:* In einigen Gebieten Fang mit Kiemennetzen, manchmal getrocknet und geräuchert.

Blaufelchen, Große Schwebrenke, Madümaräne Coregonus lavaretus

Größe: 15–40 cm, maximal 57 cm. Höchstgewicht etwa 2,8 kg. Britischer Anglerrekord: 652 g. *Kennzeichen:* Maul klein, zahnlos und unterständig. 17 bis 48 Reusendornen. Eine variable Art, die in verschiedenen Seen Lokalrassen bildet. *Verbreitung:* Nordwestliches und mittleres Europa in großen, kalten Seen und im Ostseebereich. Wandert zum Laichen in die Flüsse. *Fortpflanzung:* Oktober–Januar über Kies. Die Eier entwickeln sich in etwa 100 Tagen. Die Jungen werden in 3–4 Jahren geschlechtsreif, die Fische leben bis zu 10 Jahre. *Fruchtbarkeit:* 1000–28 000 Eier je Weibchen. *Nahrung:* Als Jungtiere Wirbellose und Krebse des Planktons, später aber sowohl Boden- wie Planktonformen. *Bedeutung:* In verschiedenen Ländern wirtschaftlich wichtig.

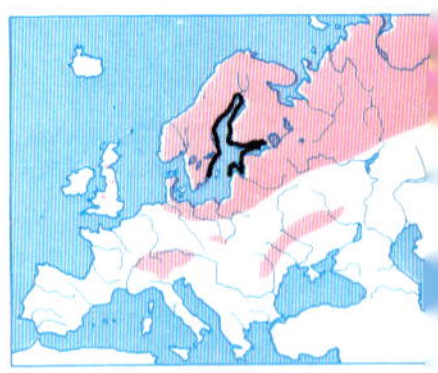

Nordseeschnäpel, Kleine Schwebrenke, Gangfisch, Edelmaräne Coregonus oxyrhynchus

Größe: 25–40 cm, maximal 50 cm. Höchstgewicht etwa 2 kg. *Kennzeichen:* Maul klein, zahnlos und unterständig. Gut ausgebildete Schnauze. *Verbreitung:* Nördliches Europa, besonders in der Ostsee, wo früher große Populationen im Brackwasser auftraten. Die Tiere gingen nur zum Laichen ins Süßwasser. *Fortpflanzung:* Oktober–Dezember in den Unterläufen der Flüsse. Nach dem Schlüpfen wandern die Jungen ins Meer, wo sie in 3–4 Jahren zur Geschlechtsreife kommen. *Nahrung:* Wirbellose, Krebse des Planktons, solange sie jung sind; später Plankton- und Benthosformen. *Bedeutung:* In einigen Gebieten von lokaler Bedeutung. Fang im Herbst während der Laichwanderungen.

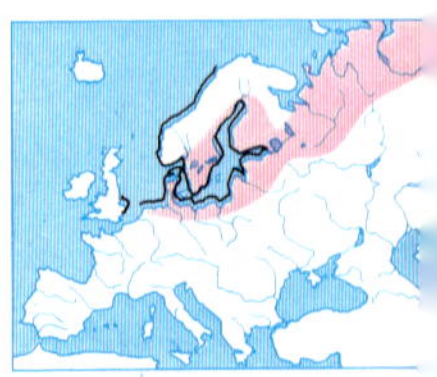

Kleine Bodenrenke

Große Bodenrenke

Blaufelchen

Nordseeschnäpel

Familie Thymallidae, Äschen

Die Thymalliden findet man in Europa (nur eine Art), Asien und Nordamerika (sechs Arten einer Gattung). Charakteristisch für die Familie ist die hohe Rückenflosse. Alle leben in schnell fließenden Flüssen, kalten Seen, gelegentlich in Flußmündungen. Das Fleisch riecht angeblich nach Thymian, daher der Name.

Äsche Thymallus thymallus
Größe: 25–35 cm, maximal 50 cm. Höchstgewicht 4,675 kg. *Kennzeichen:* Fettflosse und große Rükkenflosse. *Verbreitung:* In sauberen, kalten Flüssen (gelegentlich Seen) in Teilen Europas, vor allem in den nördlichen Gebieten. Manchmal in Flußmündungen. *Fortpflanzung:* März–Mai. Die Eier werden in Nestern im Kies abgelegt und entwickeln sich in 20–30 Tagen. Die Jungtiere reifen in 3–4 Jahren heran. Die Fische leben bis zu 15 Jahre. *Fruchtbarkeit:* Weibchen von etwa 45 cm Länge tragen etwa 10 000 Eier. *Nahrung:* Hauptsächlich Wirbellose, vor allem Insekten; größere Tiere können kleine Fische fressen. *Bedeutung:* Für Fischereiwirtschaften von gewisser Bedeutung, insbesondere in Rußland. Sportfisch in einigen Ländern, zum Beispiel Großbritannien, wo man den Fisch im Winter mit Wurm oder künstlicher Fliege fängt.

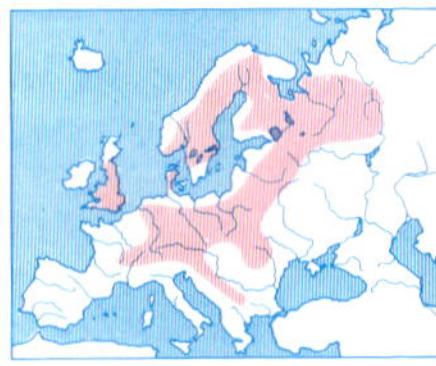

Familie Osmeridae, Stinte

Die Osmeriden oder Stinte kommen überall in der nördlichen Hemisphäre vor, wo verschiedene Arten hinsichtlich ihres Lebensraums marine, anadrome (s. S. 17) oder Süßwasserarten sind. Es gibt sechs Gattungen mit zehn Arten im Atlantischen, Arktischen oder Pazifischen Ozean und ihren Einzugsgebieten. Alle haben Fettflossen und sind kleine, silberige, schlanke Fische mit langgestrecktem, seitlich zusammengedrücktem Körper und großem Maul. Die meisten Stinte sind bekannte Speisefische und haben einen charakteristischen Geruch, der an frische Gurken erinnert. Nur eine Art kommt im europäischen Süßwasser vor.

Stint Osmerus eperlanus
Größe: 10–20 cm, maximal 31 cm. Fische von 16 cm Länge wiegen etwa 32 g. *Kennzeichen:* Ein kleiner, silberiger Fisch mit Fettflosse, großem Maul und Zähnen. *Verbreitung:* An den Küsten Nordwesteuropas sowie in den Flußmündungen und Unterläufen sauberer Flüsse. Einige Populationen in Seen sind reine Süßwasserformen. *Fortpflanzung:* März–Mai. Das Laichen erfolgt unter Pflanzen in Flüssen oberhalb der Mündungen oder am Rand von Seen. Die Eier entwickeln sich in 20–35 Tagen, und die Jungen begeben sich flußabwärts ins Meer, wo sie nach 2 Jahren reif werden. Sie leben bis zu 8 Jahre. *Fruchtbarkeit:* 10 000–40 000 Eier je Weibchen. *Nahrung:* Wirbellose (vor allem Krebse), solange die Tiere jung sind; später Wirbellose und Fische. *Bedeutung:* Wirtschaftlich wichtig in einigen Flüssen, Fang mit Netzen und Reusen.

Äsche

Stint

Familie Umbridae, Hundsfische

Die Hundsfische leben in Europa, Asien und Nordamerika in pflanzenreichen Teichen und Strömen. Es sind kleine, kampflustige Fische mit abgerundeten Flossen und dunkler Färbung. 3 Gattungen mit 5 Arten (nur 2 kommen in Europa vor).

Bestimmungsschlüssel für die europäischen Hundsfische

1 Mehr als 14 Strahlen in der Rückenflosse. 33 bis 35 seitliche Schuppen. Körper gefleckt. Unterkiefer hell. **Umbra krameri**

Weniger als 14 Strahlen in der Rückenflosse. 35–37 seitliche Schuppen. Körper gestreift. Unterkiefer dunkel. **Umbra pygmaea**

Hundsfisch Umbra krameri
Größe: 5–9 cm, maximal 11,5 cm. *Kennzeichen:* Rückenflosse mit über 14 Strahlen. *Verbreitung:* In Europa heimisch (besonders Donaubecken), doch auch anderswo eingeführt. *Fortpflanzung:* Februar–April, in Nestern, vom Weibchen bewacht. Junge reifen in 2 Jahren. Alter bis 7 Jahre. *Fruchtbarkeit:* 1580–2710 Eier je Weibchen. *Nahrung:* Wirbellose (Insektenlarven, Krebse). *Bedeutung:* Haltung in Aquarien, sonst unwichtig.

Amerikanischer Hundsfisch Umbra pygmaea
Größe: 4–8 cm, maximal 10 cm. *Kennzeichen:* Weniger als 14 Strahlen in der Rückenflosse. *Verbreitung:* Heimisch im östlichen gemäßigten Nordamerika, aber in Europa eingeführt. *Fortpflanzung:* März–April, zwischen Pflanzen im Flachwasser. Eientwicklung 5–10 Tage, Geschlechtsreife in 2 Jahren. *Nahrung:* Wirbellose (Insektenlarven, Krebse). *Bedeutung:* Wirtschaftlich und sportlich unwichtig, oft Haltung in Aquarien.

Familie Esocidae, Hechte

Die Hechte leben in Seen und langsam fließenden Flüssen im gemäßigten Europa, Asien und Nordamerika. Alle mit langgestrecktem Kopf, kräftigem Maul und großen Zähnen. Obwohl weit verbreitet, existiert nur eine einzige Gattung mit fünf Arten. Eine Art kommt in Europa vor.

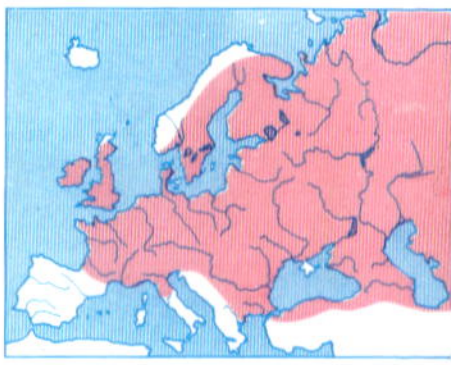

Hecht Esox lucius
Größe: 30–120 cm, maximal 150 cm. *Kennzeichen:* Kopf und Schnauze groß, Zähne sehr kräftig. *Verbreitung:* In stehenden und langsam fließenden Gewässern im gemäßigten Europa, Asien und Nordamerika häufig. *Fortpflanzung:* Februar–Mai zwischen Pflanzen. Entwicklung der klebrigen Eier nach 10–15 Tagen. Die Larven haften kurz an Pflanzen. Reife in 3–4 Jahren. Alter bis 25 Jahre. *Fruchtbarkeit:* 16 600–79 700 Eier je Weibchen. *Nahrung:* Erst Wirbellose, bald Fisch u. a. Wirbeltiere. *Bedeutung:* In Mitteleuropa bekannter Speisefisch. Sehr guter Sportfisch; Fang mit Spinnangel oder am Haken mit Fischköder.

Hundsfisch

Amerikanischer Hundsfisch

Hecht

Familie Cyprinidae, Karpfenfische

Die Cypriniden, oft als Karpfenfische bezeichnet, sind eine sehr große und variable Fischfamilie, die man in den meisten Teilen der Welt mit Ausnahme von Südamerika und Australien findet. Alle Arten leben im Süßwasser, und nur einige sind fähig, sich gelegentlich ins Brackwasser von Flußmündungen und dergleichen zu wagen. Es ist die größte Fischfamilie der Welt mit etwa 275 Gattungen und rund 2000 Arten. Hinsichtlich der Artenzahl dominiert die Familie im Süßwasser Europas.

Die Vertreter der Familie können klein bis groß sein und haben recht verschiedene Gestalt. Das Maul ist in Größe und Stellung variabel, trägt aber nie Zähne. Diese sind funktionell ersetzt durch Schlundknochen mit 1–3 Reihen von Zähnen, die die Nahrung gegen ein Paar horniger Platten an der gegenüberliegenden Seite des Schlundes zerreiben. Ein oder zwei sensible Bartfäden findet man oft unmittelbar neben dem Maul. Die Flossen sind alle mäßig entwickelt und haben gewöhnlich weiche Strahlen, ausgenommen die versteiften Führungsstrahlen der Rücken- und Afterflossen einiger Arten. Der Körper ist im allgemeinen mit Zykloidschuppen gut bedeckt, und die meisten Fische haben eine Seitenlinie. Während der Laichzeit unterscheiden sich die Geschlechter oft. Die Männchen bekommen leuchtende Farben mit gut ausgebildeten Höckern auf dem Kopf, am Körper und auf den Flossen, zumindest bei einigen Arten. Gestalt, Lage und Größe sowie die Zahl dieser Höcker sind eine nützliche Hilfe bei der Bestimmung.

Wie dies nach der großen Zahl von Arten zu erwarten ist, zeigen die Cypriniden beträchtliche Abweichungen in Verhalten und Lebensraum und besetzen verschiedene ökologische Nischen im Süßwasser. Die meisten Arten ernähren sich von Wirbellosen und nur gelegentlich von Fischen. Einige sind Allesfresser (omnivor) und fressen Wirbellose und Pflanzen. Einige Species sind reine Pflanzenfresser, und solche Fische haben sich in doppelter Weise für den Menschen als wichtig erwiesen: Sie sind wichtige Produzenten von Fischfleisch und fungieren als potentielle biologische Kontrollfaktoren in Gewässern, die einen Überschuß an Vegetation aufweisen.

Es gibt 80 Arten in Europa.

Bestimmungsschlüssel für die europäischen Karpfenfische

1 Mehr als 14 gegabelte Strahlen in der Rückenflosse. Ein gesägter Strahl in der Rückenflosse und gewöhnlich auch in der Afterflosse. **2**

Weniger als 14 gegabelte Strahlen in der Rückenflosse. Afterflosse stets ohne gesägten Strahl. **4**

2 4 Bartfäden vorhanden. Schlundzähne dreireihig. **Cyprinus carpio**

Keine Bartfäden. Schlundzähne einreihig. **3**

3 Mehr als 31 Schuppen entlang der Seitenlinie. Weniger als 34 Reusendornen auf dem ersten Kiemenbogen. Erster Rückenstrahl schwach ausgebildet und gesägt. Rückenflosse konvex. **Carassius carassius**

Weniger als 31 Schuppen entlang der Seitenlinie. Mehr als 34 Reusendornen auf dem ersten Kiemenbogen. Erster Rückenstrahl kräftig, grob gesägt. Rückenflosse konkav. **Carassius auratus**

4 Führungsstrahl der Rückenflosse deutlich abgesetzt und viel kürzer als der zweite. Lippen dick. **Pachychilon pictum**

Führungsstrahl der Rückenflosse dicht beim zweiten und von etwa gleicher Größe. Lippen normal. **5**

5 Bartfäden vorhanden. **6**

Keine Bartfäden. **22**

6 Gewellte Seitenlinie. Ohne Schuppen. **Aulopyge hugeli**

Gerade oder nur mäßig gebogene Seitenlinie. Mit Schuppen. **7**

7 Zwei Paar Bartfäden. Schlundzähne dreireihig. **8**

Ein Paar Bartfäden. Schlundzähne. Ein- oder zweireihig. **17**

8 Längster Strahl der Rückenflosse steif und im größten Teil seiner Länge mit gesägtem Hinterrand. **9**

Längster Strahl der Rückenflosse ungesägt oder – falls vorhanden – nur auf der unteren Hälfte. **10**

9 55–65 Schuppen auf der Seitenlinie. **Barbus barbus**

49–51 Schuppen auf der Seitenilnie. **Barbus comiza**

10 Körper mit dunklen Flecken oder Zeichen. **11**

Körper ohne dunkle Flecken oder Zeichen. **14**

11 Zahlreiche deutliche, kleine, dunkle Flecken auf Körper und Flossen, aber nicht am Kopf. 12 Strahlen in der Rückenflosse. **12**

Viele große, dunkle Zeichnungen, die oft auf Rücken und Flossen ein Mosaik bilden und sich bis zum Kopf erstrecken. 11 Strahlen in der Rückenflosse. (48–55 Schuppen in der Seitenlinie.) **Barbus meridionalis**

12 Bartfäden lang, mehr als 3 Augendurchmesser (60–71 Schuppen in der Seitenlinie). **Barbus ciscaucasicus**

Bartfäden kurz, weniger als 3 Augendurchmesser. **13**

13 Unterer Teil des längsten Rückenstrahls leicht gesägt. Bauch gelblich. (49–52 Schuppen in der Seitenlinie.) **Barbus albanicus**

Längster Rückenstrahl ungesägt. Bauch weißlich. **Barbus prespensis**

14 Bartfäden sehr kurz, etwa gleich oder kürzer als der Augendurchmesser. **Barbus cyclolepis**

Bartfäden länger, größer als der Augendurchmesser. **15**

15 Mehr als 60 Schuppen in der Seitenlinie. **16**

Weniger als 60 Schuppen in der Seitenlinie. **Barbus graecus**

16 Gewöhnlich 7 Strahlen in der Rückenflosse. Bartfäden lang, vorderer Bartfaden reicht über den vorderen Augenrand hinaus. 67–76 seitliche Schuppen. **Barbus brachycephalus**

Gewöhnlich 8 Strahlen in der Rückenflosse. Bartfäden kürzer, vorderer Bartfaden erreicht nie den vorderen Augenrand. 58–65 seitliche Schuppen. **Barbus capito**

17 Maul endständig. Schuppen sehr klein, mehr als 80 in der Seitenlinie. Schlundzähne einreihig. **Tinca tinca**

Maul unterständig. Schuppen groß, stets weniger als 50 in der Seitenlinie. Schlundzähne zweireihig. **18**

18 Schwanzstiel kurz, hoch und am Ansatz seitlich zusammengedrückt; er ist an der Afterflosse gleich groß oder dünner, als die minimale Körperhöhe beträgt; Höhe an der Schwanzflosse geringer als ein Drittel der Länge des Schwanzstiels. Bartfäden erreichen gewöhnlich nicht das Hinterende des vorderen Kiemendeckels (Präoperculum). **Gobio gobio**

Schwanzstiel lang, am Ansatz dick, am Ende schlank; er ist an der Afterflosse dicker, als die minimale Körperhöhe beträgt; Länge des Schwanzstiels geringer als ein Drittel der minimalen Körperhöhe. Bartfäden reichen gewöhnlich über den hinteren Augenrand hinaus. **19**

19 Rückenflosse mit 8 gegabelten Strahlen. (Kehle nackt. Farben leuchtend. Augendurchmesser so groß wie die Breite zwischen den Augen (Interorbitalbreite).) **Gobio kessleri**

Rückenflosse mit 7 gegabelten Strahlen. **20**

20 Kehle mit Schuppen. (Augendurchmesser so groß wie die Breite zwischen den Augen.) **Gobio uranoscopus**

Kehle nackt. **21**

21 Augendurchmesser so groß wie oder etwas größer als Breite zwischen den Augen. **Gobio albipinnatus**

Augendurchmesser viel geringer als Breite zwischen den Augen. (Farbe buntgefleckt.) **Gobio ciscaucasicus**

22 Gewellte Seitenlinie. Hinterleib mit einem schuppenlosen Hautkiel, der an der Kehle beginnt. **Pelecus cultratus**

Seitenlinie nicht gewellt; Kiel, falls vorhanden, hinter den Bauchflossen beginnend. **23**

23 Maul unterständig, als Querspalt ausgebildet. Unterkiefer scharf und mit Knorpel bedeckt. **24**

Maul endständig, schräg oder, falls unterständig, sichelförmig; niemals als unterständiger Querspalt mit Knorpelbedeckung ausgebildet. **32**

24 Weniger als 56 oder mehr als 66 Schuppen in der Seitenlinie. **25**

56–66 Schuppen in der Seitenlinie. **26**

25 52–54 Schuppen in der Seitenlinie. **Chondrostoma kneri**

88–90 Schuppen in der Seitenlinie. **Chondrostoma phoxinus**

26 Dunkle Linie an der Seite. Schlundzähne 5.5 (gelegentlich 5.6). **Chondrostoma genei**

An der Seite nicht dunkel oder, falls dunkel, Schlundzähne 6.5. **27**

27 Körper hoch: Größte Höhe mehr als doppelte Kopfhöhe. **Chondrostoma soetta**

Körper weniger hoch: Größte Höhe geringer als doppelte Kopfhöhe. **28**

28 Schlundzähne 6.6 oder 7.6. **29**

Schlundzähne 6.5 (gelegentlich 5.5). **30**

29 11 Strahlen in der Rückenflosse, 12 Strahlen in der Afterflosse. Schlundzähne gewöhnlich 6.6. **Chondrostoma toxostoma**

12 Strahlen in der Rückenflosse, 13–14 Strahlen in der Afterflosse. Schlundzähne gewöhnlich 7.6. **Chondrostoma nasus**

30 Schnauze klein und gerundet, Länge im allgemeinen geringer als die Hälfte des Augendurchmessers. **Chondrostoma polylepis**

Schnauze vorstehend, Länge im allgemeinen größer als die Hälfte des Augendurchmessers. **31**

31 Maulspalt gerade. Körperhöhe gewöhnlich mehr als 0,22mal dessen Länge. Manchmal mit dunklem Seitenband. **Chondrostoma colchicum**

Maulspalt gerundet. Körperhöhe gewöhnlich geringer als 0,22mal dessen Länge. Nie mit dunklem Seitenband. **Chondrostoma oxyrhynchum**

32 Ein schuppenloser Hinterleibskiel vor dem After. **33**

Kein schuppenloser Kiel auf dem Hinterleib hinter den Bauchflossen. **42**

33 Ein beschuppter Rückenkiel hinter der Rückenflosse. Schlundzähne einreihig. **Vimba vimba**

Kein Kiel hinter der Rückenflosse. **34**

34 Schlundzähne einreihig. (Afterflosse mit 23–43 gegabelten Strahlen.) **35**

Schlundzähne zweireihig. **37**

35 Weniger als 30 gegabelte Strahlen in der Afterflosse. (51–60 Schuppen entlang der Seitenlinie. Maul subterminal.) **Abramis brama**

Mehr als 30 gegabelte Strahlen in der Afterflosse. **36**

36 49–52 Schuppen an der Seitenlinie. Maul subterminal. **Abramis sapa**

65–75 Schuppen entlang der Seitenlinie. Maul endständig (terminal). **Abramis ballerus**

37 Ein beschuppter Kiel unmittelbar hinter den Bauchflossen. **38**

Ein Kiel (schuppenlos) nur vor dem After; erreicht nicht die Bauchflossen. **Chalcalburnus chalcoides**

38 Vor der Rückenflosse bei Erwachsenen eine schuppenlose rückseitige Rinne. Schuppen dick, fest eingebettet. 19–24 gegabelte Strahlen in der Afterflosse. **Blicca bjoerkna**

Keine schuppenlose rückseitige Rinne vor der Rückenflosse. Schuppen dünn, leicht loszulösen. **39**

39 Reusendornen lang, dicht stehend. Schlundzähne gewöhnlich gesägt. **40**

Reusendornen kurz, mit Abständen. Schlundzähne nicht gesägt. **Alburnoides bipunctatus**

40 Körper schlank, maximale Körperhöhe etwa zweimal so hoch wie die Höhe des Schwanzstieles. **41**

Körper massiger, maximale Körperhöhe etwa dreimal so hoch wie die Höhe des Schwanzstieles. **Alburnus charusini**

41 Mehr als 17 Strahlen in der Afterflosse. **Alburnus alburnus**

Weniger als 18 Strahlen in der Afterflosse. **Alburnus albidus**

42 Seitenlinie unvollständig, kurz, beträchtlich vor der Rückenflosse endend. **43**

Seitenlinie vollständig oder, falls unvollständig, unter oder hinter der Rückenflosse endend. **48**

43 Seitenstreifen dunkel, am ganzen Körper entlanglaufend. 4–14 Schuppen entlang der Seitenlinie. **44**

Seitenstreifen schwach silberblau oder grünblau. **45**

44 Bauchflosse mit 8 Strahlen. Seitenlinie kurz, nur 4–6 Schuppen lang. **Phoxinellus minutus**

Bauchflosse mit 9–10 Strahlen. Mehr als 6 Schuppen auf der Seitenlinie. **Phoxinellus hispanicus**

45 Maul subterminal. Körper hoch. 8–10 gegabelte Strahlen in der Afterflosse. **Rhodeus sericeus**

Maul endständig (terminal). Körper langgestreckt. 10–13 gegabelte Strahlen in der Afterflosse. Unterkiefer mit einem Höcker, der in eine Kerbe des Oberkiefers eingreift. **46**

46 Afterflosse mit weniger als 12 Strahlen. **Leucaspius stymphalicus**

Afterflosse mit mehr als 12 Strahlen. **47**

47 Afterflosse mit 14–20 Strahlen, Bauchflosse mit 10 Strahlen. Schlundzähne 5.4. **Leucaspius delineatus**

Afterflosse mit 14 Strahlen, Bauchflosse mit 9 Strahlen. Schlundzähne 5.5. **Leucaspius marathonicus**

48 Schuppen sehr dünn, rückgebildet oder fehlend. **49**

Schuppen normal. **54**

49 Größter Teil des Körpers ohne Schuppen. **50**

Größter Teil des Körpers mit Schuppen bedeckt, obwohl diese dünn oder rückgebildet sind. **51**

50 Schuppen nur an der Seitenlinie. **Paraphoxinus alepidotus**

Einige Schuppen auf dem Körper, allerdings nicht auf dem Rücken oder dem Schwanzstiel. **Paraphoxinus ghethaldii**

51 Körper bedeckt von dünnen, zerbrechlichen Schuppen. **Paraphoxinus epiroticus**

Körper bedeckt mit rückgebildeten Schuppen. **52**

52 Keine dunklen Flecken an den Seiten. **Paraphoxinus croaticus**

Dunkle Flecken an den Seiten. **53**

53 Verhältnismäßig wenige braune Flecken, selten unter der Seitenlinie. **Paraphoxinus pstrossi**

Verhältnismäßig viele dunkelbraune Flecken, häufig unter der Seitenlinie. **Paraphoxinus adspersus**

54 Kiemenhaut unter dem Auge angeheftet. Unterkiefer mit einem Höcker, der in eine Kerbe im Oberkiefer eingreift. Maul endständig, sehr groß. **Aspius aspius**

Kiemenhaut hinter dem Auge angeheftet. Oberkiefer ohne Kerbe für einen Höcker im Unterkiefer. Maul unterständig oder subterminal, falls endständig, dann klein. **55**

55 Beginn der Rückenflosse leicht hinter der Senkrechten vom hinteren Ende der Bauchflossenbasis. Schlundzähne zweireihig. **56**

Beginn der Rückenflosse über den Bauchflossen. **60**

56 Schuppen groß, weniger als 45 entlang der Seitenlinie. **57**

Schuppen klein, mehr als 45 entlang der Seitenlinie. **58**

57 Körper hoch, größte Höhe (an der Rückenflosse) gewöhnlich etwa doppelt so groß wie die Höhe des Kopfes oder mehr. Profil unmittelbar hinter dem Kopf nicht oder kaum konkav. **Scardinius erythrophthalmus**

Körper weniger hoch, größte Höhe (etwa vor der Rückenflosse) weniger als die doppelte Höhe des Kopfes. Profil hinter dem Kopf deutlich konkav. **Scardinius graecus**

58 Große, undeutliche, dunkle Flecken auf dem Körper, manchmal ein Längsmuster oder einen Streifen bildend. Keine deutlichen dunklen Tupfen auf den Seiten. Beim erwachsenen Männchen hornige Körnchen am Kopf. **Phoxinus phoxinus**

Kleine, deutliche, dunkle Tupfen am Körper, aber keine großen, undeutlichen, dunklen Flecken. Beim erwachsenen Männchen niemals hornige Körnchen am Kopf. **59**

59 Körper hoch, größte Höhe übertrifft die Länge des Schwanzstiels und macht mehr als 24% der Körperlänge aus. **Phoxinus percnurus**

Körper langgestreckt, größte Höhe geringer als Länge des Schwanzstiels und macht weniger als 24% der Körperlänge aus. **Phoxinus czekanowskii**

60 Schlundzähne einreihig. **61**

Schlundzähne zweireihig. **68**

61 11 oder mehr Strahlen in der Rückenflosse. Normalerweise mit einem farbigen Band an den Seiten. **62**

10 oder weniger Strahlen in der Rückenflosse. Selten mit einem farbigen Band an den Seiten. **65**

62 60 oder mehr Schuppen entlang der Seitenlinie. **Rutilus frisii**

50 oder weniger Schuppen entlang der Seitenlinie. **63**

63 Brustflossen mit 16 Strahlen. **Rutilus rutilus**

Brustflossen mit 17–18 Strahlen. **64**

64 Schlundzähne 6.5. Keine Zeichnungen an den Seiten. **Rutilus pigus**

Schlundzähne 5.5. Häufig mit grauen Streifen an den Seiten. **Rutilus rubilio**

65 Schlundzähne gewöhnlich 4.4. **Rutilus macedonicus**

Schlundzähne gewöhnlich 5.5. **66**

66 Hellgraues Band an den Seiten. **Rutilus macrolepidotus**

Deutliches dunkles Band an den Seiten. **67**

67 Rückenflosse konkav. **Rutilus lemmingii**

Rückenflosse konvex. **Rutilus alburnoides**

68 Dunkles Band an den Seiten. **69**

Kein dunkles Band an den Seiten. **72**

69 Seitliches Band violett. **Leuciscus souffia**

Seitliches Band stumpf grau oder braun. **70**

70 Seitliches Band als dünne, dunkle Linie vom Auge zur Basis des Schwanzes ausgebildet. **Leuciscus polylepis**

Seitliches Band breit. **71**

71 Seitliches Band ziemlich schwach. 62–64 Schuppen auf der Seitenlinie. **Leuciscus ukliva**

Seitliches Band breit und dunkel. 70–72 Schuppen auf der Seitenlinie. **Leuciscus turskyi**

72 Mehr als 54 Schuppen auf der Seitenlinie. **73**

Weniger als 55 Schuppen auf der Seitenlinie. **74**

73 55–61 Schuppen auf der Seitenlinie. 12–14 Strahlen in der Rückenflosse. **Leuciscus idus**

73–75 Schuppen auf der Seitenlinie. 11 Strahlen in der Rückenflosse. **Leuciscus microlepis**

74 Mehr als 46 Schuppen auf der Seitenlinie. **75**

Weniger als 47 Schuppen auf der Seitenlinie. **77**

75 10–11 Strahlen in der Rückenflosse. 10–12 Strahlen in der Afterflosse. **Leuciscus leuciscus**

12–14 Strahlen in der Rückenflosse. 12–13 Strahlen in der Afterflosse. **76**

76 48–49 Schuppen auf der Seitenlinie. 12–14 Strahlen in der Rückenflosse. Schuppen mit dunklen Flecken. **Leuciscus svallize**

49–54 Schuppen auf der Seitenlinie. 12 Strahlen in der Rückenflosse. Schuppen mit dunklen Rändern. **Leuciscus illyricus**

77 Afterflosse gestutzt oder nur leicht gekerbt. (43–45 Schuppen auf der Seitenlinie.) **Leuciscus danilewskii**

Afterflosse am Ende gerundet. (Falls ausnahmsweise gestutzt, dann 37 bis 40 Schuppen auf der Seitenlinie.) **78**

78 Weniger als 46 Schuppen auf der Seitenlinie. Erwachsene groß, gewöhnlich mehr als 15 cm lang. **Leuciscus cephalus**

Mehr als 43 Schuppen auf der Seitenlinie. Erwachsene klein, gewöhnlich weniger als 15 cm lang. **79**

79 36–40 Schuppen auf der Seitenlinie. Kopflänge im allgemeinen geringer als Körperhöhe. **Leuciscus borysthenicus**

40–43 Schuppen auf der Seitenlinie. Kopflänge im allgemeinen größer als Körperhöhe. **Leuciscus aphipsi**

Rotauge, Plötze Rutilus rutilus
Größe: 20–35 cm, maximal 44 cm. Dieser Fisch wog 2,1 kg. Britischer Anglerrekord: 1,757 kg. *Kennzeichen:* Körper mit großen, silberigen Schuppen. Brustflossen mit 16 Strahlen. *Verbreitung:* In Seen, Kanälen und langsam fließenden Flüssen in den meisten Teilen des nördlichen Europa und Asien häufig. Manchmal in Brackwasser nahe den Mündungen großer Flüsse zu finden, zum Beispiel in der Ostsee und im Schwarzen Meer. Kommt auch häufig in Teilen der Kaspisee vor. *Fortpflanzung:* Mai–Juni, zwischen Pflanzen in flachem Wasser, gewöhnlich in stehenden Gewässern. Begibt sich aber manchmal zum Laichen in schnell fließende Gewässer. Die klebrigen Eier entwickeln sich in 5–10 Tagen, und die Larven schwimmen in großen Schwärmen umher. Dies tun auch die Erwachsenen, die in etwa 2–3 Jahren reif werden. *Fruchtbarkeit:* 1000–14 600 Eier je Weibchen. *Nahrung:* Eine allesfressende (omnivore) Art, die sich sowohl von Wasserpflanzen (vor allem angewachsenen Algen) als auch von verschiedenen Wirbellosen ernährt. *Bedeutung:* In einigen Teilen Osteuropas wirtschaftlich wichtig. Man fängt die Fische in Reusen und Netzen. In vielen Ländern wichtiger Sportfisch, an Leinen mit verschiedenartigen Ködern gefangen. Wird selbst manchmal beim Hechtfang als Köder benutzt.

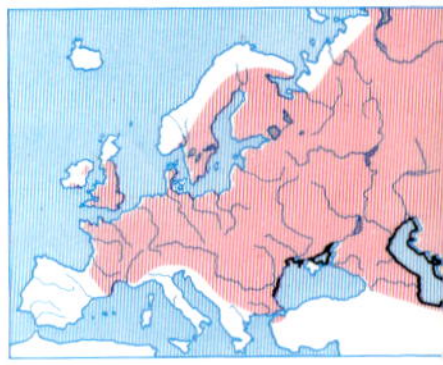

Pigo Rutilus pigus
Größe: 20–30 cm, maximal 40 cm. Höchstgewicht etwa 1 kg. *Kennzeichen:* Ziemlich schlanker Fisch mit großen, silbrigen Schuppen (44–49 entlang der Seitenlinie). *Verbreitung:* In Teilen des Donaubeckens und Norditaliens in langsam fließenden oder stehenden Gewässern: *Fortpflanzung:* April–Mai, zwischen Pflanzen usw. Die Erwachsenen reifen nach 2–3 Jahren. *Fruchtbarkeit:* 35 000 bis 60 000 Eier je Weibchen. *Nahrung:* Wirbellose, vor allem Würmer, Weichtiere und Krebse, und einige Wasserpflanzen. *Bedeutung:* Von geringem wirtschaftlichem Wert, doch mitunter als Sportfisch gesucht.

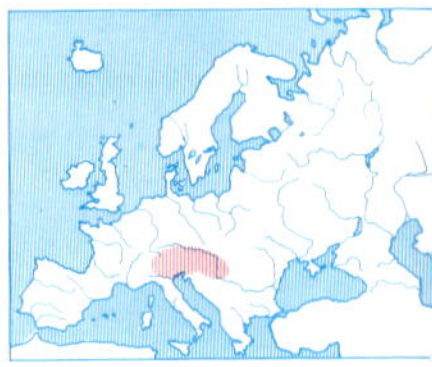

Südeuropäische Plötze Rutilus rubilio
Größe: 20–25 cm, maximal 30 cm. *Kennzeichen:* Körper mit großen, silbrigen Schuppen und grauen Streifen an den Seiten. *Verbreitung:* Im größten Teil Italiens und in Einzugsgebieten, die in die Adria entwässern, zu finden. Kommt hauptsächlich in langsam fließenden und stehenden Gewässern vor. *Fortpflanzung:* April–Mai, laicht in Schwärmen zwischen Pflanzen in flachem Wasser. *Nahrung:* Hauptsächlich Wirbellose, besonders Insektenlarven und Würmer. *Bedeutung:* Für Netzfischer von einiger lokaler wirtschaftlicher Bedeutung; wird an einigen Stellen auch geangelt.

Plötze

Pigo

Südeuropäische Plötze

Portugiesische Plötze Rutilus macrolepidotus
Größe: 12–15 cm, maximal 18 cm. *Kennzeichen:* Große, silbrige Schuppen auf dem Körper und ein hellgraues Band an jeder Seite. *Verbreitung:* Nur in einigen Gebieten Portugals in Seen und Tieflandflüssen zu finden. *Fortpflanzung:* April–Mai, hauptsächlich zwischen Pflanzen in flachem Wasser. *Nahrung:* Wirbellose, besonders Würmer, Krebse und Insektenlarven. *Bedeutung:* Von geringem wirtschaftlichem und sportlichem Interesse.

Pardilla-Plötze Rutilus lemmingii
Größe: 15–20 cm. *Kennzeichen:* Ein dunkles Band an jeder Seite. Maul leicht unterständig. *Verbreitung:* In stehenden oder langsam fließenden Gewässern Portugals und Südostspaniens. *Fortpflanzung:* April–Mai, laicht in großen Schwärmen zwischen Pflanzen in flachem Wasser. *Nahrung:* Wirbellose, besonders Würmer, Krebse und Insektenlarven. *Bedeutung:* Von geringem wirtschaftlichem und sportlichem Interesse.

Mazedonische Plötze Rutilus macedonicus
Größe: 12–15 cm, maximal 18 cm. *Kennzeichen:* Große, silbrige Schuppen auf dem Körper und nur selten mit einem dunklen Band an der Seite. Schlundzähne gewöhnlich 4.4. *Verbreitung:* Kommt nur in langsam fließenden oder stehenden Gewässern in einigen kleinen Einzugsgebieten vor, die in den Nordwesten der Ägäis entwässern. *Fortpflanzung:* April–Mai, in Schwärmen zwischen Pflanzen in flachem Wasser. *Nahrung:* Wirbellose, hauptsächlich Würmer, Krebse und Insektenlarven. *Bedeutung:* Kein wirtschaftlicher oder sportlicher Wert.

Portugiesische Plötze

Pardilla-Plötze

Mazedonische Plötze

Schwarzmeerplötze Rutilus frisii

Größe: 40–50 cm, maximal 71 cm. Höchstgewicht etwa 7,1 kg. *Kennzeichen:* Körper mit großen, silbrigen Schuppen. 60 oder mehr Schuppen entlang der Seitenlinie. *Verbreitung:* In einigen Gebieten Deutschlands und Österreichs im oberen Donaubereich, in Einzugsgebieten, die zum Schwarzen Meer, zum Asowschen Meer und zum Kaspisee entwässern. Kommt besonders in den Unterläufen von Flüssen vor. *Fortpflanzung:* April–Mai, in flachem Wasser zwischen Pflanzen oder über Kies und Steinen. Die Jungen entwickeln sich in etwa 10 Tagen und werden nach 3–5 Jahren geschlechtsreif. In den Flüssen beobachtet man große Wanderungen, auch in und aus Seen zu verschiedenen Zeiten des Jahres. *Fruchtbarkeit:* Durchschnittlich etwa 138 400 Eier je Weibchen. *Nahrung:* Sehr verschiedene Wirbellose, ferner Pflanzenmaterial und kleine Fische. *Bedeutung:* In vielen Gebieten in der Nähe des Schwarzen Meeres und des Kaspisees von beträchtlicher wirtschaftlicher Bedeutung. Viele Tausende großer Fische werden aus einigen Flüssen jährlich mit dem Netz gefangen. In einigen Regionen auch als Sportfisch wichtig.

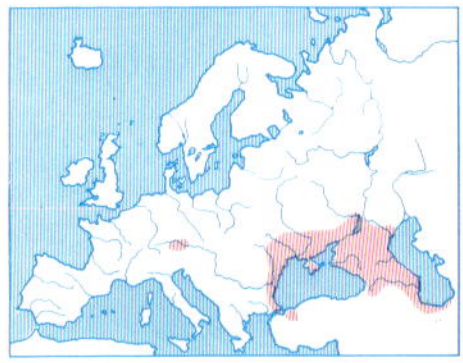

Calandino-Plötze Rutilus alburnoides

Größe: 12–15 cm, maximal 20 cm. *Kennzeichen:* Deutliches dunkles Band an jeder Seite. Maul leicht oberständig. *Verbreitung:* Nur in langsam fließenden oder stehenden Gewässern in Portugal und Südwestspanien. *Fortpflanzung:* April–Mai, zwischen Pflanzen und Steinen in flachem Wasser. *Nahrung:* Wirbellose, besonders Würmer und Insektenlarven. *Bedeutung:* Von geringem wirtschaftlichem und sportlichem Interesse.

Albanische Plötze Pachychilon pictum

Größe: 12–15 cm, maximal 16 cm. *Kennzeichen:* Ein kleiner, schlanker Fisch mit vereinzelten dunklen Flecken. Lippen sehr dick. *Verbreitung:* Nur in zwei Gebieten Albaniens (Ochrid und Skutari). *Fortpflanzung*: In Schwärmen zwischen Mai und August. *Nahrung:* Wirbellose, besonders Krebse und Insektenlarven. *Bedeutung:* Ohne wirtschaftlichen und sportlichen Wert.

Phoxinellus minutus

Größe: 4–5 cm, maximal 6 cm. *Kennzeichen:* Seitenlinie sehr kurz (erstreckt sich nur über 4–6 Schuppen). Bauchflosse mit 8 Strahlen. Dunkler Streifen an jeder Seite. *Verbreitung:* Nur im Ochridsee in Albanien zu finden. *Fortpflanzung:* Laichverhalten usw. unbekannt. *Nahrung:* Hauptsächlich Zooplankton, besonders Krebse. *Bedeutung:* Ohne wirtschaftlichen und sportlichen Wert.

Schwarzmeer-Plötze

Calandino-Plötze

Albanische Plötze

hoxinellus minutus

Phoxinellus hispanicus
Größe: 4–6 cm. *Kennzeichen:* Dunkler Streifen an jeder Seite. Mehr als 6 Schuppen auf der Seitenlinie. 9–10 Strahlen in der Bauchflosse. *Verbreitung:* Nur in Flüssen des Guadiana-Beckens in Südspanien. *Fortpflanzung:* In Schwärmen in kleinen Flüssen zwischen Mai und Juli. *Nahrung:* Hauptsächlich Wirbellose, besonders Insekten. *Bedeutung:* Ohne wirtschaftlichen und sportlichen Wert.

Paraphoxinus alepidotus
Größe: 8–9 cm, maximal 10 cm. *Kennzeichen:* Körper faktisch ohne Schuppen mit Ausnahme einiger Schuppen entlang der Seitenlinie. *Verbreitung:* Kommt nur in einigen Einzugsgebieten in Dalmatien vor, die in die östliche Adria entwässern. *Fortpflanzung:* Laichverhalten usw. unbekannt. *Nahrung:* Wirbellose, besonders kleine Krebse und Insektenlarven. *Bedeutung:* Ohne wirtschaftlichen und sportlichen Wert.

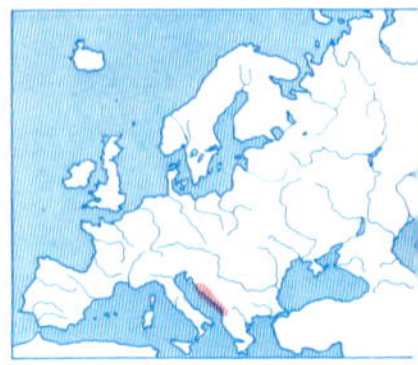

Paraphoxinus croaticus
Größe: 8–9 cm, maximal 10 cm. *Kennzeichen:* Körper mit rückgebildeten Schuppen, aber ohne dunkle Flecken an den Seiten. *Verbreitung:* Nur im südlichen Kroatien zu finden. *Fortpflanzung:* Laichverhalten usw. unbekannt. *Nahrung:* Wirbellose (hauptsächlich Krebse und Insektenlarven) und etwas Detritus. *Bedeutung:* Ohne wirtschaftlichen und sportlichen Wert.

Paraphoxinus ghethaldii
Größe: 9–12 cm, maximal 13 cm. *Kennzeichen:* Der größte Teil des Körpers ohne Schuppen, doch einige auf dem Körper vorhanden, allerdings nicht auf dem Rücken oder dem Schwanzstiel. *Verbreitung:* Nur im Popovo-Becken in der Herzegowina in Jugoslawien zu finden. *Fortpflanzung:* Laichverhalten unbekannt. *Nahrung:* Wirbellose, hauptsächlich Krebse. *Bedeutung:* Ohne wirtschaftlichen und sportlichen Wert.

Phoxinellus hispanicus

Paraphoxinus alepidotus

Paraphoxinus croaticus

Paraphoxinus ghethaldii

Paraphoxinus pstrossi
Größe: 8–9 cm, maximal 10 cm. *Kennzeichen:* Einige dunkle Flecken an den Seiten, jedoch hauptsächlich über der Seitenlinie. *Verbreitung:* Nur in gewissen Küstenbereichen im südwestlichen Jugoslawien zu finden. *Fortpflanzung:* Laichverhalten unbekannt. *Nahrung:* Wirbellose, einschließlich Krebsen und Insektenlarven. *Bedeutung:* Ohne wirtschaftlichen und sportlichen Wert.

Paraphoxinus epiroticus
Größe: 9–10 cm, maximal 12 cm. *Kennzeichen:* Kleiner Fisch, Körper bedeckt mit dünnen, zerbrechlichen Schuppen. *Verbreitung:* Nur in Dalmatien im Janina-See und Luro-Fluß zu finden. *Fortpflanzung:* Laichverhalten nicht beobachtet. *Nahrung:* Wirbellose, einschließlich Krebsen und Insektenlarven. *Bedeutung:* Ohne wirtschaftlichen und sportlichen Wert.

Paraphoxinus adspersus
Größe: 8–9 cm, maximal 10 cm. *Kennzeichen:* Dunkle Flecken an den Seiten, viele davon unter der Seitenlinie. *Verbreitung:* Nur in einigen Gewässern Dalmatiens zu finden. *Fortpflanzung:* Laichverhalten unbekannt. *Nahrung:* Wirbellose, besonders Würmer, Schnecken und Insektenlarven. *Bedeutung:* Ohne sportlichen und wirtschaftlichen Wert.

Paraphoxinus pstrossi

Paraphoxinus epiroticus

Paraphoxinus adspersus

Moderlieschen Leucaspius delineatus
Größe: 5–9 cm, maximal 12 cm. *Kennzeichen:* Seitenlinie unvollständig, erstreckt sich nur über die ersten 2–13 Schuppen. Bauchflosse mit 10 Strahlen. *Verbreitung:* Zu finden in kleinen Teichen und den Unterläufen einiger Flüsse in Mittel- und Osteuropa vom Rheintal im Westen bis zum Wolgatal im Osten. *Fortpflanzung:* Juni–Juli, laicht zwischen Pflanzen in flachem Wasser. Nach 2 Jahren geschlechtsreif, lebt nur etwa 5 Jahre. *Nahrung:* Wirbellose (besonders Krebse und einige Insektenlarven) und feines Pflanzenmaterial. *Bedeutung:* In einigen Teilen Rußlands für die Netzfischerei von lokaler wirtschaftlicher Bedeutung. Selten geangelt, doch gelegentlich in Aquarien gehalten.

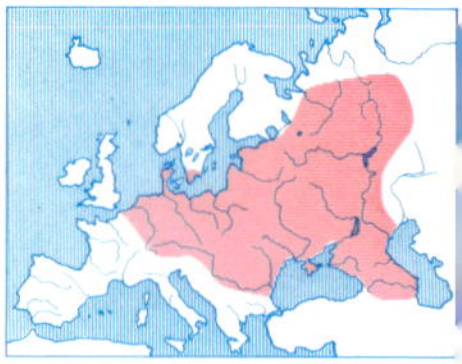

Tsima Leucaspius marathonicus
Größe: 8–10 cm, maximal 12 cm. *Kennzeichen:* Seitenlinie unvollständig, erstreckt sich nur über die ersten 2–13 Schuppen. Bauchflosse mit 9 Strahlen. *Verbreitung:* Nur in Gewässern des Gebietes von Marathon in Griechenland zu finden. *Fortpflanzung:* Fortpflanzungsverhalten unbekannt. *Nahrung:* Wirbellose, hauptsächlich Krebse, Insektenlarven und Luftinsekten. *Bedeutung:* Von geringem wirtschaftlichem und sportlichem Wert.

Marida Leucaspius stymphalicus
Größe: 8–10 cm, maximal 12 cm. *Kennzeichen:* Seitenlinie unvollständig, erstreckt sich nur über die ersten 2–13 Schuppen. Afterflosse mit weniger als 12 Strahlen. *Verbreitung:* Nur auf dem Peloponnes in Südgriechenland zu finden. *Fortpflanzung:* Fortpflanzungsverhalten unbekannt. *Nahrung:* Wirbellose, hauptsächlich Krebse, Insektenlarven und Luftinsekten. *Bedeutung:* Von geringem wirtschaftlichem und sportlichem Wert.

Moderlieschen

ima

rida

Hasel Leuciscus leuciscus
Größe: 15–25 cm, maximal 30 cm. Britischer Anglerrekord: 574 g. *Kennzeichen:* Körper mit großen, silbrigen Schuppen, 49–52 entlang der Seitenlinie. Afterflosse konkav. 10–11 Strahlen in der Rückenflosse. *Verbreitung:* Überall in Flüssen und Strömen Europas zu finden, ausgenommen im äußersten Nordwesten und Südwesten. Gelegentlich im Brackwasser nahe bei Flußmündungen. *Fortpflanzung:* März–Mai, zwischen Steinen und Pflanzen in fließendem Wasser. Die Erwachsenen werden nach 3–4 Jahren geschlechtsreif. *Fruchtbarkeit:* 2500 bis 27 500 Eier je Weibchen. *Nahrung:* Hauptsächlich Wirbellose, besonders Wasserinsekten-Larven und erwachsene Stadien (Imagines). *Bedeutung:* In einigen Teilen Rußlands von gewisser wirtschaftlicher Bedeutung. In einigen Teilen Westeuropas von geringem sportlichem Interesse, oft mit künstlichen Fliegen geangelt.

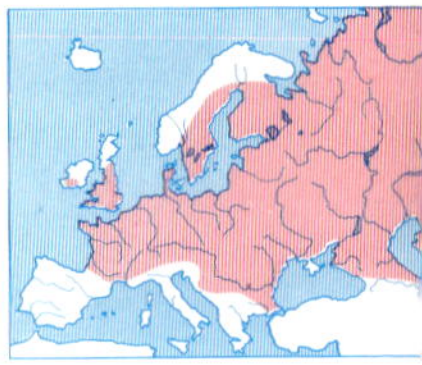

Danilewski-Hasel Leuciscus danilewskii
Größe: 15–21 cm, maximal 25 cm. *Kennzeichen:* Körper mit großen, silbrigen Schuppen bedeckt, 43–45 entlang der Seitenlinie. *Verbreitung:* Nur in fließenden Gewässern des Don-Beckens zu finden. *Fortpflanzung:* März–Mai, laicht zwischen Kies, Steinen und Pflanzen in Flüssen. Reift nach 3 bis 4 Jahren. *Nahrung:* Wirbellose, besonders Insekten. *Bedeutung:* Von geringem wirtschaftlichem und sportlichem Wert.

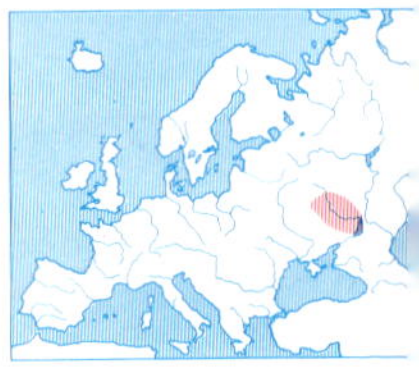

Adriatischer Hasel Leuciscus svallize
Größe: 15–25 cm. *Kennzeichen:* Körper mit großen, silbrigen Schuppen, 48–49 entlang der Seitenlinie. Afterflosse mit 13 Strahlen. *Verbreitung:* Zu finden nur in sauberen Flüssen im südwestlichen Jugoslawien und Albanien (Dalmatien). *Fortpflanzung:* Das Fortpflanzungsverhalten dieser Art ist noch weitgehend unbekannt. *Nahrung:* Wirbellose, einschließlich Würmern, Krebsen und fliegenden Wasserinsekten. *Bedeutung:* Für die Netzfischerei von einiger lokaler wirtschaftlicher Bedeutung; in einigen Gebieten geangelt.

Hasel

Danilewski-Hasel

driatischer Hasel

Jugoslawischer Hasel Leuciscus illyricus
Größe: 15–20 cm, maximal 25 cm. *Kennzeichen:* Körper mit großen, silbrigen Schuppen, 49–54 entlang der Seitenlinie. 12 Strahlen in der Rückenflosse. *Verbreitung:* Nur im westlichen Jugoslawien (Dalmatien) zu finden, wo die Art in verschiedenen Gewässern vorkommt. *Fortpflanzung:* Fortpflanzungsverhalten unbekannt. *Nahrung:* Wirbellose, besonders Würmer, Krebse und Insektenlarven. *Bedeutung:* Lokal von geringer Bedeutung für Wirtschaft und Angelsport.

Döbel Leuciscus cephalus
Größe: 30–50 cm, maximal 80 cm. Britischer Anglerrekord: 3,345 kg. *Kennzeichen:* Körper mit großen, silbrigen Schuppen, weniger als 46 entlang der Seitenlinie. Vorderkopf breit und flach, Afterflosse gerundet. *Verbreitung:* Überall in den meisten Teilen Mittel- und Südeuropas in fließenden Gewässern (gelegentlich in Seen) zu finden. Kommt manchmal im Brackwasser vor (zum Beispiel in der Ostsee). *Fortpflanzung:* April–Juni zwischen Steinen und Pflanzen in langsam fließendem Wasser. Die Eier entwickeln sich in 6–8 Tagen, und die Erwachsenen sind nach 3–4 Jahren reif. *Fruchtbarkeit:* 50 000–200 000 Eier je Weibchen. *Nahrung:* Hauptsächlich Wirbellose und etwas Pflanzenmaterial, solange die Tiere jung sind. Erwachsene fressen große Wirbellose und Fische. *Bedeutung:* Wirtschaftlich nur von lokaler Bedeutung, wenn die Fische mit Netzen gefangen werden. Sportlich schätzt man die Art jedoch in vielen Teilen Europas hoch ein und fängt die Tiere mit Fliege oder Spinner.

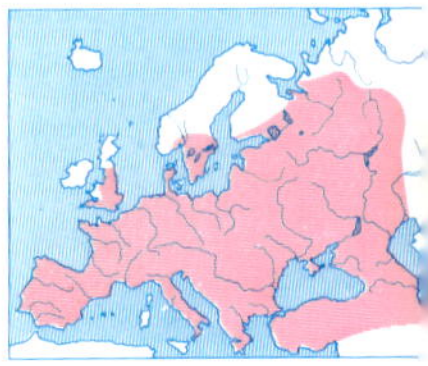

Bobyrez Leuciscus borysthenicus
Größe: 15–35 cm, maximal 40 cm. *Kennzeichen:* Körper mit großen, silbrigen Schuppen, 36–40 entlang der Seitenlinie. Afterflosse ungefähr quadratisch. *Verbreitung:* In kleinen Seen und in den Unterläufen von Flüssen zu finden, die ins Schwarze Meer münden (zum Beispiel Dnjestr, Dnjepr). *Fortpflanzung:* Mai–Juni, laicht zwischen Pflanzen und Steinen in langsam fließendem Wasser. Die Erwachsenen reifen nach 3–4 Jahren. *Fruchtbarkeit:* Durchschnittlich etwa 2500 Eier je Weibchen (bei kleinen Fischen im Kuban-Fluß). *Nahrung:* Als Jungtiere Wirbellose, später Wirbellose und kleine Fische. *Bedeutung:* Offensichtlich von geringer wirtschaftlicher und sportlicher Bedeutung.

Jugoslawischer Hasel

Döbel

Bobyrez

Kaukasischer Döbel Leuciscus aphipsi
Größe: 12–15 cm, maximal 18 cm. *Kennzeichen* Körper mit großen, silbrigen Schuppen, 40–43 entlang der Seitenlinie. Afterflosse leicht gerundet. *Verbreitung:* Nur in den Flüssen Afips und Psekups zu finden, in den Nebenflüssen des Flusses Kuban auf den Gebirgen im westlichen Kaukasien. *Fortpflanzung:* Mai, laicht in fließendem Wasser. Männchen mit Höckern (Knötchen) während der Laichzeit. *Nahrung:* Wirbellose, besonders Insektenlarven. *Bedeutung:* Ohne wirtschaftlichen oder sportlichen Wert.

Strömer Leuciscus souffia
Größe: 12–18 cm, maximal 25 cm. *Kennzeichen:* Körper mit großen Schuppen, von denen die an der Seitenlinie eine gelbliche Färbung aufweisen. Deutliches violettes Band an den Seiten. *Verbreitung:* In einigen Seen und in den Mittelläufen von Flüssen (zum Beispiel Rhône) in Mitteleuropa zu finden. *Fortpflanzung:* März–Mai über Kies und Steinen in fließendem Wasser. *Fruchtbarkeit:* 5500 bis 8000 Eier je Weibchen. *Nahrung:* Wirbellose, besonders Krebse und Insektenlarven. *Bedeutung:* Von geringem Wert, obwohl gelegentlich an einzelnen Stellen gegessen oder als Köder beim Sportfischen benutzt.

Kroatischer Hasel Leuciscus polylepis
Größe: 15–20 cm, maximal 25 cm. *Kennzeichen:* Körper mit großen Schuppen bedeckt. Ein dünner dunkelgrauer oder brauner Streifen an den Seiten vom Auge bis zum Schwanzansatz. *Verbreitung:* Nur im nördlichen Jugoslawien (Kroatien) zu finden. *Fortpflanzung:* Fortpflanzungsverhalten unbekannt. *Nahrung:* Wirbellose, besonders Würmer, Krebse und Insektenlarven. *Bedeutung:* Von geringem wirtschaftlichem und sportlichem Wert.

Ukliva-Hasel Leuciscus ukliva
Größe: 15–20 cm, maximal 25 cm. *Kennzeichen:* Körper mit gut ausgebildeten, großen Schuppen, 62–64 Schuppen entlang der Seitenlinie. Eine breite, wenn auch ziemlich schwache dunkle Linie an den Seiten. *Verbreitung:* Nur im Cetina-Becken im südwestlichen Jugoslawien (Dalmatien) zu finden. *Fortpflanzung:* Brutverhalten unbekannt. *Nahrung:* Wirbellose, besonders Würmer, Krebse und Insektenlarven. *Bedeutung:* Von geringem wirtschaftlichem und sportlichem Wert.

Kaukasischer Döbel

Strömer

Kroatischer Hasel

Ukliva-Hasel

Makal-Hasel Leuciscus microlepis
Größe: 20–25 cm, maximal 30 cm. *Kennzeichen:* Körper mit gut ausgebildeten Schuppen bedeckt, 73–75 entlang der Seitenlinie. Manchmal mit einem schwachen Längsband an den Seiten. *Verbreitung:* Nur in Flüssen und Seen im südwestlichen Jugoslawien (Dalmatien) zu finden. *Fortpflanzung:* Fortpflanzungsverhalten nicht bekannt. *Nahrung:* Wirbellose, besonders Insektenlarven verschiedener Art. *Bedeutung:* Ohne wirtschaftlichen und sportlichen Wert.

Tursky-Hasel Leuciscus turskyi
Größe: 15–20 cm, maximal 25 cm. *Kennzeichen:* Körper mit gut ausgebildeten Schuppen, 70–72 entlang der Seitenlinie. Breites, dunkles Längsband an jeder Seite. *Verbreitung:* Nur in Flüssen und Seen im Narenta-Becken im südwestlichen Jugoslawien (Dalmatien) zu finden. *Fortpflanzung:* Fortpflanzungsverhalten nicht bekannt. *Nahrung:* Wirbellose, besonders Würmer, Krebse und Insektenlarven. *Bedeutung:* Von geringem wirtschaftlichem und sportlichem Wert.

Orfe, Aland Leuciscus idus
Größe: 35–50 cm, maximal 100 cm. Britischer Anglerrekord: 1,771 kg. *Kennzeichen:* Körper mit gut ausgebildeten Schuppen, 55–61 entlang der Seitenlinie. 12–14 Strahlen in der Rückenflosse. *Verbreitung:* In den meisten Teilen Europas westlich des Rheins und in Teilen Asiens heimisch. Erfolgreich eingeführt in mehrere Länder westlich des Rheins. Manchmal im Brackwasser zu finden, doch hauptsächlich in Flüssen und einigen Seen. *Fortpflanzung:* April–Mai, in flachem Wasser, zwischen Pflanzen und Steinen. Die Eier entwickeln sich in 15–20 Tagen, und die Erwachsenen reifen in 5 bis 7 Jahren. *Fruchtbarkeit:* 39 000–114 000 Eier je Weibchen. *Nahrung:* Wirbellose, besonders Weichtiere, Krebse und Insektenlarven, ferner etwas Pflanzenmaterial als Jungtiere; später Wirbellose und Fische. *Bedeutung:* In Rußland von beträchtlichem wirtschaftlichem Wert. Es werden dort große Mengen in Netzen und Reusen gefangen. In einigen Teilen Europas geangelt. Die goldfarbige Abart ist in Aquarien und Teichen häufig.

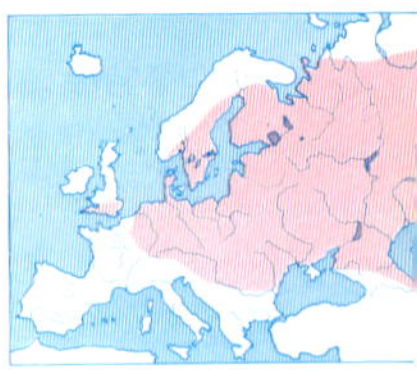

Makal-Hasel

Tursky-Hasel

Orfe

goldene Varietät

Sumpfelritze Phoxinus percnurus
Größe: 10–15 cm, maximal 19 cm. Höchstgewicht etwa 100 g. *Kennzeichen:* Schuppen klein, 70–80 entlang der Seitenlinie. Körper hoch und mit kleinen braunen Flecken bedeckt. *Verbreitung:* Zu finden in Teichen und Seen in Teilen Mitteleuropas und im Einzugsgebiet aller Flüsse, die in den Arktischen Ozean fließen. *Fortpflanzung:* Juni–Juli, laicht zwischen Wasserpflanzen, an die die klebrigen Eier angeheftet werden. Die Eier entwickeln sich in 5–8 Tagen, und die Erwachsenen reifen nach 2–3 Jahren. *Fruchtbarkeit:* 1600–18 700 Eier je Weibchen. *Nahrung:* Wirbellose, besonders Würmer, Krebse und Insektenlarven. *Bedeutung:* In Teilen Rußlands von beträchtlicher wirtschaftlicher Bedeutung. Anderswo als Köderfisch für das Sportfischen benutzt.

Elritze Phoxinus phoxinus
Größe: 6–10 cm, maximal 14 cm. *Kennzeichen:* Schuppen klein, 80–100 entlang der Seitenlinie. Zahlreiche braune und schwarze Tupfen an den Seiten, die sich manchmal zu Streifen vereinigen. Männchen während der Laichzeit prächtig gefärbt. *Verbreitung:* In Flüssen und Seen in fast ganz Europa und im nördlichen Asien zu finden. *Fortpflanzung:* Juni–Juli. Laicht in Schwärmen über Steinen und Kies (woran sich die Eier anheften) in fließendem Wasser. Die Eier entwickeln sich in 5–10 Tagen, und die Erwachsenen reifen nach 2–3 Jahren. *Fruchtbarkeit:* 200–1000 Eier je Weibchen. *Nahrung:* Wirbellose, besonders Krebse und Insektenlarven, ferner etwas Pflanzenmaterial. *Bedeutung:* In Teilen Rußlands wirtschaftlich wichtig. Anderswo ein geschätzter Köderfisch. Häufig auch in Aquarien und in Laboratorien zu finden.

Poznan-Elritze Phoxinus czekanowskii
Größe: 5–8 cm, maximal 12 cm. *Kennzeichen:* Schuppen klein, 90–94 an den Seiten. Körper mit zahlreichen dunklen Flecken bedeckt. *Verbreitung:* In Flüssen und Seen in vielen Einzugsgebieten, deren Gewässer in den Arktischen Ozean fließen. *Fortpflanzung:* Juni–Juli, zwischen Pflanzen sowohl in fließendem als auch in stehendem Wasser. *Nahrung:* Wirbellose, besonders Krebse und Insektenlarven. *Bedeutung:* In gewissen Gebieten Rußlands von einigem wirtschaftlichem Wert.

Sumpfelritze

Elritze
♂ im Brutkleid

♀ zur Laichzeit

Poznan-Elritze

Rotfeder Scardinius erythrophthalmus
Größe: 15–30 cm. maximal 45 cm. Britischer Anglerrekord: 2,041 kg. *Kennzeichen:* Körper mit großen, silbrigen Schuppen, 40–43 entlang der Seitenlinie. Untere Flossen leuchtend rot. Ansatz der Brustflossen vor dem Ansatz der Rückenflosse. *Verbreitung:* In weiten Teilen Europas in Seen und langsam fließenden Flüssen zu finden. *Fortpflanzung:* Mai–Juni, laicht in Schwärmen zwischen Pflanzen. Die Eier entwickeln sich in 5–8 Tagen, und die Erwachsenen erreichen nach 2–3 Jahren die Geschlechtsreife. *Fruchtbarkeit:* 90 000–200 000 Eier je Weibchen. *Nahrung:* Wirbellose (besonders Weichtiere und Insektenlarven) und verschiedene Arten von Wasserpflanzen. *Bedeutung:* Von geringer wirtschaftlicher Bedeutung, doch in einigen Ländern als Sport- und Köderfisch wertvoll. Die goldfarbige Abart wird häufig in Aquarien und Teichen gehalten.

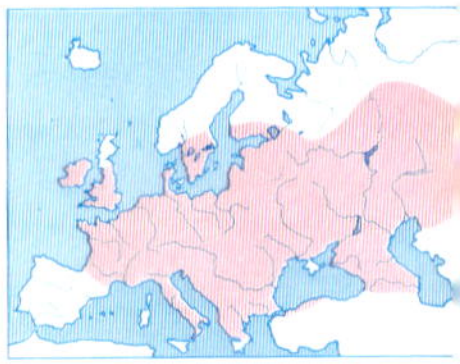

Griechische Rotfeder Scardinius graecus
Größe: 20–35 cm, maximal 40 cm. *Kennzeichen:* Körper mit großen, silbrigen Schuppen, größte Körperhöhe vor der Rückenflosse. *Verbreitung:* Nur in Seen und langsam fließenden Gewässern im südlichen Griechenland zu finden. *Fortpflanzung:* April–Juni, laicht in Schwärmen zwischen Pflanzen in flachem Wasser. *Nahrung:* Wirbellose und verschiedene Pflanzenarten. *Bedeutung:* Von einiger lokaler Bedeutung in wirtschaftlicher und sportlicher Hinsicht.

Rotfeder

Griechische Rotfeder

Rapfen, Schied Aspius aspius

Größe: 50–75 cm, maximal 120 cm. Höchstgewicht etwa 12 kg. *Kennzeichen:* Körper mit gut ausgebildeten Schuppen, 64–76 entlang der Seitenlinie. Maul groß, Unterkiefer mit einem Höcker, der in eine Kerbe des Oberkiefers paßt. *Verbreitung:* Zu finden in den Mittelläufen von Flüssen in Mitteleuropa zwischen Holland und dem östlichen Kaspisee. Kommt gelegentlich in Seen und im Brackwasser von Flußmündungen vor. *Fortpflanzung:* April–Juni, laicht zwischen Steinen und Kies in fließendem Wasser. Die Eier entwickeln sich in 10–15 Tagen, und die Erwachsenen werden im Alter von 4–5 Jahren reif. *Fruchtbarkeit:* 58 000 bis 500 000 Eier je Weibchen. *Nahrung:* Wirbellose (besonders Krebse) als Jungtiere, später hauptsächlich Fische. *Bedeutung:* In einigen Gebieten, wo mit Netzen und Reusen gefangen wird (zum Beispiel Wolga), von beträchtlicher wirtschaftlicher Bedeutung. Man schätzt die Art in manchen Gebieten auch als Sportfisch; dort fängt man sie mit der Spinnangel oder am beköderten Haken.

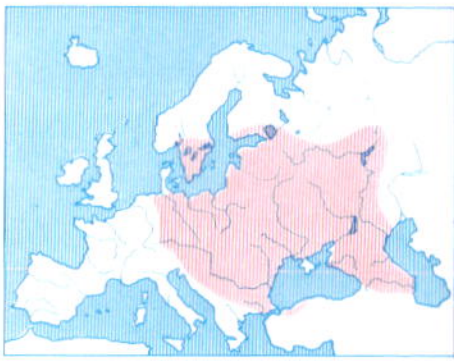

Schleie Tinca tinca

Größe: 20–40 cm, maximal 65 cm. Britischer Anglerrekord: 4,110 kg. *Kennzeichen:* Körper hoch, mit kleinen, tief eingebetteten Schuppen, 95–120 entlang der Seitenlinie. Ein Paar kleiner Bartfäden am Maul. Flossen stark gerundet. *Verbreitung:* In pflanzenreichen Seen und langsam fließenden Flüssen im größten Teil Europas, ausgenommen in den nördlichen Gebieten. *Fortpflanzung:* Mai–Juli, laicht zwischen Pflanzen in flachem Wasser. Die Eier entwickeln sich in 3–5 Tagen, und die Erwachsenen werden nach 3–4 Jahren reif. Sie können bis zu 10 Jahre leben. *Fruchtbarkeit:* 280 000–827 000 Eier je Weibchen. *Nahrung:* Wirbellose, besonders Weichtiere, Krebse und Insektenlarven. *Bedeutung:* Von geringem wirtschaftlichem Wert, doch als Sportfisch in vielen Ländern geschätzt, wo man den Fisch mit verschiedenen Arten beköderter Haken fängt. Eine goldfarbige Abart ist ein bekannter Fisch in Aquarien und Teichen.

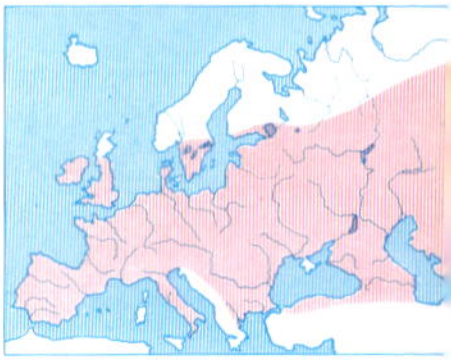

Rapfen

Schleie ♂

♀

goldene Varietät

Nase Chondrostoma nasus
Größe: 20–40 cm, maximal 51 cm. Höchstgewicht: 2,5 kg. *Kennzeichen:* Vorstehende Schnauze und gut ausgebildete Lippen. 13–14 Strahlen in der Afterflosse. *Verbreitung:* In den Mittelläufen großer Flüsse in Mittel- und Osteuropa. *Fortpflanzung:* März–Mai, laicht nach einer Wanderung flußaufwärts über Kies und Steinen in fließendem Wasser. Die Erwachsenen reifen nach 3–4 Jahren und können mindestens 9 Jahre alt werden. *Fruchtbarkeit:* Durchschnittlich etwa 10 000 Eier je Weibchen. *Nahrung:* Hauptsächlich Material, das von der Oberfläche von Steinen abgeweidet wird (zum Beispiel fadenartige Algen und verschiedene Wirbellose). *Bedeutung:* Von beträchtlicher wirtschaftlicher Bedeutung in Dnjepr, Wolga und anderen Flüssen, wo man die Art in Netzen und Reusen fängt. Sportlich von geringem Interesse.

Italienischer Näsling Chondrostoma soetta
Größe: 25–35 cm, maximal 45 cm. *Kennzeichen:* Gut ausgebildete Lippen. Körper hoch, größte Höhe mehr als doppelte Kopfhöhe. *Verbreitung:* Nur in den Mittelläufen großer Alpenflüsse in Norditalien (zum Beispiel Po) zu finden. *Fortpflanzung:* Fortpflanzungsverhalten nicht bekannt. *Nahrung:* Hauptsächlich Wirbellose (besonders Weichtiere und Insektenlarven) und feines Pflanzenmaterial (Algen). *Bedeutung:* Von einiger lokaler wirtschaftlicher Bedeutung für die Netz- und Reusenfischerei. Wird nicht geangelt.

Kaukasischer Näsling Chondrostoma colchicum
Größe: 20–25 cm, maximal 29 cm. *Kennzeichen:* Schnauze gut ausgebildet, Maulspalte gerade und querliegend. Oft läuft ein Längsband von dunklen Flecken seitlich vom Kopf bis zum Schwanz. *Verbreitung:* In den Mittelläufen großer Flüsse (zum Beispiel Kuban) im kaukasischen Gebiet des südlichen Rußland. *Fortpflanzung:* Brutverhalten wenig bekannt. Männchen mit gut ausgebildeten Höckern (Knötchen). *Nahrung:* Wirbellose (Weichtiere und Insektenlarven) sowie angewachsene Algen und andere kleine Pflanzen. *Bedeutung:* Von geringem wirtschaftlichem Wert und ohne sportliches Interesse.

Nase

Italienischer Näsling

Kaukasischer Näsling

Iberischer Näsling Chondrostoma polylepis
Größe: 15–20 cm, maximal 25 cm. *Kennzeichen:* Gewöhnlich klein, mit einer abgerundeten Schnauze. Afterflosse mit 12 Strahlen. *Verbreitung:* Nur in Flüssen in Portugal (zum Beispiel Douro, Mondego) und im westlichen Spanien zu finden. *Fortpflanzung:* Fortpflanzungsverhalten unbekannt. *Nahrung:* Benthische Wirbellose (besonders Weichtiere und Insektenlarven) und verschiedene Pflanzen (hauptsächlich angewachsene Algen). *Bedeutung:* Von geringem wirtschaftlichem Interesse und ohne sportliche Bedeutung.

Terek-Näsling Chondrostoma oxyrhynchum
Größe: 15–20 cm, maximal 24 cm. *Kennzeichen:* Mäßig große Schnauze, Maulspalte gerundet. Körper langgestreckt, Länge etwa fünfmal so groß wie die Körperhöhe, 11–12 Strahlen in der Afterflosse. Niemals mit einem dunklen Seitenband. *Verbreitung:* Nur in Flüssen zu finden, die in den westlichen Kaspisee münden (zum Beispiel Kuma und Sulak). *Fortpflanzung:* Fortpflanzungsverhalten unbekannt. *Nahrung:* Wirbellose und angewachsene Algen. *Bedeutung:* Von geringem wirtschaftlichem Interesse und ohne sportliche Bedeutung.

Lau Chondrostoma genei
Größe: 15–20 cm, maximal 30 cm. *Kennzeichen:* Schnauze und Lippen mäßig entwickelt. Dunkles Band an jeder Seite. *Verbreitung:* Hauptsächlich in den Mittelläufen großer Flüsse im mittleren und nördlichen Italien zu finden. *Fortpflanzung:* März–Mai, laicht in fließendem Wasser über Steinen und Kies. *Nahrung:* Wirbellose und feines Pflanzenmaterial verschiedener Art. *Bedeutung:* Von geringem wirtschaftlichem und sportlichem Wert.

Iberischer Näsling

Terek-Näsling

au

Südwesteuropäischer Näsling Chondrostoma toxostoma
Größe: 20–25 cm, maximal 30 cm. *Kennzeichen:* Schnauze klein, Maul schmal und gebogen. 11 Strahlen in der Rückenflosse und 12 Strahlen in der Afterflosse. *Verbreitung:* Nur in Flüssen im südwestlichen Frankreich und nordöstlichen Spanien zu finden. *Fortpflanzung:* März–Mai, laicht über Kies und Steinen in schnell fließendem Wasser, oft in ganz kleinen Nebenflüssen. *Nahrung:* Wirbellose und feines Pflanzenmaterial (hauptsächlich angewachsene Algen). *Bedeutung:* Ohne wirtschaftliches oder sportliches Interesse.

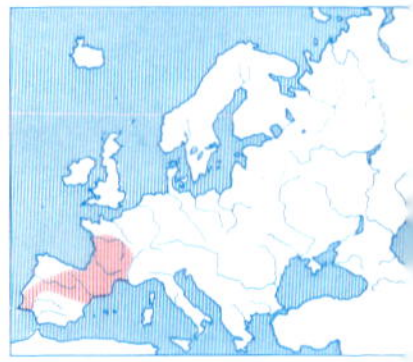

Dalmatinischer Näsling Chondrostoma kneri
Größe: 15–18 cm, maximal 20 cm. *Kennzeichen:* Maul halbkreisförmig. Schuppen relativ groß, 52–54 entlang der Seitenlinie. *Verbreitung:* Nur in den Mittelläufen von Flüssen im westlichen Jugoslawien (Dalmatien) zu finden. *Fortpflanzung:* März–Mai, laicht über Kies und Steinen in fließendem Wasser. *Nahrung:* Wirbellose und angewachsene Algen. *Bedeutung:* Ohne wirtschaftliches und sportliches Interesse.

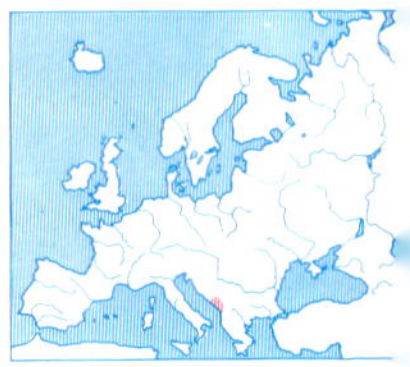

Elritzennäsling Chondrostoma phoxinus
Größe: 10–12 cm, maximal 15 cm. *Kennzeichen:* Sehr klein und schlank mit kleinen Schuppen, 88–90 entlang der Seitenlinie. *Verbreitung:* Nur in schnell fließenden Gewässern in bestimmten Flüssen Westjugoslawiens (Dalmatiens und Bosniens) zu finden. *Fortpflanzung:* Fortpflanzungsverhalten nicht bekannt. *Nahrung:* Wirbellose, angewachsene Algen und anderes feines Pflanzenmaterial. *Bedeutung:* Ohne wirtschaftliches und sportliches Interesse.

üdwesteuropäischer Näsling

Dalmatinischer Nasling

lritzennäsling

Gründling Gobio gobio
Größe: 10–15 cm, maximal 20 cm. Britischer Anglerrekord: 113 g. *Kennzeichen:* 2 gut entwickelte Bartfäden, Schuppen groß, 40–45 entlang der Seitenlinie. *Verbreitung:* Überall im gemäßigten Europa und Asien in Strömen und Flüssen zu finden. *Fortpflanzung:* Mai–Juni, zwischen Steinen und Pflanzen im fließenden Wasser. Die Jungen entwickeln sich nach 15–20 Tagen, und die Erwachsenen werden nach 2–3 Jahren reif. Sie leben bis zu 8 Jahre. *Fruchtbarkeit:* 800–3000 Eier je Weibchen. *Nahrung:* Wirbellose, besonders Weichtiere, Krebse und Insektenlarven. *Bedeutung:* Von geringem wirtschaftlichem Wert, doch gelegentlich als Köderfisch beim Sportfischen benutzt oder selbst geangelt.

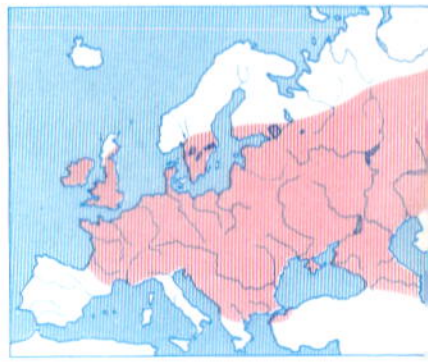

Kesslers Gründling Gobio kessleri
Größe: 10–12 cm, maximal 15 cm. *Kennzeichen:* 1 Paar langer Bartfäden, die den Hinterrand des Auges erreichen. Rückenflosse mit 8 gegabelten Strahlen. *Verbreitung:* Nur in Flüssen Mitteleuropas im Bereich des Donaubeckens zu finden. *Fortpflanzung:* Fortpflanzungsverhalten nicht gut bekannt. *Nahrung:* Wirbellose, besonders Krebse und Insektenlarven. *Bedeutung:* Ohne wirtschaftliches und sportliches Interesse.

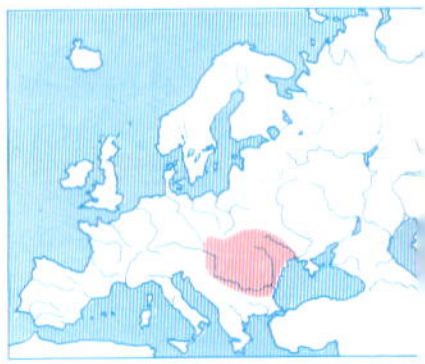

Steingreßling Gobio uranoscopus
Größe: 10–12 cm, maximal 15 cm. *Kennzeichen:* 1 Paar langer Bartfäden, die über den Hinterrand des Auges hinausreichen können. Sehr wenige Flecken auf Körper und Flossen, doch ein blaues Band entlang der Seitenlinie. *Verbreitung:* Lebt in schnell fließendem Wasser in Mittel- und Oberläufen von Flüssen im Donaubecken. *Fortpflanzung:* Mai–Juni, zwischen Pflanzen und Steinen im fließenden Wasser. *Nahrung:* Wirbellose, besonders Würmer, Krebse und Insektenlarven. *Bedeutung:* Ohne wirtschaftliches und sportliches Interesse.

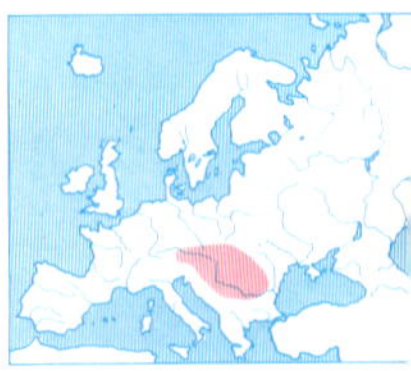

Gründling

Kesslers Gründling

Steingreßling

Weißflossiger Gründling Gobio albipinnatus
Größe: 10–12 cm, maximal 13 cm. *Kennzeichen:* 1 Paar langer Bartfäden, die den Hinterrand des Auges erreichen. Rücken- und Schwanzflosse mit dunklen Flecken. Kehle meist ohne Schuppen. *Verbreitung:* Nur in den Mittel- und Oberläufen von Flüssen in Mittel- und Osteuropa zu finden, besonders in der Wolga, im Dnjepr und im Don zu finden. *Fortpflanzung:* Fortpflanzungsverhalten wenig bekannt. *Nahrung:* Wirbellose, hauptsächlich Würmer, Krebse und Insektenlarven. *Bedeutung:* Ohne wirtschaftliches und sportliches Interesse.

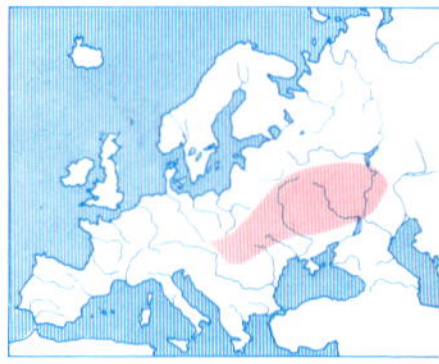

Kaukasischer Gründling Gobio ciscaucasicus
Größe: 11–14 cm, maximal 15 cm. *Kennzeichen:* Bartfäden sehr lang, über den Hinterrand des Auges hinausreichend. 42–46 Schuppen entlang der Seitenlinie. Kehle gewöhnlich ohne Schuppen. *Verbreitung:* Nur in Strömen und Flüssen im südwestlichen Rußland (Transkaukasien) zu finden, besonders in Kuban, Kumi, Terek und Sulak. *Fortpflanzung:* Mai–Juni, doch Laichverhalten wenig bekannt. *Nahrung:* Am Boden lebende Wirbellose, besonders Krebse und Insektenlarven. *Bedeutung:* Ohne wirtschaftliches und sportliches Interesse.

Barbengründling Aulopyge hugeli
Größe: 9–12 cm, maximal 13 cm. *Kennzeichen:* Eine gut ausgebildete Schnauze mit 4 Bartfäden. Körper ohne Schuppen, doch mit einer wellenförmigen Seitenlinie, die vom Kopf bis zur Schwanzflosse läuft. *Verbreitung:* Nur in fließendem Wasser in Teilen Westjugoslawiens (Dalmatiens und Bosniens) zu finden. *Fortpflanzung:* Fortpflanzungsverhalten wenig bekannt. *Nahrung:* Wirbellose, besonders Würmer und Insektenlarven. *Bedeutung:* Von geringem lokalem wirtschaftlichem Interesse, doch ohne sportliche Bedeutung.

Weißflossiger Gründling

Kaukasischer Gründling

Barbengründling

Barbe Barbus barbus
Größe: 25–75 cm, maximal 90 cm. Britischer Anglerrekord: 6,237 kg. *Kennzeichen:* Unterständiges Maul mit 4 gut entwickelten Bartfäden. 55–65 seitliche Schuppen. Letzter ungegabelter Strahl in der Rükkenflosse verdickt und hinten mit zahlreichen Zähnchen. *Verbreitung:* In den Mittelläufen von Flüssen in Mitteleuropa zwischen Ostengland und dem Schwarzen Meer zu finden. *Fortpflanzung:* Mai–Juli zwischen Kies und Steinen in fließendem Wasser. Die Eier (die als giftig gelten) entwickeln sich in 10–13 Tagen, die Jungen erreichen die Geschlechtsreife nach 4–5 Jahren. *Fruchtbarkeit:* 3000 bis 32 000 Eier je Weibchen. *Nahrung:* Wirbellose (hauptsächlich Würmer, Weichtiere und Insektenlarven) und etwas Pflanzenmaterial als Jungtiere, später Wirbellose und kleine Fische. *Bedeutung:* Örtlich von einigem wirtschaftlichem Interesse, mit Reusen und Netzen gefangen. In mehreren Ländern eine für den Angler wichtige Art.

Türkische Barbe Barbus cyclolepis
Größe: 20–30 cm, maximal 35 cm. *Kennzeichen:* Unterständiges Maul mit 4 kurzen Bartfäden, die gleich groß oder kleiner als der Augendurchmesser sind. *Verbreitung:* Nur in fließendem Wasser in einigen kleineren Becken zu finden, die ins Schwarze Meer entwässern (zum Beispiel in den Flüssen Maritze und Struma). *Fortpflanzung:* April–Juli über Kies und Steinen in fließendem Wasser. *Nahrung:* Hauptsächlich Wirbellose, doch als Jungtiere auch etwas Pflanzennahrung, später Fische und Fischeier. *Bedeutung:* Ohne wirtschaftliches und sportliches Interesse.

Mazedonische Barbe Barbus prespensis
Größe: 20–25 cm, maximal 30 cm. *Kennzeichen:* 4 kurze Bartfäden rund um das unterständige Maul. Längster Strahl der Rückenflosse hinten ohne Zähnchen. *Verbreitung:* Nur in einem kleinen Gebiet Nordgriechenlands zu finden. *Fortpflanzung:* Fortpflanzungsverhalten unbekannt. *Nahrung:* Hauptsächlich Wirbellose, besonders Insektenlarven. *Bedeutung:* Von geringem wirtschaftlichem und sportlichem Wert.

Barbe

Türkische Barbe

Mazedonische Barbe

Kaukasische Barbe Barbus ciscaucasicus
Größe: 25–35 cm, maximal 39 cm. *Kennzeichen:* 4 lange Bartfäden rund um das unterständige Maul. Bartfäden mehr als dreimal so lang wie der Durchmesser des Auges. 60–71 Schuppen entlang der Seitenlinie. Körper besonders über der Seitenlinie mit zahlreichen dunklen Flecken bedeckt. *Verbreitung:* Nur in den Mittel- und Oberläufen von Flüssen zu finden, die in den westlichen Kaspisee münden (zum Beispiel Kuma und Terek). *Fortpflanzung:* Mai–Juli, laicht über Steinen und Kies, manchmal in ganz kleinen Nebenflüssen. *Nahrung:* Hauptsächlich Wirbellose, besonders Insektenlarven. *Bedeutung:* Von geringem wirtschaftlichem Interesse, für Angler ohne Bedeutung.

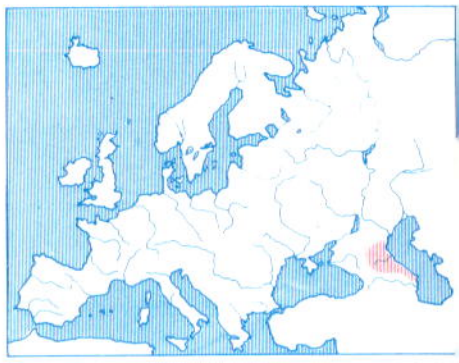

Griechische Barbe Barbus graecus
Größe: 30–40 cm, maximal 45 cm. *Kennzeichen:* Körper ohne dunkle Flecken oder Zeichnungen. 4 Bartfäden rund um das unterständige Maul, jeder länger als der Augendurchmesser. Weniger als 60 Schuppen entlang der Seitenlinie. *Verbreitung:* Nur in Westgriechenland im Aspropotamus-Fluß zu finden. *Fortpflanzung:* Fortpflanzungsverhalten nicht bekannt. *Nahrung:* Benthische Wirbellose, besonders Insektenlarven und Weichtiere. *Bedeutung:* Von geringem wirtschaftlichem und sportlichem Interesse.

Albanische Barbe Barbus albanicus
Größe: 30–40 cm, maximal 45 cm. *Kennzeichen:* 4 kurze Bartfäden rund um das unterständige Maul, jeder Bartfaden in der Länge geringer als 3 Augendurchmesser. 49–52 Schuppen entlang der Seitenlinie. Unterer Teil des längsten Strahls der Rückenflosse hinten leicht gesägt. *Verbreitung:* Nur im Janina-Gebiet Albaniens zu finden. *Fortpflanzung:* Fortpflanzungsverhalten unbekannt. *Nahrung:* Hauptsächlich benthische Wirbellose, besonders Insektenlarven. *Bedeutung:* Von geringem wirtschaftlichem und sportlichem Interesse.

Kaukasische Barbe

Griechische Barbe

Albanische Barbe

Hundsbarbe Barbus meridionalis
Größe: 20–30 cm, maximal 40 cm. Ein Fisch von 20 cm Länge wiegt etwa 150 g. *Kennzeichen:* Zahlreiche große dunkle Flecken, die oft auf Rücken und Flossen ein Mosaik bilden. 48–55 seitliche Schuppen. Längster Strahl der Rückenflosse hinten nicht gesägt. *Verbreitung:* Mittelläufe von Flüssen im südwestlichen und mittleren Europa. *Fortpflanzung:* Mai–Juli in fließendem Wasser über Kies und Steinen, manchmal in Gebieten mit Vegetation. *Nahrung:* Hauptsächlich benthische Wirbellose, doch als Jungtiere auch etwas Pflanzennahrung und als Erwachsene Fische. *Bedeutung:* Von lokalem wirtschaftlichem und sportlichem Interesse.

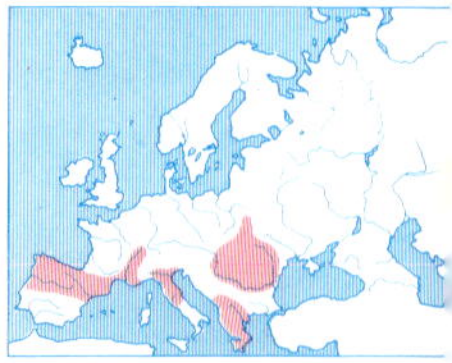

Bulatmai-Barbe Barbus capito
Größe: 60–90 cm, maximal 105 cm. *Kennzeichen:* 4 Bartfäden rund um das unterständige Maul. Der vordere Bartfaden erreicht nie den Augenrand. 58–65 seitliche Schuppen. *Verbreitung:* Unter- und Mittelläufe von Flüssen, die in den Kaspisee und den Aralsee münden; auch im Salzwasser in diesen Gebieten. Die Art wandert dort zur Laichzeit ins Süßwasser. *Fortpflanzung:* In fließendem Wasser. Die Jungen werden in 6–7 Jahren reif. *Nahrung:* Benthische Wirbellose, besonders Insektenlarven. Auch Pflanzenmaterial und Fische werden gefressen. *Bedeutung:* Von lokalem wirtschaftlichem Interesse, während der Laichzeit in Flüssen mit Reusen und Netzen gefangen.

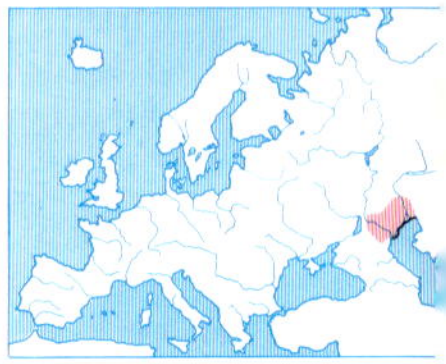

Aral-Barbe Barbus brachycephalus
Größe: 80–100 cm, maximal 120 cm. Höchstgewicht etwa 22,5 kg. *Kennzeichen:* 4 Bartfäden rund um das unterständige Maul. Die Bartfäden reichen nach hinten über den Augenrand hinaus. 67–76 seitliche Schuppen. *Verbreitung:* In brackigem Wasser des Aral- und Kaspisees. Im Süßwasser nur in den Unterläufen der dortigen Flüsse (zum Beispiel Wolga, Ural), oft nur zum Laichen. *Fortpflanzung:* April–Juli, in Flüssen, die von der See her leicht zugänglich sind. *Fruchtbarkeit:* Bis zu 1 259 000 Eier je Weibchen. *Nahrung:* Wirbellose (im Aralsee hauptsächlich Weichtiere). *Bedeutung:* Im Gebiet von Aral- und Kaspisee von wirtschaftlicher Bedeutung. Dort werden die Fische während der Laichwanderung mit Netzen und Reusen gefangen.

Iberische Barbe Barbus comiza
Größe: 20–30 cm, maximal 35 cm. *Kennzeichen:* 2 Paar Bartfäden rund um das unterständige Maul. Längster Strahl der Rückenflosse steif mit gesägtem Hinterrand. 49–51 seitliche Schuppen. *Verbreitung:* In einigen Flüssen im südwestlichen Portugal und Spanien (zum Beispiel Guadalquivir, Tagus). *Fortpflanzung:* Fortpflanzungsverhalten nicht bekannt. *Nahrung:* Hauptsächlich benthische Wirbellose, besonders Insektenlarven. *Bedeutung:* Ohne wirtschaftliches und sportliches Interesse.

Hundsbarbe

Bulatmei-Barbe

Aral-Barbe

Iberische Barbe

Ukelei, Laube Alburnus alburnus
Größe: 12–15 cm, maximal 25 cm. Britischer Anglerrekord: 111 g. *Kennzeichen:* Körper schlank, Basis der Afterflosse länger als die der Rückenflosse. Mehr als 17 Strahlen in der Afterflosse. *Verbreitung:* In langsam fließenden Flüssen und Seen im größten Teil Europas von Ostfrankreich bis zum Kaspisee zu finden. *Fortpflanzung:* Mai–Juli zwischen Steinen und Kies im flachen Wasser. Die Eier entwickeln sich in 5–10 Tagen, und die Jungen reifen nach 2–3 Jahren. *Fruchtbarkeit:* 5000 bis 6500 Eier je Weibchen. *Nahrung:* Wirbellose, besonders Krebse und Insekten (Larven und Imagines). *Bedeutung:* Wirtschaftlich nur lokal von Bedeutung; kann verwendet werden als Viehfutter oder zur Herstellung eines Materials, mit dem man künstliche Perlen überzieht. Dieses Material wird aus den Schuppen des Fisches gewonnen. Als Köderfisch von einigem sportlichem Interesse.

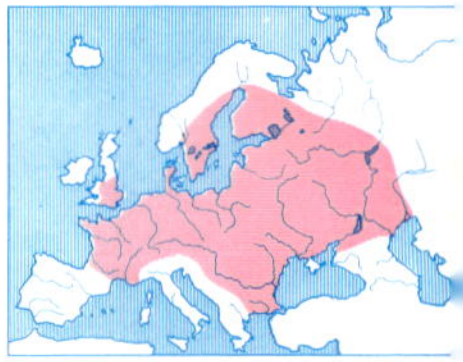

Weißer Ukelei Alburnus albidus
Größe: 10–15 cm, maximal 20 cm. *Kennzeichen:* Körper schlank, größte Höhe etwa doppelt so groß wie die des Schwanzstieles. 13–18 Strahlen in der Afterflosse. *Verbreitung:* Nur in Gewässern im westlichen Jugoslawien und im nördlichen und südlichen Italien zu finden. *Fortpflanzung:* Fortpflanzungsverhalten nicht gut bekannt. *Nahrung:* Wirbellose, besonders Würmer, Krebse, Insektenlarven und erwachsene Insekten. *Bedeutung:* Von geringem wirtschaftlichem und sportlichem Interesse.

Kaukasischer Ukelei Alburnus charusini
Größe: 8–10 cm, maximal 12 cm. *Kennzeichen:* Größte Höhe des Körpers etwa gleich der dreifachen Höhe des Schwanzstieles. 41–47 Schuppen entlang der Seitenlinie. *Verbreitung:* In Seen und langsam fließenden Flüssen in mehreren Flußgebieten (zum Beispiel Kuma, Terek) in Transkaukasien zwischen Schwarzem Meer und Kaspisee zu finden. *Fortpflanzung:* Über das Fortpflanzungsverhalten dieser Art ist wenig bekannt. *Nahrung:* Wirbellose, hauptsächlich Krebse, Insektenlarven und erwachsene Insekten. *Bedeutung:* Ohne wirtschaftliches und sportliches Interesse.

Ukelei

Weißer Ukelei

Kaukasischer Ukelei

Schemaja Chalcalburnus chalcoides

Größe: 15–30 cm, maximal 40 cm. *Kennzeichen:* Schlanker, langgestreckter Körper mit 57–70 Schuppen entlang der Seitenlinie. Hinterleib seitlich zu einem Kiel zusammengedrückt, der hinten schuppenlos ist. *Verbreitung:* In den meisten Flußgebieten mit Entwässerung zum Schwarzen Meer und der westlichen Hälfte des Kaspisees zu finden. Die Art kommt auch im Salzwasser dieser Gebiete vor, wandert jedoch zum Laichen ins Süßwasser. *Fortpflanzung:* Mai–Juli, laicht über Kies und Steinen in flachem Süßwasser. *Fruchtbarkeit:* 15 500–23 500 Eier je Weibchen. *Nahrung:* Wirbellose, besonders Würmer, Weichtiere, Krebse und Insektenlarven. *Bedeutung:* Von einiger wirtschaftlicher Bedeutung im Gebiet des Kaspisees, wo man große Mengen während der Laichwanderung mit Netzen fängt.

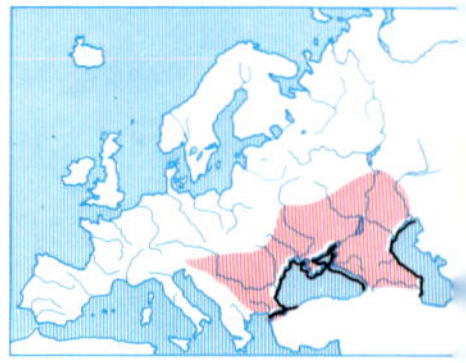

Schneider Alburnoides bipunctatus

Größe: 10–12 cm, maximal 16 cm. *Kennzeichen:* Schlundzähne glatt. Reusendornen kurz und weit voneinander entfernt. 44–51 Schuppen entlang der Seitenlinie. *Verbreitung:* In Strömen, Flüssen und gelegentlich Seen in Teilen Europas vom westlichen Frankreich nach Osten bis über den Kaspisee hinaus zu finden. *Fortpflanzung:* Mai–Juli, laicht über Kies und kleinen Steinen in fließendem Wasser. *Nahrung:* Wirbellose, hauptsächlich Insektenlarven und erwachsene Insekten. *Bedeutung:* Ohne wirtschaftlichen Wert, doch gelegentlich als Köderfisch verwendet oder in Aquarien gehalten.

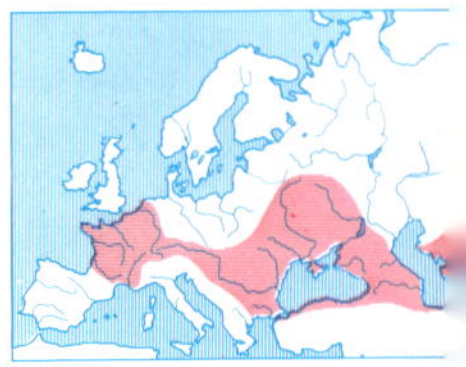

Güster, Blicke Blicca bjoerkna

Größe: 20–30 cm, maximal 35 cm. Höchstgewicht 1,25 kg. *Kennzeichen:* Körper hoch und stark zusammengedrückt, 40–45 Schuppen entlang der Seitenlinie. Afterflosse mit 19–24 gegabelten Strahlen. *Verbreitung:* In langsam fließenden Flüssen und in Seen großer Teile Mittel- und Nordeuropas vom östlichen England bis zum Kaspisee zu finden. *Fortpflanzung:* Mai–Juli, laicht zwischen Pflanzen in flachem Wasser. Die Jungen reifen nach 3 bis 5 Jahren und können bis zu 10 Jahre alt werden. *Fruchtbarkeit:* 11 000–82 000 Eier je Weibchen. *Nahrung:* Wirbellose, besonders Würmer, Weichtiere und Insektenlarven. *Bedeutung:* Wirtschaftlich (für Netz- und Reusenfischerei) und als Sportfisch von einiger lokaler Bedeutung.

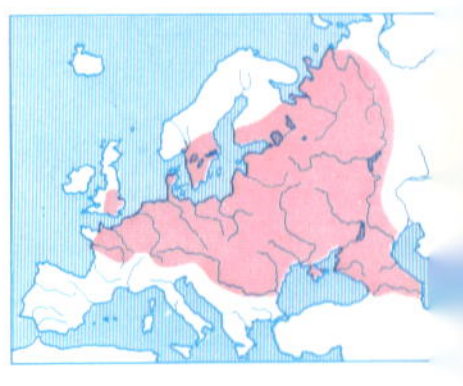

Schemaja

Schneider

Güster

Blei, Brachsen Abramis brama
Größe: 30–50 cm, maximal 80 cm. Britischer Anglerrekord: 5,840 kg. *Kennzeichen:* Körper sehr hoch und seitlich zusammengedrückt, 51–60 Schuppen entlang der Seitenlinie. Weniger als 30 gegabelte Strahlen in der Afterflosse. *Verbreitung:* In langsam fließenden Flüssen und Seen in weiten Teilen Europas von Irland bis zum Aralsee zu finden. Die Art kommt auch in Flußmündungen und im Brackwasser mancher Gegenden vor (zum Beispiel Finnischer Meerbusen). *Fortpflanzung:* Mai–Juli, laicht zwischen Pflanzen in flachem Wasser. Die Eier entwickeln sich in 5–10 Tagen, und die Jungen kommen nach 3–5 Jahren zur Geschlechtsreife. *Fruchtbarkeit:* 104 000–587 000 Eier je Weibchen. *Nahrung:* Benthische Wirbellose, besonders Würmer, Weichtiere und Insektenlarven. *Bedeutung:* In Mitteleuropa, wo große Mengen in Netzen und Reusen gefangen werden, von beträchtlicher wirtschaftlicher Bedeutung. Die Art ist auch als Sportfisch in vielen Ländern wichtig.

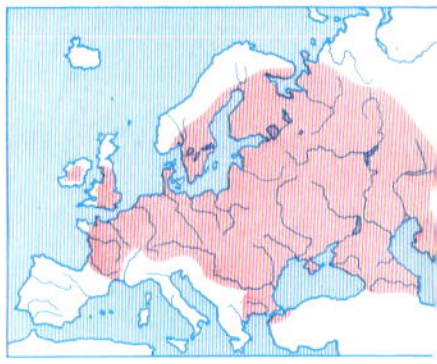

Zobel Abramis sapa
Größe: 15–25 cm, maximal 39 cm. Höchstgewicht: 0,8 kg. *Kennzeichen:* Hoher, seitlich zusammengedrückter Körper mit 49–52 Schuppen entlang der Seitenlinie. Maul unterständig. Afterflosse mit 41 bis 48 Strahlen. *Verbreitung:* In langsam fließenden Flüssen, einigen Seen und im Brackwasser mehrerer Flußgebiete (zum Beispiel Donau und Wolga), die mit dem nördlichen Schwarzen Meer und dem nördlichen Kaspisee in Verbindung stehen. Meerespopulationen wandern zum Laichen ins Süßwasser. *Fortpflanzung:* April–Mai zwischen Pflanzen in fließendem Wasser. Die Jungen reifen nach 3–4 Jahren und können ein Alter von über 8 Jahren erreichen. *Fruchtbarkeit:* 8000–150 000 Eier je Weibchen. *Nahrung:* Benthische Wirbellose, hauptsächlich Weichtiere, Krebse und Insektenlarven. *Bedeutung:* Für die Netzfischerei von einiger lokaler wirtschaftlicher Bedeutung; manchmal als Sportfisch angesehen.

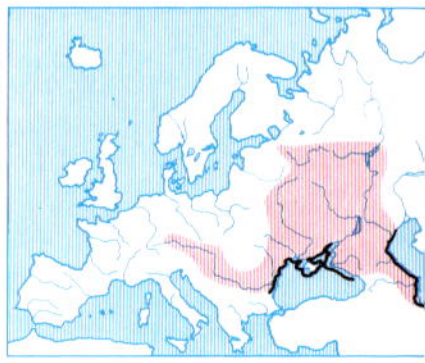

Zope Abramis ballerus
Größe: 20–30 cm, maximal 45 cm. Ein Fisch mit einer durchschnittlichen Länge von 18 cm wiegt etwa 92 g. *Kennzeichen:* Hoher, seitlich zusammengedrückter Körper mit 66–73 ziemlich kleinen Schuppen entlang der Seitenlinie. Afterflosse mit 39–46 Strahlen. *Verbreitung:* Zu finden in langsam fließenden Flüssen und Seen im Flachland Mittel- und Osteuropas, soweit die Einzugsgebiete in die Ostsee, das Schwarze Meer und den Kaspisee entwässern. Die Art kommt auch im Brackwasser der betreffenden Gegenden vor. *Fortpflanzung:* April–Juni zwischen Pflanzen im flachen Wasser. *Fruchtbarkeit:* 4200–25 400 Eier je Weibchen. *Nahrung:* Wirbellose, besonders Planktonkrebse. *Bedeutung:* Von geringem wirtschaftlichem und sportlichem Interesse.

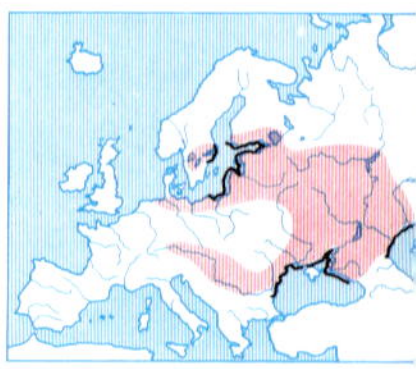

Blei

Zobel

Zope

Zährte, Rußnase Vimba vimba
Größe: 20–30 cm, maximal 50 cm. Ein Fisch von 30 cm Durchschnittslänge wiegt etwa 490 g. *Kennzeichen:* Ein kräftiger, seitlich zusammengedrückter Fisch mit 53–61 Schuppen entlang der Seitenlinie. Ein schuppenloser Hinterleibskiel vor dem After und ein beschuppter Kiel hinter der Rückenflosse. *Verbreitung:* Zu finden in den Unterläufen von Flüssen, in einigen Seen und in Becken, die mit der Ostsee, dem Schwarzen Meer und dem Kaspisee in Verbindung stehen. *Fortpflanzung:* Mai–Juli, laicht zwischen Pflanzen und Steinen in flachem, fließendem Wasser. Die Eier entwickeln sich in 5–10 Tagen, und die Jungen reifen nach 3–4 Jahren. *Fruchtbarkeit:* 27 000–115 500 Eier je Weibchen. *Nahrung:* Benthische Wirbellose, besonders Würmer, Weichtiere und Insektenlarven. *Bedeutung:* Von beträchtlicher wirtschaftlicher Bedeutung; in großen Mengen mit Netzen und Reusen gefangen.

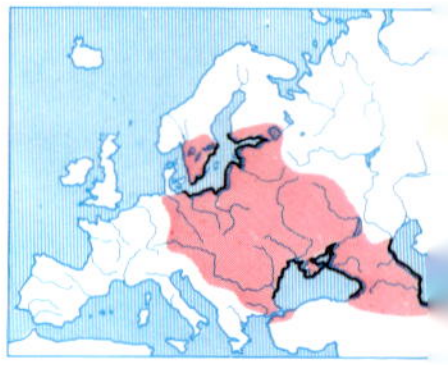

Ziege, Sichling Pelecus cultratus
Größe: 30–50 cm, maximal 60 cm. Höchstgewicht: 3,5 kg. *Kennzeichen:* Körper langgestreckt, doch seitlich stark zusammengedrückt. Die Seitenlinie läuft an den Seiten auf und ab. Schuppen klein, 90–115 entlang der Seitenlinie. Gut entwickelter Kiel am Hinterleib. *Verbreitung:* Zu finden im mittleren und östlichen Europa in den Einzugsgebieten der Ostsee und des nördlichen Schwarzen Meeres, des Kaspisees und des Aralsees. Kommt hauptsächlich in den Unterläufen und Flußmündungen großer Ströme vor. *Fortpflanzung:* Mai–Juli, laicht sowohl im Süßwasser als auch im Brackwasser. Die Eier entwickeln sich in 3–4 Tagen, und die Jungen reifen in 3–4 Jahren. Die Tiere leben bis zu 9 Jahren. *Fruchtbarkeit:* 10 000–58 000 Eier je Weibchen. *Nahrung:* Als Jungtiere Wirbellose, besonders Krebse, Insektenlarven und erwachsene Insekten; als Erwachsene größere Wirbellose und kleine Fische (zum Beispiel Grundeln). *Bedeutung:* In Teilen Südosteuropas von beträchtlicher wirtschaftlicher Bedeutung; in großem Ausmaß mit Netzen und Reusen gefangen. Wie beim Ukelei verwendet man die Schuppen mancherorts zum Umkleiden künstlicher Perlen.

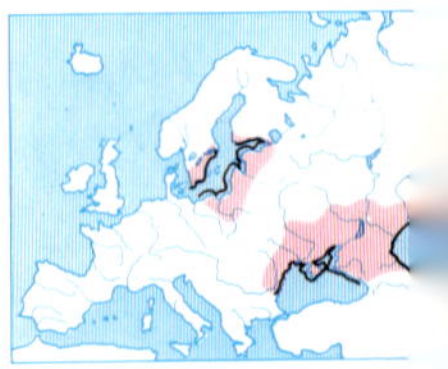

Zährte
♂ im Brutkleid

♀

Ziege

Bitterling Rhodeus sericeus

Größe: 5–8 cm, maximal 10 cm. *Kennzeichen:* Körper hoch und seitlich zusammengedrückt. Schuppen groß, 32–40 an der Seite. Seitenlinie unvollständig. Weibchen mit langer Legeröhre. *Verbreitung:* Zu finden in langsam fließenden Flüssen und Seen in weiten Teilen Mitteleuropas von Frankreich nach Osten bis zum Kaspisee. Erfolgreich eingeführt in einer Reihe von Ländern, zum Beispiel England. *Fortpflanzung:* April–Juni. Die Fische bilden Paare und legen die Eier in die Mantelhöhle großer Süßwassermuscheln ab. Dies geschieht mit Hilfe einer langen Legeröhre. Die Eier entwickeln sich in 15 bis 20 Tagen, und nach einigen Tagen verlassen die Jungtiere die Muschel. Die Jungen erreichen nach 2–3 Jahren die Geschlechtsreife und können bis zu 5 Jahre oder länger leben. *Fruchtbarkeit:* 40–100 Eier je Weibchen. *Nahrung:* Sowohl Pflanzen (hauptsächlich fädige und andere angewachsene Algen) als auch Wirbellose (besonders Insektenlarven und kleine Krebse) werden gefressen. *Bedeutung:* Von geringem wirtschaftlichem Interesse, doch häufig als Köderfisch benutzt und sehr oft in Aquarien gehalten.

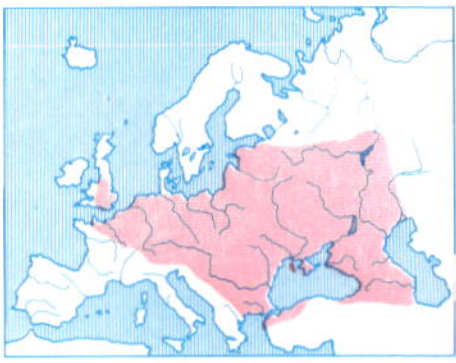

Karausche Carassius carassius

Größe: 20–45 cm, maximal 50 cm. Höchstgewicht: 5 kg. Britischer Anglerrekord: 2,253 kg. *Kennzeichen:* Körper gewöhnlich hoch und seitlich zusammengedrückt, 31–36 Schuppen entlang der Seitenlinie. Rückenflosse konvex, erster Strahl weich und schwach gesägt. *Verbreitung:* Zu finden in Teichen, Seen und langsam fließenden Flüssen überall im östlichen und mittleren Europa sowie in vielen Teilen des Westens. In vielen dieser Gebiete ist der Fisch nicht heimisch, sondern wurde erfolgreich eingeführt. *Fortpflanzung:* Mai–Juni, laicht in flachem Wasser zwischen dichtem Pflanzenbewuchs. Die Eier entwickeln sich nach 5–8 Tagen, und die Jungen erreichen nach 3–4 Jahren die Reife. *Fruchtbarkeit:* 137 000–244 000 Eier je Weibchen. *Nahrung:* Am Boden lebende Wirbellose und Pflanzen verschiedener Art. *Bedeutung:* Von begrenzter wirtschaftlicher Bedeutung (hauptsächlich in Fischzuchtanstalten); in einigen Ländern ein nützlicher Sportfisch.

Bitterling ♂

Bitterling ♀
zur Laichzeit

Karausche

Goldfisch Carassius auratus
Größe: 15–35 cm, maximal 45 cm. Höchstgewicht: Etwa 3 kg. *Kennzeichen:* Mäßig hoher Körper, seitlich zusammengedrückt, 27–31 Schuppen entlang der Seitenlinie. Rückenflosse konkav, erster Strahl kräftig und grob gesägt. *Verbreitung:* In Ostasien heimisch, kommt dieser Fisch heute in Teichen, Seen und langsam fließenden Flüssen in vielen Teilen Europas vor, in denen er eingeführt wurde. *Fortpflanzung:* Mai–Juni, laicht zwischen dichtem Pflanzenbewuchs in flachem Wasser. Die Eier entwickeln sich in 5–8 Tagen, die Jungen reifen mit 2–4 Jahren. Sie können bis zu 20 Jahre und länger leben. *Fruchtbarkeit:* 160 000–383 000 Eier je Weibchen. *Nahrung:* Wirbellose und verschiedene Arten von Pflanzen. *Bedeutung:* Von gewisser wirtschaftlicher Bedeutung, da die goldfarbene Abart zu den beliebtesten Aquarienfischen gehört. Große Mengen werden zu diesem Zweck in Fischzuchtanstalten aufgezogen. Sportlich von geringem Interesse, obwohl gelegentlich als Köderfisch verwendet.

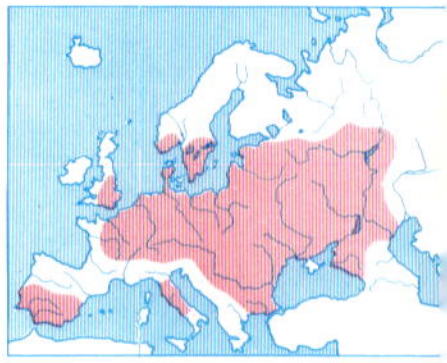

Karpfen Cyprinus carpio
Größe: 25–75 cm, maximal 1,02 m. Britischer Anglerrekord: 19,957 kg. *Kennzeichen:* Körper mit großen Schuppen bedeckt, 33–40 Schuppen entlang der Seitenlinie. Oberlippe mit zwei langen und zwei kurzen Bartfäden. *Verbreitung:* Im östlichen Europa und Asien heimisch, ist dieser Fisch in viele andere Länder erfolgreich eingeführt worden, wo er sich gut behauptet hat. Man findet ihn in Teichen, Seen und langsam fließenden Flüssen. *Fortpflanzung:* Juni–Juli, laicht zwischen dichtem Pflanzenbewuchs in flachem Wasser. Die Eier entwickeln sich in 3–6 Tagen, die Jungen reifen nach 3–5 Jahren. *Fruchtbarkeit:* 93 000–1 664 000 Eier je Weibchen. *Nahrung:* Am Boden lebende Wirbellose und Pflanzenmaterial. *Bedeutung:* In vielen Ländern von beträchtlicher wirtschaftlicher Bedeutung, besonders in Mitteleuropa, wo viele Hunderte von Fischzuchtanstalten dieser Art gewidmet sind. Auch als Sportfisch von bemerkenswerter Bedeutung. Die goldfarbenen und bunten Abarten sind beliebte Teichfische.

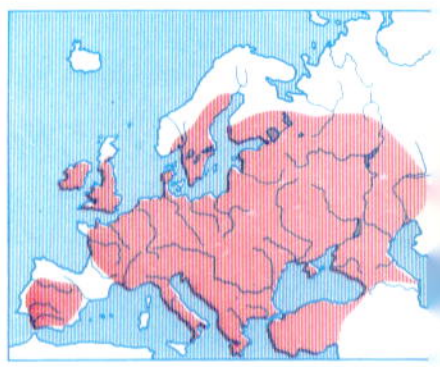

Goldfisch

goldene Varietät

Karpfen

goldene Varietät

Familie Cobitidae, Schmerlen

Die Cobitiden oder Schmerlen sind durchweg am Boden lebende Süßwasserfische, die man nur in Europa und Asien findet. Sie kommen in Teichen, Seen und in fast allen Arten von fließenden Gewässern vor. Es gibt viele Gattungen und Arten, besonders im südlichen Asien.

Ihr Körper ist in charakteristischer Weise sehr langgestreckt und gewöhnlich zylindrisch oder nur leicht seitlich zusammengedrückt. Schuppen können fehlen, sind aber normalerweise sehr klein und in die Haut eingebettet. Die Augen sind klein und gewöhnlich ziemlich hoch liegend, während das Maul mit seinen fleischigen Lippen unterständig ist und von 6–12 sensiblen Bartfäden umstanden wird. Die Cobitiden sind verwandt mit den Karpfenfischen und besitzen zum Zerkleinern der Nahrung Schlundzähne. Bei einigen Gattungen erscheint der Kopf dadurch ungewöhnlich, daß der vordere Teil mit dem Rest gelenkig verbunden ist. Man findet eine einzige Rückenflosse, und alle Flossen sind mäßig entwickelt.

Viele Vertreter der Familie können bei ungenügender Sauerstoffversorgung in stehendem Wasser zur Oberfläche schwimmen und Luft aufnehmen. Daraus wird im Darm Sauerstoff absorbiert, vor allem im hinteren Teil. Der Rest des Gases wird durch den After abgegeben. Einige Arten können auf diese Weise atmen (und haben Luftmengen in ihrem Körper). Sie sind aber empfindlich gegenüber Veränderungen des Luftdrucks und werden sehr aktiv, wenn der Luftdruck vor einem Sturm rasch sinkt.

Die meisten Arten haben eine nächtliche Lebensweise und bleiben während des Tages unter Steinen, zwischen Pflanzen oder in Sand und Kies verborgen. Die meisten Tiere ernähren sich von benthischen Wirbellosen, doch einige sind angepaßt an Algennahrung.

Insgesamt kommen in europäischen Gewässern 12 Arten vor.

Bestimmungsschlüssel für europäische Schmerlen

1 Entweder 6 oder 8 Bartfäden (Bild 34). **2**

10 Bartfäden (4 davon auf dem Unterkiefer). **Misgurnus fossilis**

2 Kein Dorn im Hohlraum unter dem Auge. Kopf seitlich nicht zusammengepreßt. **3**

Dorn im Hohlraum unter dem Auge. Kopf seitlich zusammengepreßt. **5**

3 Schwanzflosse gestutzt. **Noemacheilus barbatulus**

Schwanzflosse leicht gekerbt. **4**

4 Geringste Körperhöhe größer als doppelte Schwanzstiellänge. Kein zahnförmiger Vorsprung am Oberkiefer. **Noemacheilus merga**

Geringste Körperhöhe kleiner als doppelte Schwanzstiellänge. Gewöhnlich zahnförmiger Vorsprung am Oberkiefer vorhanden. **Noemacheilus angorae**

5 Das Farbmuster an den Seiten schließt eine oder mehrere deutliche Reihen länglicher Flecken ein. **6**

Das Farbmuster an den Seiten ist gesprenkelt ohne deutliche Fleckenreihen. **9**

6 Keine deutliche dunkle Linie, die mit den Flecken an den Seiten in Verbindung steht. **7**

Deutliche dunkle Linie, die mit den Flecken an den Seiten in Verbindung steht. **8**

7 Schwanzflosse mit 14 gegabelten Strahlen. Die Tupfen über der großen Seitenreihe neigen dazu, ebenfalls eine deutliche Reihe zu bilden. **Cobitis taenia**

Schwanzflosse mit weniger als 14 gegabelten Strahlen. Die Tupfen über der großen Seitenreihe bilden keine deutliche Reihe. **Cobitis aurata**

8 Fleckung verhältnismäßig hell. Das Gebiet über der seitlichen Fleckenreihe stellt ein helles Band dar. **Cobitis romanica**

Fleckung verhältnismäßig dunkel. Viele kleine Flecken im Gebiet über der Seitenreihe. **Cobitis elongata**

9 Körperfärbung hauptsächlich in großen Flecken. **10**

Körperfärbung hauptsächlich in kleinen dunklen Tüpfeln. **11**

10 Ein dunkles Dreieck, gebildet aus 2 schlingenförmigen Streifen, vor den Augen. Vor der Rückenflosse keine deutlich langgestreckten Flecken. **Cobitis larvata**

Kein dunkles Dreieck vor den Augen. 2 langgestreckte Flecken vor der Rückenflosse. **Cobitis conspersa**

11 Körperseiten hauptsächlich mit kleinen Tüpfeln. Unteraugendorn kräftig, dessen Zweige in der Länge ähnlich sind. **Cobitis caucasica**

Seitlich am Körper deutlicher dunkler Streifen. Zweige des Unteraugendorns in der Länge wesentlich verschieden. **Cobitis caspia**

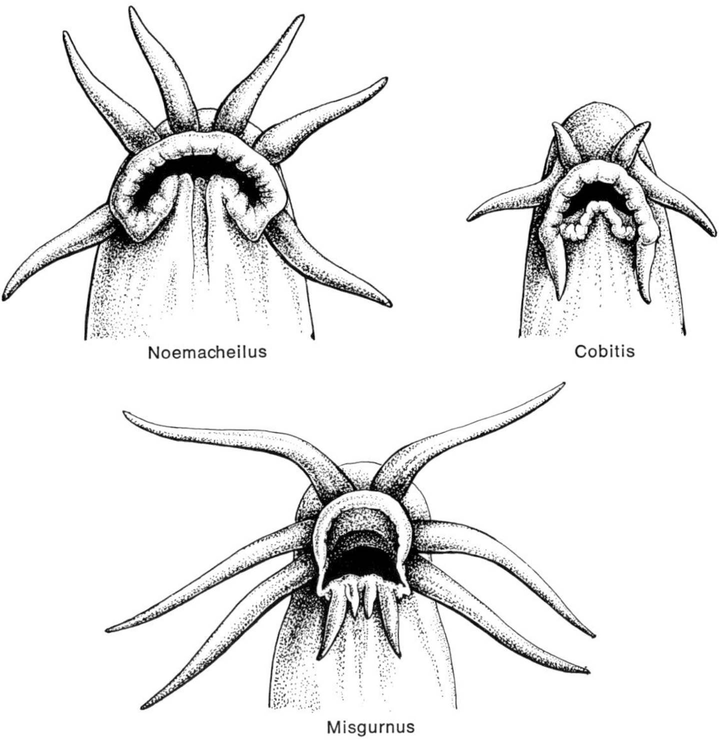

Bild 34. Bauchansichten von Kopf und Maul.

Schmerle, Bartgrundel Noemacheilus barbatulus
Größe: 8–12 cm, maximal 18 cm. *Kennzeichen:* 6 Bartfäden um das Maul, doch ohne Dorn unter dem Auge. Kopf gerundet und Schwanzflosse gestutzt. *Verbreitung:* In Strömen, Flüssen und einigen Seen in weiten Teilen Europas zu finden, ausgenommen im äußersten Norden und Süden. *Fortpflanzung:* April–Mai zwischen Steinen und Pflanzen in fließendem Wasser. Die Jungen reifen nach 2–3 Jahren und können bis zu 8 Jahre alt werden. *Fruchtbarkeit:* 500 000–800 000 Eier je Weibchen. *Nahrung:* Benthische Wirbellose, besonders Insektenlarven verschiedener Art. *Bedeutung:* Wird gelegentlich gegessen, ist jedoch nicht wirklich von wirtschaftlichem Nutzen; manchmal von der Sportfischerei als Köderfisch verwendet.

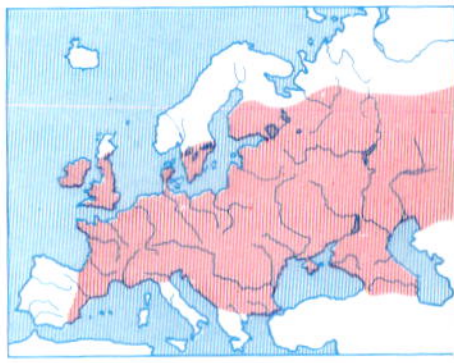

Angora-Schmerle Noemacheilus angorae
Größe: 6–8 cm, maximal 9 cm. *Kennzeichen:* 6 Bartfäden um das Maul, doch ohne Dorn unter dem Auge. Kopf gerundet und Schwanzflosse leicht gekerbt. Körper schlank, geringste Höhe kleiner als doppelte Länge des Schwanzstiels. *Verbreitung:* Zu finden in Flüssen, Strömen und einigen Seen in gewissen Einzugsgebieten, die mit dem Schwarzen Meer und der Ägäis in Verbindung stehen, zum Beispiel Kamer und Coruh. *Fortpflanzung:* Mai–Juli, laicht zwischen Steinen, Kies und Pflanzen in flachem, fließendem Wasser. Die Fische werden reif, wenn sie länger als 5 cm sind. *Nahrung:* Benthische Wirbellose, besonders Würmer und Insektenlarven. *Bedeutung:* Ohne wirtschaftliches und sportliches Interesse.

Terek-Schmerle Noemacheilus merga
Größe: 6–8 cm, maximal 10 cm. *Kennzeichen:* Kopf gerundet, 6 Bartfäden um das Maul, aber ohne Dorn unter dem Auge. Schwanzflosse gekerbt und Körper eher höher, geringste Höhe größer als doppelte Länge des Schwanzstiels. *Verbreitung:* Zu finden in fließenden Gewässern im Einzugsgebiet verschiedener Flüsse (zum Beispiel Kuban, Kuma, Terek) im südwestlichen Rußland zwischen dem Schwarzen Meer und dem Kaspisee. *Fortpflanzung:* Laichverhalten wenig bekannt. *Nahrung:* Am Boden lebende Wirbellose, vor allen Dingen Würmer und Insektenlarven. *Bedeutung:* Ohne wirtschaftliches und sportliches Interesse.

Schmerle

Angora-Schmerle

Terek-Schmerle

Schlammpeitzger Misgurnus fossilis
Größe: 15–30 cm. maximal 50 cm. *Kennzeichen:* 10 Bartfäden um das Maul. Eine große Art mit einem langgestreckten, rundlichen Körper. Mehrere dunkle Seitenstreifen. *Verbreitung:* Zu finden in Teichen und kleinen Seen in vielen Teilen Mittel- und Nordosteuropas. *Fortpflanzung:* April–Juni zwischen Pflanzen im flachen Wasser. Die Larven besitzen einige Tage nach dem Schlüpfen feine äußere Kiemen. *Fruchtbarkeit:* 65 000–170 000 Eier je Weibchen. *Nahrung:* Am Boden lebende Wirbellose, besonders Würmer, Weichtiere und Insektenlarven. *Bedeutung:* Von geringem wirtschaftlichem und sportlichem Interesse, wenn auch manchmal als Aquarium- oder Teichfisch gehalten.

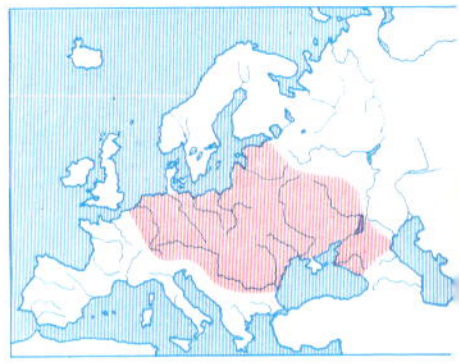

Steinbeißer, Dorngrundel Cobitis taenia
Größe: 8–10 cm, maximal 14 cm. *Kennzeichen:* 6 Bartfäden um das Maul, einen beweglichen Doppeldorn unter jedem Auge. Kopf seitlich zusammengedrückt. Brustflossen beim Männchen mit verdicktem zweitem Strahl. *Verbreitung:* In langsam fließenden Strömen und Seen im größten Teil Europas zu finden, ausgenommen im äußersten Norden. *Fortpflanzung:* April–Juli zwischen Steinen und Pflanzen in flachem, fließendem Wasser. Die Larven leben fast unmittelbar nach dem Schlüpfen am Boden. *Nahrung:* Am Boden lebende Wirbellose, besonders Würmer, kleine Weichtiere und Insektenlarven. *Bedeutung:* Ohne wirtschaftliches und sportliches Interesse.

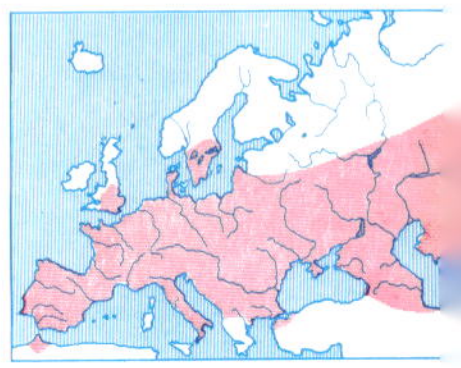

Gold-Steinbeißer Cobitis aurata
Größe: 8–12 cm, maximal 14 cm. *Kennzeichen:* 6 Bartfäden um das Maul, einen Doppeldorn unter jedem Auge. Kopf seitlich zusammengedrückt. Schwanzflosse mit weniger als 14 gegabelten Strahlen. *Verbreitung:* Zu finden nur in den Ober- und Mittelläufen von Strömen in Einzugsgebieten der Flüsse, die ins Schwarze Meer und den Kaspisee münden (zum Beispiel Donau, Vordov, Kuban). *Fortpflanzung:* Mai–Juli, laicht zwischen Pflanzen, Kies und Steinen in fließendem Wasser, besonders in den Oberläufen von Strömen und Flüssen. *Nahrung:* Am Boden lebende Wirbellose, besonders kleine Würmer und Insektenlarven. *Bedeutung:* Ohne wirtschaftliches und sportliches Interesse.

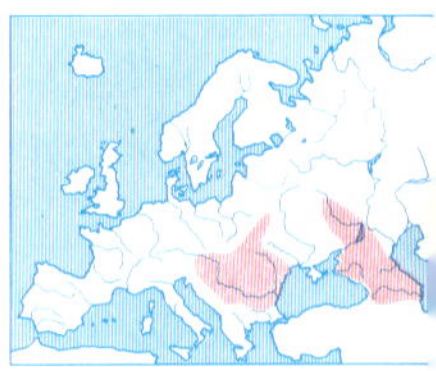

Schlammpeitzger

Steinbeißer

Gold-Steinbeißer

Kaspi-Steinbeißer Cobitis caspia
Größe: 4–5 cm, maximal 7 cm. *Kennzeichen:* Kopf seitlich zusammengedrückt; 6 Bartfäden um das Maul; einen Doppeldorn unter jedem Auge. Die Äste dieses Dorns unterscheiden sich in ihrer Größe deutlich. *Verbreitung:* Zu finden sowohl in Süß- als auch in Brackwasser im Unterlauf von Flüssen, die mit ihren Einzugsgebieten mit dem Westen des Kaspisees in Verbindung stehen (zum Beispiel Kura und Ural). *Fortpflanzung:* April–Mai, unter Pflanzen, Kies und Sand in langsam fließenden oder stehenden Gewässern, gewöhnlich im Süßwasser, doch manchmal auch im Brackwasser. *Nahrung:* Am Boden lebende Wirbellose, hauptsächlich Würmer, kleine Weichtiere und Insektenlarven. *Bedeutung:* Ohne wirtschaftliches und sportliches Interesse.

Kaukasischer Steinbeißer Cobitis caucasica
Größe: 6–8 cm, maximal 11 cm. *Kennzeichen:* Kopf seitlich zusammengedrückt; 6 Bartfäden um das Maul; einen Doppeldorn unter jedem Auge. Die Äste des Dorns sind annähernd gleich lang. Körperseiten mit zahlreichen kleinen dunklen Flecken gezeichnet. *Verbreitung:* Zu finden nur in den Ober- und Mittelläufen bestimmter Flüsse zwischen dem Schwarzen Meer und dem Kaspisee (zum Beispiel Kuma und Terek). *Fortpflanzung:* Mai–Juni, zwischen Steinen, Kies und Pflanzen in fließendem Wasser. *Nahrung:* Am Boden lebende Wirbellose, insbesondere Würmer und Insektenlarven. *Bedeutung:* Ohne wirtschaftliches und sportliches Interesse.

Venezianischer Steinbeißer Cobitis conspersa
Größe: 6–8 cm, maximal 9 cm. *Kennzeichen:* Kopf seitlich zusammengedrückt; 6 Bartfäden um das Maul; einen Doppeldorn unter jedem Auge; zwei langgestreckte dunkle Flecken vor der Rückenflosse. *Verbreitung:* Zu finden nur in einigen Flüssen im nördlichen Italien (zum Beispiel Brenta und Gua). *Fortpflanzung:* April–Juni, zwischen Pflanzen und Kies in flachem, fließendem Wasser. *Nahrung:* Am Boden lebende Wirbellose, hauptsächlich Würmer und Insektenlarven. *Bedeutung:* Ohne wirtschaftliches und sportliches Interesse.

Kaspi-Steinbeißer

Kaukasischer Steinbeißer

Venezianischer Steinbeißer

Balkan-Steinbeißer Cobitis elongata
Größe: 12–15 cm, maximal 17 cm. *Kennzeichen:* Kopf seitlich zusammengedrückt. 6 Bartfäden um das Maul, einen Doppeldorn unter jedem Auge. Große, runde, dunkle Flecke an den Seiten mit einer schmalen dunklen Linie, die durch sie hindurchläuft. *Verbreitung:* Nur in Strömen in Jugoslawien und Rumänien (zum Beispiel Donau) zu finden. *Fortpflanzung:* April-Juni in flachem, fließendem Wasser; laicht dort am Grund zwischen Steinen und Kies. *Nahrung:* Am Boden lebende Wirbellose, hauptsächlich Würmer, kleine Weichtiere und Insektenlarven. *Bedeutung:* Ohne wirtschaftliches und sportliches Interesse.

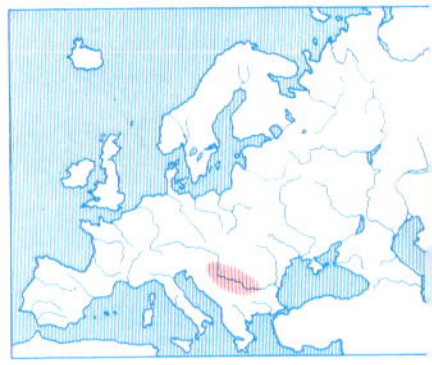

Italienischer Steinbeißer Cobitis larvata
Größe: 5–8 cm, maximal 9 cm. *Kennzeichen:* Seitlich zusammengedrückter Kopf. 6 Bartfäden um das Maul und einen Doppeldorn unter jedem Auge. Ein dunkles Dreieck vor den Augen und zwei dunkle Flecken auf dem Schwanzstiel. *Verbreitung:* Nur in fließendem Wasser im nördlichen Italien (Bergatino) zu finden. *Fortpflanzung:* April–Juni, laicht zwischen Pflanzen, Steinen, Kies und Sand in flachem, fließendem Wasser. *Nahrung:* Hauptsächlich am Boden lebende Würmer und Insektenlarven. *Bedeutung:* Ohne wirtschaftliches und sportliches Interesse.

Rumänischer Steinbeißer Cobitis romanica
Größe: 8–12 cm, maximal 12 cm. *Kennzeichen:* 6 Bartfäden um das Maul und einen Doppeldorn unter jedem Auge. Kopf seitlich zusammengedrückt. Körper verhältnismäßig hell gezeichnet, ein helles Band läuft oberhalb der großen seitlichen Fleckenreihe entlang. *Verbreitung:* Nur in den Oberläufen bestimmter Nebenflüsse der Donau in Rumänien zu finden. *Fortpflanzung:* April–Juli, laicht am Boden in flachem, fließendem Wasser zwischen Steinen und Kies. *Nahrung:* Am Boden lebende Wirbellose, besonders Würmer, kleine Weichtiere und Insektenlarven *Bedeutung:* Ohne wirtschaftliches und sportliches Interesse.

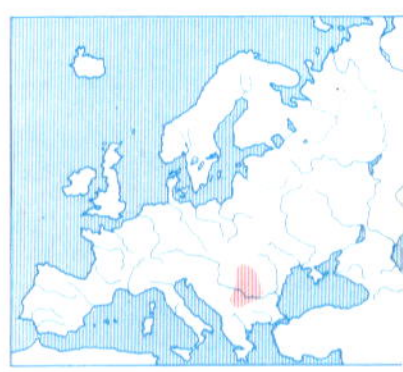

Balkan-Steinbeißer

Italienischer Steinbeißer

Rumänischer Steinbeißer

Familie Siluridae, Welse

Die Siluriden oder Welse findet man in Europa und Asien, hauptsächlich in den südlichen Teilen. Es gibt in der Familie 8 Gattungen, doch kommt von diesen nur eine in Europa vor. Alle sind schuppenlos mit langgestrecktem Körper und einer sehr großen Afterflosse, die nahe der Schwanzflosse endet. Eine Fettflosse fehlt. Bartfäden sind auf Ober- und Unterkiefer vorhanden. Diese Fische können zu enormer Größe heranwachsen und gehören zu den größten Süßwasserfischen der Welt. Man findet nur zwei Arten in Europa.

Bestimmungsschlüssel für europäische Welse

1 Unterkiefer mit 4 Bartfäden. **Silurus glanis**
Unterkiefer mit 2 Bartfäden. **Silurus aristotelis**

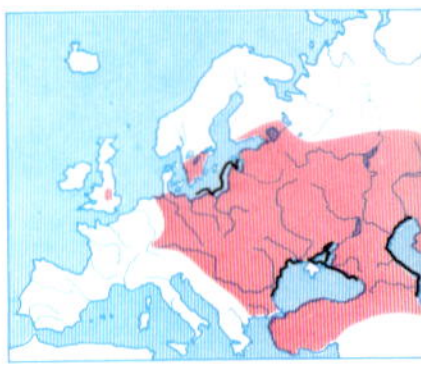

Wels Silurus glanis
Größe: 1–2 m, maximal 5 m. Dieser Fisch wog 306 kg. Britischer Anglerrekord 19,730 kg. *Kennzeichen:* Großer, flacher Kopf mit 2 langen Bartfäden am Oberkiefer und 4 kurzen Bartfäden am Unterkiefer. Lange Afterflosse. *Verbreitung:* Zu finden in den Unterläufen großer Flüsse und in schlammigen Seen im größten Teil von Mittel- und Osteuropa. Kommt auch im Brackwasser der Ostsee und des Schwarzen Meeres vor. Erfolgreich eingeführt in einer Anzahl weiterer Länder (zum Beispiel England). *Fortpflanzung:* Mai–Juli, laicht in flachem Wasser unter dichter Vegetation, wo das Männchen eine Mulde aushebt, in die die Eier abgelegt werden. Sie werden vom Männchen bewacht, bis die Jungen nach 2–3 Tagen schlüpfen. Diese werden nach 4–5 Jahren geschlechtsreif und können bis zu 15 Jahren leben. *Fruchtbarkeit:* 136 000–467 000 Eier je Weibchen. *Nahrung:* Alte Jungtiere Wirbellose, später Wirbeltiere (besonders Fische, aber auch Frösche und Wasservögel). *Bedeutung:* In Osteuropa von beträchtlicher wirtschaftlicher Bedeutung. Man fängt die Tiere dort in Netzen, in Reusen und mit großen beköderten Haken. Auch in einigen Fischzuchtanstalten gezüchtet. Zum Teil als großer Angelfisch geschätzt.

Aristoteleswels Silurus aristotelis
Größe: 1–1,5 m, maximal etwa 2 m. Höchstgewicht etwa 150 kg. *Kennzeichen:* Großer, flacher Kopf mit zwei langen Bartfäden am Oberkiefer und zwei kurzen Bartfäden am Unterkiefer. Lange Afterflosse. *Verbreitung:* Kommt nur im südlichen Griechenland im Einzugsgebiet des Akheloos-Flusses vor, wo man ihn in langsam fließendem Wasser oder in Seen findet. *Fortpflanzung:* Juni–August, laicht in einem vom Männchen ausgesuchten Nest. Das Männchen bewacht die Eier bis zum Ausschlüpfen der Jungen. *Nahrung:* Solange die Tiere sehr klein sind, hauptsächlich Zooplankton, dann Übergang zu am Boden lebenden Wirbellosen und schließlich zu Fischen, wenn die Tiere erwachsen sind. *Bedeutung:* Wirtschaftlich und für Angler von gewisser lokaler Bedeutung.

Vels

Aristoteleswels

Familie Ictaluridae, Zwergwelse

Die Ictaluriden oder Zwergwelse sind in Seen, Teichen und langsam fließenden Flüssen in Nord- und Mittelamerika beheimatet. Es gibt 5 Gattungen mit etwa 25 Arten, die alle auf die Neue Welt beschränkt sind mit Ausnahme einiger Arten, die anderswo eingeführt wurden. Der Körper ist langgestreckt und schuppenlos mit abgeflachtem Kopf und Bartfäden. Eine Fettflosse ist vorhanden, und die Rücken- und Brustflossen sind mit Dornen bewehrt. Mehrere Arten sind in Europa eingeführt worden, aber nur 2 haben sich gehalten.

Bestimmungsschlüssel für europäische Zwergwelse

1 Fäden an den hinteren Brustflossendornen schwach oder fehlend. 17–21 Strahlen in der Afterflosse. Rückenflossenmembranen dunkel. **Ictalurus melas**

Fäden an den hinteren Brustflossendornen groß. 21–24 Strahlen in der Afterflosse. Keine dunklen Rückenflossenmembranen. **Ictalurus nebulosus**

Schwarzer Zwergwels Ictalurus melas
Größe: 20–30 cm, maximal 45 cm. Höchstgewicht etwa 3 kg. *Kennzeichen:* Breiter, flacher Kopf mit 8 Bartfäden. Fäden an den hinteren Brustflossendornen schwach oder fehlend. 17–21 Strahlen in der Afterflosse. *Verbreitung:* Heimisch im östlichen Nordamerika, doch in Europa eingeführt (zum Beispiel in Italien), wo die Art sich gut behauptet hat. Kommt in langsam fließenden Flüssen und Seen vor. *Fortpflanzung:* Juni–Juli in einem Nest zwischen Steinen, Pflanzen usw. Eier und Jungtiere werden von beiden Elterntieren bewacht. *Nahrung:* Pflanzen und Wirbellose, besonders Krebse. Auch kleine Fische werden gefressen. *Bedeutung:* In Europa von geringem wirtschaftlichem und sportlichem Interesse. Oft in Aquarien und Teichen gehalten.

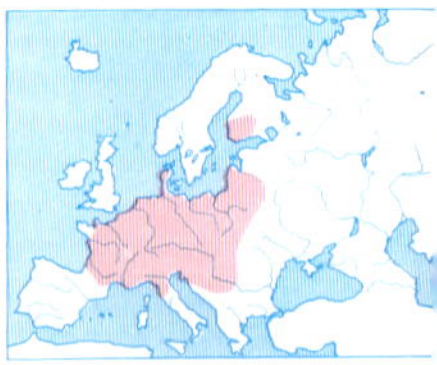

Zwergwels Ictalurus nebulosus
Größe: 20–30 cm, maximal 45 cm. Höchstgewicht etwa 2,5 kg. *Kennzeichen:* Breiter, flacher Kopf mit 8 Bartfäden. Fäden an den hinteren Brustflossendornen gut entwickelt. Afterflosse mit 21–24 Strahlen. *Verbreitung:* Heimisch im östlichen Nordamerika, doch eingeführt in Europa (zum Beispiel Frankreich) und gut eingewöhnt in Seen und langsam fließenden Flüssen. *Fortpflanzung:* Juni–Juli in warmem, flachem Wasser. Laicht in ein Nest, das von beiden Elterntieren ausgewählt wird. Sie bewachen es und behüten danach auch die Schwärme der Jungfische. *Fruchtbarkeit:* 6000 bis 13 000 Eier je Weibchen. *Nahrung:* Pflanzen und Wirbellose, besonders große Krebse. Ausgewachsene Tiere fressen auch Fische und Frösche. *Bedeutung:* In Europa von geringem wirtschaftlichem und sportlichem Interesse, doch in Teichen und Aquarien gehalten.

Schwarzer Zwergwels

Zwergwels

Familie Anguillidae, Aale

Die Anguilliden oder Aale kommen in Europa, Afrika, Asien, Nordamerika und Südamerika vor. Die einzige Gattung umfaßt 16 Arten. Alle sind katadrom (s. S. 17). Sie begeben sich früh ins Süßwasser und bleiben dort, bis sie reif sind. Dann kehren sie zum Laichen ins Meer zurück. Die Körpergestalt ist charakteristisch, langgestreckt und im Schnitt drehrund. Bauchflossen fehlen. Nur eine Art kommt in Europa vor.

Aal Anguilla anguilla
Größe: 40–90 cm, maximal etwa 2 m. Britischer Anglerrekord: 3,912 kg. *Kennzeichen:* Langgestreckter, zylindrischer Körper mit kleinen Kiemenöffnungen. Ein Paar Brustflossen, doch ohne Bauchflossen. *Verbreitung:* Europäische Küsten (einschließlich des Schwarzen Meeres) und verschiedene Süßwassergebiete, die vom Meer aus erreichbar sind. *Fortpflanzung:* Die Erwachsenen laichen in der Sargasso-See. Die Larven (Leptocephali) driften etwa 3 Jahre lang quer über den Atlantik, bevor sie Europa erreichen. Dann wandern sie als Jungaale ins Süßwasser. Ihre Reife erreichen sie mit 8–15 Jahren, wandern dann aber bereits wieder zurück zur Sargasso-See. *Nahrung:* Wirbellose (besonders Weichtiere und Krebse) und Fische. *Bedeutung:* In vielen Ländern wirtschaftlich wichtig. Fang mit Reusen, Netzen, beköderten Haken; oft geräuchert. Zum Teil von sportlichem Interesse.

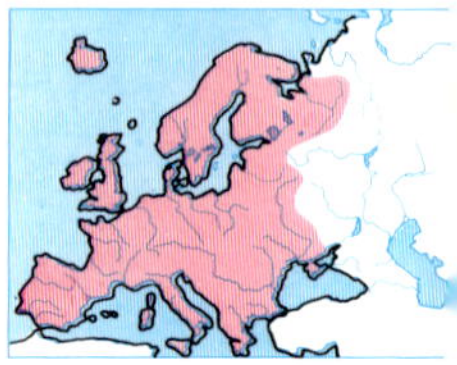

Familie Gadidae, Dorschfische

Die Gadiden oder Dorschfische sind hauptsächlich Meeresfische, die man in kalten Gewässern in der nördlichen und in geringerem Ausmaß auch in der südlichen Hemisphäre findet. Es gibt etwa 60 Arten, doch bewohnen wenige das Süßwasser. Dorschfische haben einen breiten Kopf mit großen Kiefern und zahlreichen kleinen Zähnen. Man findet an der Spitze des Kinns einen schlanken Bartfaden. Besonders im Nordatlantik sind sie wirtschaftlich wichtig, viele auch von sportlichem Interesse. Nur eine Art kommt im Süßwasser Europas vor.

Quappe Lota lota
Größe: 30–50 cm, maximal 120 cm. Höchstgewicht etwa 32 kg. *Kennzeichen:* Langgestreckter Körper mit 2 Rückenflossen, von denen die erste kürzer als die zweite ist. Breiter Kopf mit langem Bartfaden am Unterkiefer und einem kürzeren Bartfaden an jeder Nasenöffnung. *Verbreitung:* Seen und Flüsse im größten Teil Europas, Asiens und Nordamerikas. *Fortpflanzung:* Dezember–März, über Steinen und Kies in Flüssen und Seen. Die Eier entwickeln sich in 40–50 Tagen, und die Jungen werden nach 3–4 Jahren reif. *Fruchtbarkeit:* 33 082 bis 3 063 000 Eier je Weibchen. *Nahrung:* Als Jungtiere Wirbellose (besonders Krebse und Insektenlarven); später Fische. *Bedeutung:* Von wirtschaftlichem, doch geringem sportlichem Interesse. Fang mit Netzen, Reusen und beköderten Haken.

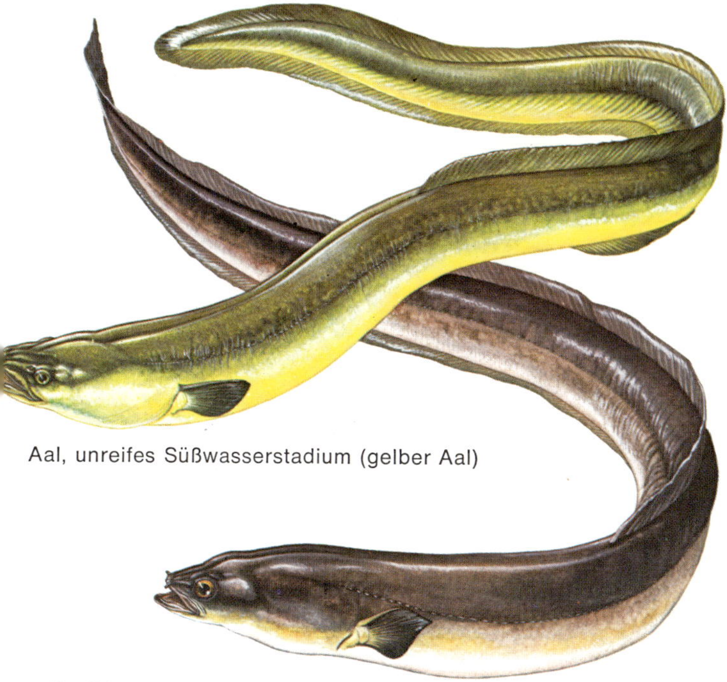

Aal, unreifes Süßwasserstadium (gelber Aal)

reifes Wanderstadium (Silberaal)

Quappe

Familie Gasterosteidae, Stichlinge

Die Gasterosteiden, allgemein als Stichlinge bekannt, kommen in einer Vielzahl aquatischer Lebensräume auf der nördlichen Halbkugel in Europa, Asien und Nordamerika vor. Man findet sie im Meer, in Flußmündungen und im Brackwasser sowie in allen Arten von Süßwasser mit Ausnahme von sehr schnell fließenden Gewässern. Obwohl weit verbreitet, gibt es nur verhältnismäßig wenige Arten, die man in 5 Gattungen verteilt.

Stichlinge sind stets kleine, seitlich zusammengedrückte Fische mit gut entwickelten Rücken- und Bauchflossen – diese sind charakteristisch für die Familie. Sie haben 2 Rückenflossen, von denen die erste durch eine Reihe von Stacheln repräsentiert wird. Die Bauchflossen sind durch Dornen ersetzt. Maul und Zähne sind klein, doch sind die letzteren zum Beißen und Kauen wichtig. Der Körper trägt eigentlich keine Schuppen, ist vielmehr entweder nackt oder in wechselndem Ausmaß von knöchernen Platten bedeckt (Bild 35).

Wenn die Stichlinge auch klein sind, so handelt es sich doch um besonders angriffslustige Fische, die sich von einer Vielzahl von Wirbellosen und Brutfischen ernähren. Die europäischen Arten zeigen zur Laichzeit ein charakteristisches Verhalten, bei dem die Männchen Reviere abgrenzen, in denen je ein Tier ein Nest baut. Nach dem Laichen werden die Weibchen vertrieben, und das Männchen bewacht die Eier und die nachfolgende Brut sehr aufmerksam. Weitere Einzelheiten des Laichverhaltens beim Dreistacheligen Stichling sind auf Seite 18 beschrieben.

Man findet im europäischen Süßwasser drei Arten. Eine vierte Art *Spinachia spinachia,* der Meerstichling, lebt fast stets unter marinen Bedingungen (gelegentlich in Flußmündungen).

Bestimmungsschlüssel für die europäischen Stichlinge, die im Süßwasser vorkommen

1 2–3 Stacheln vor der Rückenflosse. **Gasterosteus aculeatus**

7–12 Stacheln vor der Rückenflosse. **2**

2 Schwanzstiel gewöhnlich mit einem gut entwickelten Seitenkiel. Körper nackt. **Pungitius pungitius**

Schwanzstiel glatt, ohne Seitenkiel. Körper mit seitlichen Schilden. **Pungitius platygaster**

Bild 35. Unterschiede in der Körperbedeckung bei verschiedenen Rassen von *Gasterosteus aculeatus:* a = *Trachurus*-Typ (hauptsächlich im Brackwasser); b und c = Übergangsformen; d = *Leiurus*-Typ (hauptsächlich im Süßwasser).

Dreistacheliger Stichling Gasterosteus aculeatus
Größe: 4–8 cm, maximal 11 cm. *Kennzeichen:* 3 kräftige Stacheln vor der Rückenflosse. Keine Schuppen auf dem Körper, doch kann dieser durch knöcherne Platten geschützt sein. *Verbreitung:* Zu finden in vielen Teilen Europas, besonders in Gebieten, die nicht zu weit vom Meer entfernt sind. Kommt in sehr verschiedenen Gewässern vom Meer bis zu Flüssen und Seen aller Art vor. *Fortpflanzung:* März–Juni. Das Männchen baut dann aus fädigem Material ein Nest und veranlaßt ein oder mehrere Weibchen, die Eier darin abzulegen. Die Eier entwickeln sich in 5–20 Tagen. Sie und die Jungen werden vom Männchen bewacht. Die Jungtiere reifen nach 1–2 Jahren und leben selten länger als 4 Jahre. *Fruchtbarkeit:* 90–450 Eier je Weibchen. *Nahrung:* Wirbellose (hauptsächlich Würmer, Krebse und Insektenlarven) und manchmal kleine Fische. *Bedeutung:* Früher in bestimmten Teilen Europas für die Gewinnung von Fischmehl benutzt. Heute von geringem wirtschaftlichem und sportlichem Interesse. Man hält Stichlinge jedoch häufig in Aquarien, besonders an Schulen und Universitäten.

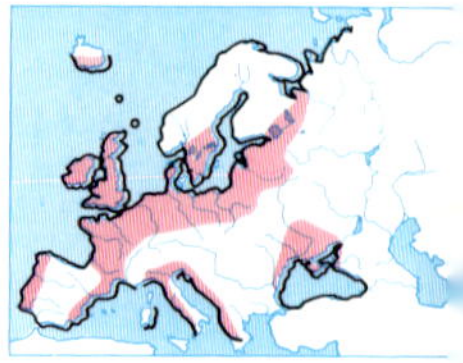

Zehnstacheliger Stichling. Zwergstichling
Pungitius pungitius
Größe: 5–7 cm, maximal 9 cm. *Kennzeichen:* Etwa 9 (7–12) steife Stacheln vor der Rückenflosse. Körper ohne Schuppen. *Verbreitung:* Zu finden in den meisten Teilen von Nordeuropa, Asien und Nordamerika, die nicht zu weit vom Meer entfernt sind. Kommt im Brackwasser und im Süßwasser verschiedener Art vor. *Fortpflanzung:* April–Juli. Das Männchen baut aus feinem Pflanzenmaterial zwischen Vegetation ein Nest und veranlaßt ein oder mehrere Weibchen, die Eier darin abzulegen. Die Eier entwickeln sich nach 10–20 Tagen. Sie und die Brut werden vom Männchen bewacht. Die Jungen reifen nach 1 Jahr. *Nahrung:* Wirbellose, besonders Krebse und Insektenlarven. *Bedeutung:* Ohne wirtschaftliches und sportliches Interesse; manchmal in Aquarien gehalten.

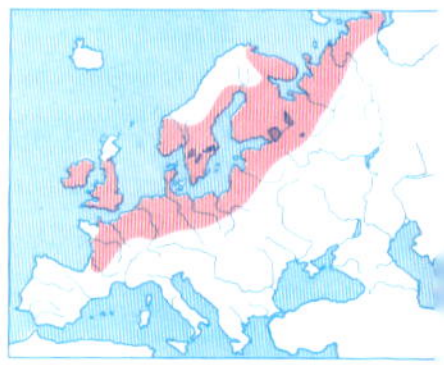

Ukrainischer Stichling Pungitius platygaster
Größe: 4–6 cm, maximal 7 cm. *Kennzeichen:* 8 oder 9 kräftige Stacheln vor der Rückenflosse. Schuppen fehlen, doch sind die Körperseiten mit unauffälligen knöchernen Schilden bedeckt. Bauchseitiger Stachel deutlich gesägt. *Verbreitung:* Zu finden in verschiedenen Gewässern (Süßwasser und Brackwasser) in Einzugsgebieten, die mit dem Norden des Schwarzen Meeres, des Kaspisees und des Aralsees verbunden sind. *Fortpflanzung:* April–Mai. Laicht in Nestern, die von den Männchen in flachem, mit Pflanzen gut besetztem Wasser gebaut werden. Das Männchen schützt die Eier und die Jungen eine Zeitlang. *Nahrung:* Wirbellose, besonders Krebse und Insektenlarven. *Bedeutung:* Ohne wirtschaftliches und sportliches Interesse.

Dreistacheliger Stichling
♂ im Brutkleid

♀

ehnstacheliger Stichling
im Brutkleid

♀

Ukrainischer Stichling

Familie Syngnathidae, Seenadeln

Die Syngnathiden oder Seenadeln kommen in den meisten Meeren und Ozeanen häufig vor, besonders zwischen Wasserpflanzen in flachen Küstenzonen. Es gibt viele Gattungen und Arten, aber nur einige von ihnen treten ins Süßwasser über, und sogar diese findet man üblicherweise nur in Flußmündungen, Küstenlagunen und den Unterläufen einiger Flüsse.

Die Seenadeln haben einen sehr langgestreckten Körper mit oder ohne Brust- und Schwanzflossen. Die Rückenflosse ist gewöhnlich mäßig gut entwickelt, Bauchflossen fehlen aber. Es gibt keine Schuppen, doch ist der Körper bedeckt und

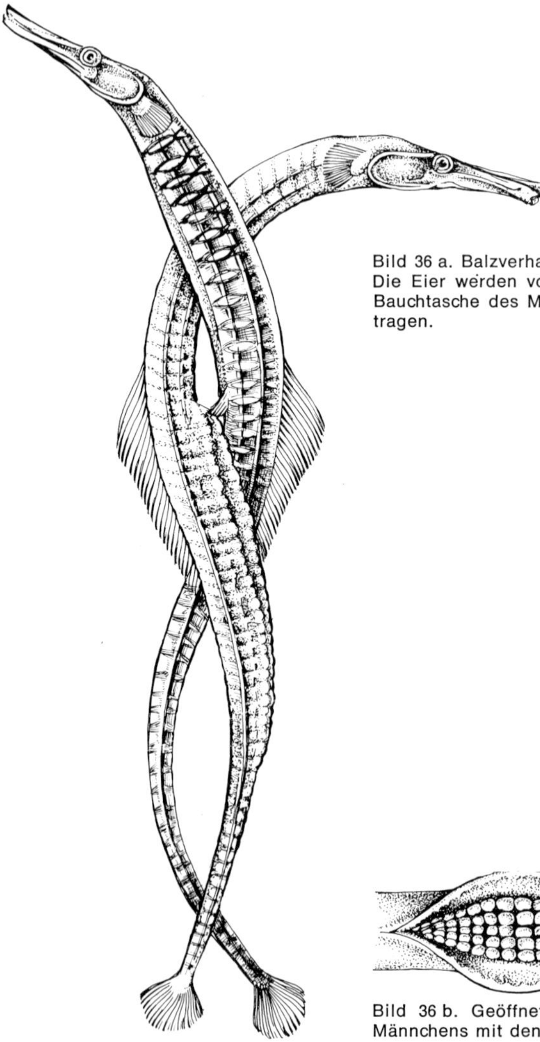

Bild 36 a. Balzverhalten bei Seenadeln: Die Eier werden vom Weibchen in die Bauchtasche des Männchens übertragen.

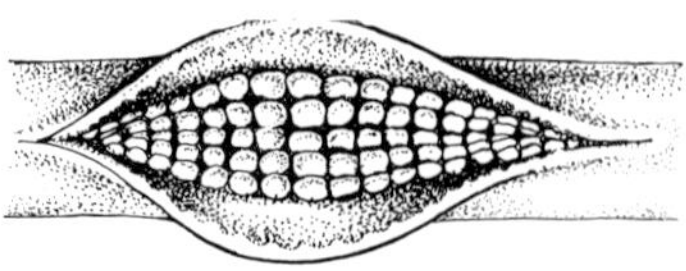

Bild 36 b. Geöffnete Bauchtasche des Männchens mit den Eiern.

geschützt von einer Reihe knöcherner Ringe, die ein kräftiges Außenskelett bilden. Die Schnauze ist stark verlängert und trägt ein sehr kleines endständiges Maul und zwei Nasenöffnungen an jeder Seite. Zähne fehlen. Die Kiemenöffnung ist sehr klein und liegt hinter dem oberen Rand der Kiemenbedeckung.
Die meisten Vertreter der Familie sind ziemlich schlechte Schwimmer und leben an geschützten Orten zwischen Pflanzen und Felsen. In solchen Gebieten verleiht ihnen ihre langgestreckte Form und die gesprenkelte Färbung einen guten Schutz durch Tarnung. Wegen der geringen Größe des Mauls können nur kleine Tiere gefressen werden – gewöhnlich Krebse, Zooplankton und Fischbrut.

Charakteristisch für diese Gruppe ist ein Brutbeutel, den die Männchen an der Unterseite von Schwanz und Hinterleib tragen. Er wird von zwei Hautfalten gebildet, die an jeder Seite vorstehen und sich in der Mitte treffen. Bei einigen Vertretern (zum Beispiel *Nerophis*) fehlt der Beutel, und die Eier werden unmittelbar an den Hinterleib geheftet. Während des Laichens werden die Eier befruchtet und in die Bruttasche des Männchens befördert, wo sie während der ganzen Brutzeit bleiben. Bald nach dem Ausschlüpfen werden die Jungen, die abgesehen von der Größe den Alten sehr ähnlich sind, entlassen und beginnen sofort, für sich selbst zu sorgen (Bild 36).
4 Arten findet man im Süßwasser bestimmter Gebiete in Europa.

Bestimmungsschlüssel für die europäischen Seenadeln, die ins Süßwasser eindringen

1 Brustflossen bei Erwachsenen fehlend. **Nerophis ophidion**

Brustflossen bei Erwachsenen vorhanden. **2**

2 Beide Hälften des Brustringes unten beweglich und nicht verschmolzen. Gewöhnlich keine mittlere bauchseitige Knochenplatte unter dem Brustring. Rüssel seitlich stark zusammengedrückt. **Siphonostoma typhle**

Beide Hälften des Brustringes unten verschmolzen und unbeweglich. Mit mittlerer bauchseitiger Knochenplatte. Rüssel annähernd zylindrisch und langgestreckt. **3**

3 Rückenflosse überdeckt 7–9 Ringe. 29–42 Strahlen in der Rückenflosse. **Syngnathus nigrolineatus**

Rückenflosse überdeckt 11–13 Ringe. 41–62 Strahlen in der Rückenflosse. **Syngnathus acus**

Schwarzmeer-Seenadel Syngnathus nigrolineatus
Größe: 15–18 cm, maximal 22 cm. *Kennzeichen:* Rückenflosse überdeckt 7–9 Ringe, mit 29–42 Strahlen; Rüssel langgestreckt und zylindrisch. *Verbreitung:* Unter Vegetation überall im Schwarzen Meer und im Kaspisee zu finden. Steigt in die Unterläufe von Flüssen auf, die in diese Meere münden (zum Beispiel Dnjestr, Wolga), und kommt auch in den dortigen Seen vor. *Fortpflanzung:* Mai–August; nach dem Laichen werden Eier und Brut in Brutbeuteln der Männchen aufbewahrt. Die Eier entwickeln sich in 20–25 Tagen, und die Jungen reifen nach 1 Jahr. *Nahrung:* Wirbellose (hauptsächlich Krebse) und Fischlarven. *Bedeutung:* Ohne wirtschaftliches und sportliches Interesse.

Mittelmeer-Seenadel Syngnathus acus
Größe: 20–35 cm, maximal 46 cm. *Kennzeichen:* Rückenflosse überdeckt 11–13 Ringe, mit 41 bis 62 Strahlen; Rüssel langgestreckt und zylindrisch. *Verbreitung:* Entlang der Atlantikküsten vom westlichen Norwegen bis zum nördlichen Spanien. Kommt in Flußmündungen vor. *Fortpflanzung:* Juni–Juli. Die Eier werden vom Weibchen in die Bruttasche des Männchens übertragen, wo sie befruchtet werden und sich in 30–35 Tagen entwickeln. *Fruchtbarkeit:* 200–400 Eier je Weibchen. *Nahrung:* Wirbellose (hauptsächlich Krebse) und Fischlarven. *Bedeutung:* Ohne wirtschaftliche und sportliche Bedeutung.

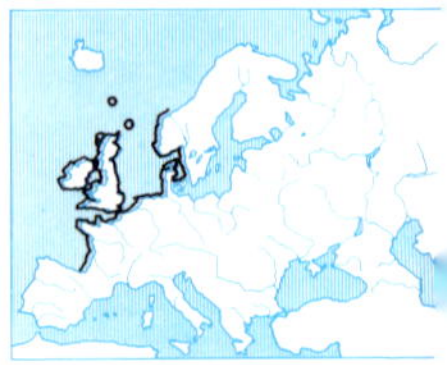

Schmalschnäuzige Seenadel Siphonostoma typhle
Größe: 20–30 cm, maximal 37 cm. *Kennzeichen:* Rüssel seitlich zusammengedrückt. *Verbreitung:* An den europäischen Küsten von Norwegen bis zum Mittelmeer und zum Schwarzen Meer. Tritt in Flußmündungen und Unterläufe von Flüssen ein. *Fortpflanzung:* März–August. Die Eier werden vom Weibchen mit Hilfe einer langen Röhre in die Bruttasche des Männchens übertragen. Nach der Befruchtung bleiben die Eier in dem Beutel, bis sie sich nach 25–30 Tagen entwickeln. Die Jungen werden nach 1 Jahr reif und leben 3–4 Jahre. *Fruchtbarkeit:* 150–200 Eier je Weibchen. *Nahrung:* Wirbellose (hauptsächlich Krebse) und Fischlarven. *Bedeutung:* Ohne wirtschaftliches und sportliches Interesse.

Gradnasen-Seenadel Nerophis ophidion
Größe: 15–25 cm, maximal 30 cm. *Kennzeichen:* Fische, die länger als 10 cm sind, haben keine Brustflossen. *Verbreitung:* An den europäischen Küsten vom nördlichen Norwegen bis zum Mittelmeer und zum Schwarzen Meer. Tritt in die Unterläufe von Flüssen ein (zum Beispiel Dnjestr, Dnjepr). *Fortpflanzung:* Mai–August. Die Eier werden vom Männchen nach der Übertragung in seinem Brutbeutel befruchtet. Die Jungen reifen nach 1 Jahr und leben 3–4 Jahre. *Fruchtbarkeit:* 200 bis 300 Eier je Weibchen. *Nahrung:* Wirbellose (hauptsächlich Krebse) und Fischlarven. *Bedeutung:* Ohne wirtschaftliches und sportliches Interesse.

Schwarzmeer-Seenadel

Mittelmeer-Seenadel

Schmalschnäuzige Seenadel

Gradnasen-Seenadel

Familie Cyprinodontidae, Zahnkarpfen

Die Zahnkarpfen leben vor allem im Süßwasser, auch im Brackwasser, gelegentlich in mariner Umgebung. Sie kommen im südlichen Europa, Afrika, Südostasien, Südamerika und in den südöstlichen USA nur in warmem Wasser vor. Die durchweg kleinen Fische haben oft ein charakteristisch nach oben gedrehtes Maul und gut entwickelte, kleine Zähne. Viele sind beliebte Aquarienfische. Bekannt sind etwa 45 Gattungen mit ca. 300 Arten, 3 davon in Europa.

Bestimmungsschlüssel für die europäischen Zahnkarpfen

1 Zähne einhöckerig und kegelförmig. 12–14 Strahlen in der Afterflosse. 29–32 Schuppen auf der Seitenlinie. **Valencia hispanica**

Zähne dreihöckerig. 9–12 Strahlen in der Afterflosse. 25–30 Schuppen auf der Seitenlinie. **2**

2 9–10 Strahlen in der Rückenflosse. Beim Männchen Schwanzflosse mit mehreren senkrechten Bändern. Weibchen an den Seiten grünbraun gefleckt. **Aphanius iberus**

10–13 Strahlen in der Rückenflosse. Beim Männchen Schwanzflosse mit einem senkrechten Band. Weibchen an den Seiten grau mit schwachem dunklerem senkrechtem Band. **Aphanius fasciatus**

Zebrakärpfling Aphanius fasciatus
Größe: 4–5 cm, maximal 6 cm. *Kennzeichen:* Kleiner Fisch mit aufgeworfenem Maul. Rückenflosse mit 10–13 Strahlen, weit hinten angesetzt und fast unmittelbar über der Afterflosse. *Verbreitung:* An den Küsten der meisten nördlichen Mittelmeergebiete zu finden. Kommt in verschiedenen Süßwasser- und Brackwassergebieten vor, auch in kleinen, pflanzenreichen Teichen und Gräben. *Fortpflanzung:* April–August, zwischen Vegetation. Die Eier entwickeln sich in 10–15 Tagen, und die Jungen reifen innerhalb eines Jahres. *Nahrung:* Wirbellose, besonders Krebse und Insektenlarven. *Bedeutung:* Unwichtig, mitunter Haltung in Aquarien.

Spanienkärpfling Aphanius iberus
Größe: 3–4 cm, maximal 5 cm. *Kennzeichen:* Kleiner Fisch mit aufgeworfenem Maul. Rückenflosse mit 9–10 Strahlen, weit hinten angesetzt und fast unmittelbar über der Schwanzflosse. *Verbreitung:* Nur in den Küstengebieten Südostspaniens in zahlreichen Süßwasser- und Brackwassergebieten, kleinen Gräben und Teichen. *Fortpflanzung:* April–August, laicht zwischen Vegetation in flachem Wasser. Die Eier entwickeln sich in 10–15 Tagen, und die Jungen reifen innerhalb eines Jahres. *Fruchtbarkeit:* Etwa 200 Eier je Weibchen. *Nahrung:* Wirbellose, hauptsächlich Krebse und Insektenlarven. *Bedeutung:* Ohne wirtschaftliches und sportliches Interesse, doch mitunter in Aquarien gehalten.

Zebrakärpfling ♂

♀

Spanienkärpfling ♂

♀

Valenciakärpfling Valencia hispanica
Größe: 5–7 cm, maximal 8 cm. *Kennzeichen:* Maul endständig. Rückenflosse vor der Afterflosse, letztere mit 12–14 Strahlen. *Verbreitung:* Nur in Küstenbereichen Südostspaniens zu finden; kommt in sehr verschiedenartigen Gewässern vor (einschließlich kleinen Teichen und Gräben). Sowohl im Süßwasser als auch im Brackwasser. *Fortpflanzung:* April–Juli, laicht zwischen Pflanzen im flachen Wasser. Die Eier entwickeln sich in 12–15 Tagen, und die Jungen werden in weniger als einem Jahr reif. *Fruchtbarkeit:* Etwa 200–250 Eier je Weibchen. *Nahrung:* Wirbellose, besonders Krebse und Insektenlarven. *Bedeutung:* Relativ unwichtig; manchmal Haltung in Aquarien.

Familie Poeciliidae, Lebendgebärende Zahnkarpfen

Die Poeciliiden sind eine Familie lebendgebärender Fische, die man hauptsächlich in den warmgemäßigten und tropischen Gebieten Nord-, Mittel- und Südamerikas findet. Dort kennt man mehr als 25 Gattungen. Alle sind vivipar, und bei den Männchen ist die Schwanzflosse durch Umbildung der dritten, vierten und fünften Strahlen zu einem Kopulationsorgan geworden. Obwohl die Vertreter in Europa häufig in Warmwasseraquarien gehalten werden, sind hier keine heimisch, und nur eine Art ist in der Natur erfolgreich eingeführt worden.

Koboldkärpfling Gambusia affinis
Größe: 3–5 cm, maximal 6 cm. *Kennzeichen:* Maul aufgeworfen. Rückenflosse weit hinten angesetzt, über oder hinter der Afterflosse. Männchen mit einer Afterflosse, die zu einem Penis umgebildet wurde. Die Weibchen bekommen lebende Junge. *Verbreitung:* Diese im südöstlichen Bereich Nordamerikas heimische Art wurde in mehreren Teilen Europas in der Absicht eingeführt, die Mücken unter Kontrolle zu bringen. Die Species ist in Südeuropa heute weit verbreitet, und man findet sie in recht verschiedenen Süß- und Brackwässern einschließlich kleinen, pflanzenreichen Gräben und Teichen. *Fortpflanzung:* Hauptsächlich April–August. Dies ist eine lebendgebärende Art, bei der innere Befruchtung durch das Männchen stattfindet. Die Weibchen bekommen bis zu etwa 50 Junge rund 30 Tage danach. Jedes Jahr können mehrere Bruten aufgezogen werden, und die Jungen reifen innerhalb eines Jahres. *Nahrung:* Wirbellose, besonders Krebse und Insektenlarven. *Bedeutung:* Für die Mückenbekämpfung wichtig, besonders in Malariagebieten. Häufig als Aquariumsfisch gehalten.

Valenciakärpfling ♂

♀

Koboldkärpfling

♂

♀

Familie Mugilidae, Meeräschen

Die Mugiliden oder Meeräschen kommen in den meisten Ozeanen der Welt häufig vor, vor allem in flachen küstennahen Gewässern. Viele Arten treten ins Brack- und Süßwasser ein, doch gewöhnlich nur in Flußmündungen, Lagunen und Flußunterläufe und nur für kurze Zeit. Es gibt mehrere Gattungen mit insgesamt etwa 100 Arten, die man in tropischen und gemäßigten Gewässern findet. Nur eine Gattung kommt in Europa vor.

Die Meeräschen sind langgestreckte, aber kräftige Fische, deren Körper seitlich nur schwach zusammengedrückt ist. Das Maul ist endständig und groß, doch sind die Zähne entweder sehr klein oder fehlen ganz. Bei einigen Arten treten gut entwickelte, fettreiche Augenlider auf. Der Körper ist von großen, gewöhnlich zykloiden Schuppen bedeckt, die sich bis auf den Kopf ausbreiten (Bild 37). Eine Seitenlinie fehlt. Die Reusendornen sind lang und dünn. Die Meeräschen haben 2 deutlich voneinander getrennte Rückenflossen, von denen die vordere kurz ist und 1–5 kräftige Stacheln aufweist. Die zweite Rückenflosse ist länger und wird von weicheren, gegabelten Strahlen gestützt. Die Brustflossen erscheinen ziemlich hoch angesetzt und stehen unmittelbar hinter den Kiemendeckeln.

Meeräschen sind schnell schwimmende Schwarmfische, die oft in flaches Wasser kommen, um dort in großer Zahl zu fressen. Ein großer Teil ihrer Nahrung besteht aus fädigen Algen, doch werden bis zu einem gewissen Grade auch Wirbellose gefressen. Der Darm ist bemerkenswert lang und hat vorn einen mächtigen Muskelmagen, der die Nahrung zerkleinert und aufbricht. Im hinteren Darm wird verdaut.

Das Laichen findet im Meer statt, und zwar gewöhnlich während des Frühlings in küstennahen Wasserzonen. Über die Brutbiologie ist jedoch verhältnismäßig wenig bekannt. Die Brut der Meeräschen hält sich im allgemeinen an den Küsten auf und schwimmt in die Flüsse dieser Gebiete ein. Die Erwachsenen wandern von Zeit zu Zeit in größere Flüsse.

Obwohl die Familie weit verbreitet ist, schwankt die Bedeutung für den Menschen von Ort zu Ort. Man angelt die Fische an manchen Küsten, indem man gewöhnlich vom Ufer aus Leinen wirft, mitunter auch von Booten aus. Berufsfischer benutzen hauptsächlich Reusen und

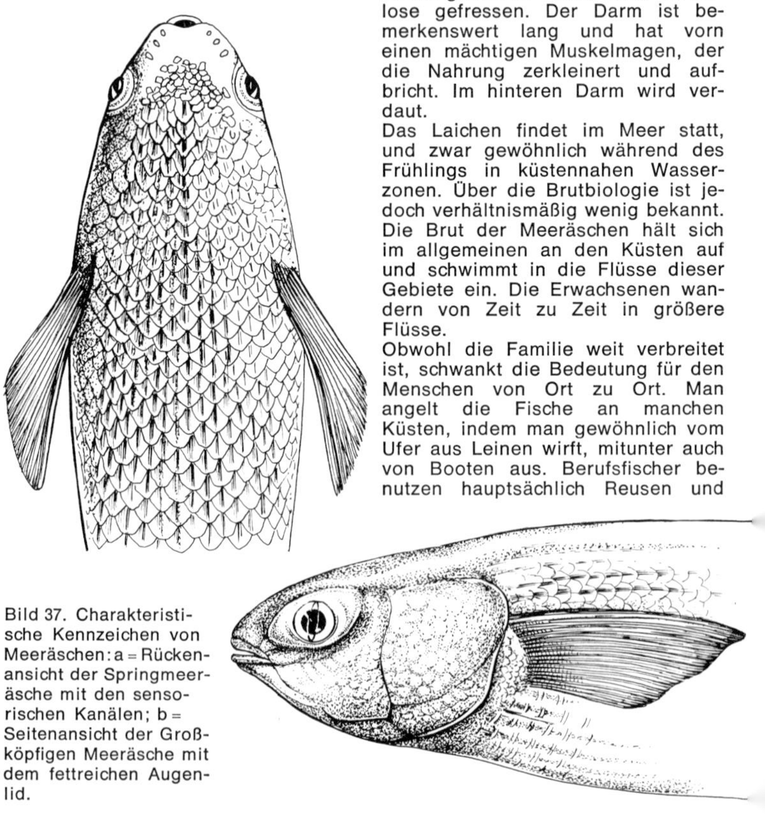

Bild 37. Charakteristische Kennzeichen von Meeräschen: a = Rückenansicht der Springmeeräsche mit den sensorischen Kanälen; b = Seitenansicht der Großköpfigen Meeräsche mit dem fettreichen Augenlid.

Wadenetze, und in manchen Gebieten bringt man große Fänge ein – bis zu 20 Millionen Kilogramm jährlich im Bereich des Mittelmeeres. Im südlichen Rußland sind sowohl Rogen als auch Fleisch des Fisches wirtschaftlich wichtig.
An den europäischen Küsten kommen 6 Arten vor, die auch von Zeit zu Zeit ins Süßwasser übertreten.

Bestimmungsschlüssel für europäische Meeräschen

1 Vorderer Augenhöhlenknochen erreicht hinten nicht die Höhe des Maulwinkels. Oberkiefer gänzlich unter dem vorderen Augenhöhlenknochen verborgen. Fettreiches Augenlid gut entwickelt, das Auge bis zur Pupille überdeckend. **Mugil cephalus**

Vorderer Augenhöhlenknochen reicht hinten über die Höhe des Maulwinkels hinaus. Oberkiefer steht am Maulwinkel unter dem vorderen Augenhöhlenknochen hervor. Fettreiches Augenlid schwach entwickelt, erreicht nie die Pupille. **2**

2 Oberlippe sehr dick: Dicke nicht geringer als $^1/_{10}$ der Kopflänge und mehr als $^1/_2$ des Augendurchmessers. Verzweigungen des Unterkiefers nicht mit Schuppen bedeckt. **3**

Oberlippe nicht so dick: Dicke geringer als $^1/_{10}$ der Kopflänge und nicht mehr als $^1/_2$ des Augendurchmessers. Verzweigungen des Unterkiefers mit Schuppen bedeckt. **4**

3 Oberlippe glatt, Dicke etwa dem Augendurchmesser entsprechend. **Mugil labeo**

Oberlippe mit 2 Reihen kleiner Warzen, Dicke geringer als Augendurchmesser. **Mugil labrosus**

4 Einige Rückenschuppen mit mehreren (2–5) Kanälen. (Oberseite des Kopfes bis zu den vorderen Nasenöffnungen hin beschuppt. Schuppen auf der Schnauze in zahlreichen Reihen kleiner Schuppen endend. Keine langgestreckten Läppchen über der Basis der Brustflossen. Mehrere goldfarbene Flecke auf den Kiemendeckeln.) **Mugil saliens**

Rückenschuppen mit einfachen Kanälen. **5**

5 Oberseite des Kopfes bis zu den Nasenöffnungen oder noch weiter vorn beschuppt. Hinterende des vorderen Augenhöhlenknochens abgerundet oder vertikal gestutzt (aber nicht schräg). Langgestreckte Läppchen über der Basis der Brustflossen. **Mugil capito**

Schuppen auf der Oberseite des Kopfes erreichen nicht den Bereich vor den Nasenöffnungen und enden in einer einzigen Reihe kleiner Schuppen. Keine langgestreckten Läppchen über der Basis der Brustflossen. Hinterende des vorderen Augenhöhlenknochens schräg gestutzt. Ein goldfarbener Fleck hinter jedem Kiemendeckel, ferner ein Fleck hinter jedem Auge. **Mugil auratus**

Großköpfige Meeräsche Mugil cephalus
Größe: 30–60 cm, maximal 70 cm. Höchstgewicht etwa 6 kg. *Kennzeichen:* Körper bedeckt mit großen, zykloiden Schuppen, die sich bis auf den Kopf erstrecken. 2 Rückenflossen, die erste mit nur 4 stacheligen Strahlen. Fettreiches Augenlid gut entwickelt, das Auge bis zur Pupille überdeckend. *Verbreitung:* Überall in den atlantischen Küstenzonen Südeuropas weit verbreitet (einschließlich Mittelmeer und Schwarzes Meer), ferner in Nordamerika. In den Kaspisee wurde die Art eingeführt. Schwimmt auf dem Wege über große Flußmündungen und Küstenseen ins Süßwasser ein. *Fortpflanzung:* Juni–August, laicht im Meer. Die Jungen reifen nach 6–8 Jahren. *Fruchtbarkeit:* 5 000 000 bis 7 200 000 Eier je Weibchen. *Nahrung:* Hauptsächlich fädige Algen und anderes Pflanzenmaterial, doch auch verschiedene Wirbellose. *Bedeutung:* Von beträchtlichem wirtschaftlichem Wert; man fängt große Mengen in mehreren Ländern mit Netzen und Reusen. Mancherorts in Flußmündungen geangelt.

Goldmeeräsche Mugil auratus
Größe: 20–35 cm, maximal 50 cm. *Kennzeichen:* Körper bedeckt mit großen, zykloiden Schuppen, die sich bis auf den Kopf erstrecken. 2 Rückenflossen, die erste mit nur 4 stacheligen Strahlen. Keine langgestreckten Läppchen über der Basis der Brustflossen. Goldfarbener Fleck auf dem Kiemendeckel und hinter jedem Auge. *Verbreitung:* Überall in den atlantischen Küstenzonen Südeuropas zu finden, einschließlich Mittelmeer und Schwarzes Meer. Die Art wurde erfolgreich in den Kaspisee eingeführt. Schwimmt in die Unterläufe einer Reihe von Flüssen ein (zum Beispiel Dnjepr). *Fortpflanzung:* August–September, laicht im Meer. Die Jungen reifen nach 3–5 Jahren. *Fruchtbarkeit:* 1 200 000–2 100 000 Eier je Weibchen. *Nahrung:* Hauptsächlich fädige Algen und anderes am Boden wachsendes Pflanzenmaterial, aber auch Wirbellose (zum Beispiel Weichtiere) zu bestimmten Zeiten. *Bedeutung:* Für die Netz- und Reusenfischerei von beträchtlicher wirtschaftlicher Bedeutung, besonders im Mittelmeer und im Schwarzen Meer. Von geringem sportlichem Interesse.

Dünnlippige Meeräsche Mugil capito
Größe: 25–40 cm, maximal 50 cm. Britischer Anglerrekord: 2,469 kg. *Kennzeichen:* Körper mit großen, zykloiden Schuppen bedeckt, die sich bis auf den Kopf ausbreiten. 2 Rückenflossen, die erste mit nur 4 stacheligen Strahlen. Ohne goldfarbene Flecken auf den Kiemendeckeln. *Verbreitung:* An allen Teilen der europäischen Küste (einschließlich Mittelmeer und Schwarzes Meer) zu finden, ausgenommen im äußersten Norden. Schwimmt in die Unterläufe großer Flüsse und einiger Küstenseen und Lagunen ein. *Fortpflanzung:* August–September, laicht im Meer. Die Jungen reifen nach 3 bis 5 Jahren. *Nahrung:* Hauptsächlich fädige Algen und ansitzende Wirbellose (zum Beispiel Weichtiere). *Bedeutung:* Von beträchtlicher wirtschaftlicher und gewisser sportlicher Bedeutung in verschiedenen Teilen des Verbreitungsgebietes.

Großköpfige
Meeräsche

Goldmeeräsche

Dünnlippige
Meeräsche

Graue Meeräsche Mugil labeo
Größe: 15–20 cm, maximal 25 cm. *Kennzeichen:* Körper mit großen, zykloiden Schuppen, die sich bis auf den Kopf erstrecken. 2 Rückenflossen, die erste mit nur 4 stacheligen Strahlen. Oberlippe glatt und etwa so dick wie der Augendurchmesser. *Verbreitung:* Zu finden in europäischen Küstenzonen von Frankreich bis ins nördliche Mittelmeer. Kommt in den Unterläufen großer Flüsse im Süßwasser vor. *Fortpflanzung:* Juli–September, laicht im Meer. *Nahrung:* Feines Pflanzenmaterial und benthische Wirbellose, besonders Weichtiere und Krebse. *Bedeutung:* Für die Küstenfischerei in Frankreich von beträchtlicher wirtschaftlicher Bedeutung. Sportlich wenig interessant.

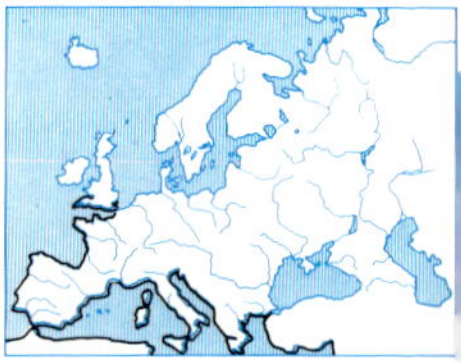

Dicklippige Meeräsche Mugil labrosus
Größe: 30–50 cm, maximal 90 cm. Britischer Anglerrekord: 4,564 kg. *Kennzeichen:* Körper bedeckt mit großen, zykloiden Schuppen, die sich bis auf den Kopf erstrecken. 2 Rückenflossen, die erste mit nur 4 stacheligen Strahlen. Oberlippe sehr dick und mit 2 Reihen kleiner Warzen. *Verbreitung:* Zu finden in den atlantischen Küstengewässern südlich von Norwegen, im Mittelmeer und im Schwarzen Meer. Kommt im Süßwasser in den Unterläufen einiger Flüsse vor. *Fortpflanzung:* Juni–August im Meer. Die Jungen reifen nach 2–4 Jahren. *Nahrung:* Fädige Algen und andere am Boden wachsende Pflanzen, zusammen mit dort vorkommenden Wirbellosen. *Bedeutung:* Für die Netz- und Reusenfischerei (mit anderen Meeräschen) von beträchtlicher wirtschaftlicher Bedeutung. Die Art wird in manchen Gebieten als Sportfisch betrachtet.

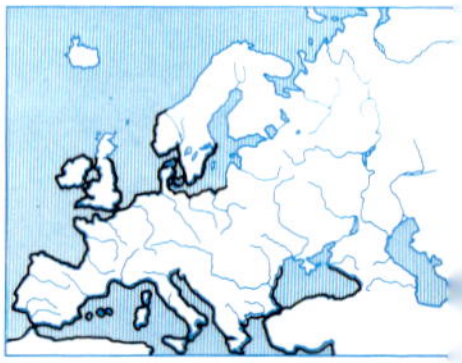

Springmeeräsche Mugil saliens
Größe: 20–30 cm, maximal 40 cm. *Kennzeichen:* Körper bedeckt mit großen, zykloiden Schuppen, die sich bis zum Kopf erstrecken. 2 Rückenflossen, die erste mit nur 4 stacheligen Strahlen. Mehrere goldfarbene Flecken auf den Kiemendeckeln. *Verbreitung:* Atlantikküsten des südlichen Europa und Nordafrika, Mittelmeer und Schwarzes Meer. Im Kaspisee eingeführt. Im Süßwasser der Unterläufe einer Anzahl von Flüssen (zum Beispiel Guadalquivir) und Küstenlagunen zu finden. *Fortpflanzung:* Mai–Juni in flachen Küstengebieten. *Nahrung:* Hauptsächlich benthische Algen und anderes Pflanzenmaterial mit den ansitzenden Wirbellosen (zum Beispiel Weichtieren). *Bedeutung:* Für die Netz- und Reusenfischerei im Mittelmeer und im Schwarzen Meer von gewisser wirtschaftlicher Bedeutung.

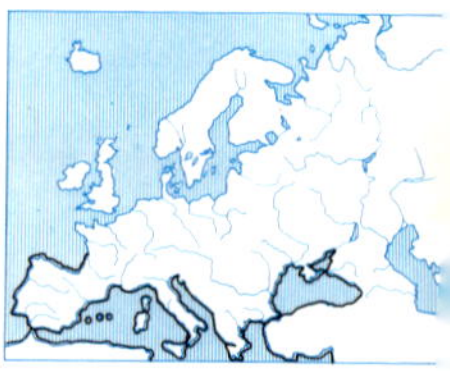

raue
eeräsche

icklippige
eeräsche

pringmeeräsche

Familie Atherinidae, Ährenfische

Die Atheriniden oder Ährenfische findet man überall in der Welt mit Ausnahme hoher Breiten. Sie kommen im Meer, im Brackwasser und in verschiedenen Arten von Süßwasser vor. Es gibt 50 Gattungen und etwa 170 Arten. Die meisten sind klein (kleiner als 15 cm), obwohl die größten Arten auf mehr als 50 cm Länge heranwachsen. Alle Fische sind silberig und durchscheinend und haben gewöhnlich einen Seitenstreifen. Die Seitenlinie fehlt oder ist klein. Nur 3 Arten kommen in Europa vor. Sie leben hauptsächlich marin, können aber ins Süßwasser übertreten.

Bestimmungsschlüssel für die europäischen Ährenfische

1 Weniger als 55 seitliche Schuppen. **Atherina mochon**

Mehr als 55 seitliche Schuppen. **2**

2 Weniger als 12 gegabelte Strahlen in der zweiten Rückenflosse. **Atherina hepsetus**

Mehr als 12 gegabelte Strahlen in der zweiten Rückenflosse. **Atherina presbyter**

Ährenfisch Atherina hepsetus
Größe: 10–12 cm, maximal 15 cm. *Kennzeichen:* Mehr als 55 seitliche Schuppen; weniger als 12 gegabelte Strahlen in der Rückenflosse. *Verbreitung:* An den Küsten des Mittelmeeres, des Schwarzen Meeres und des Kaspisees, ferner in einigen Flußmündungen. *Fortpflanzung:* Juni–August, laicht zwischen Pflanzen, an die die Eier mit Fäden angeheftet werden. *Nahrung:* Wirbellose, hauptsächlich Krebse. *Bedeutung:* Sportlich ohne, wirtschaftlich geringe Bedeutung für örtliche Fischerei.

Kleiner Ährenfisch Atherina mochon
Größe: 8–12 cm, maximal 14 cm. *Kennzeichen:* Weniger als 55 seitliche Schuppen. *Verbreitung:* An den Küsten des Mittelmeeres, des Schwarzen Meeres und des Kaspisees. Kommt in den Unterläufen einiger Flüsse (Dnjestr, Bug) und in Seen vor. *Fortpflanzung:* Juli–August, laicht zwischen Pflanzen, an die die Eier mit feinen Fäden festgeheftet werden. *Nahrung:* Benthische Wirbellose, besonders Krebse und (im Süßwasser) Insektenlarven. *Bedeutung:* Sportlich ohne, wirtschaftlich geringe Bedeutung (Schwarzes Meer und Kaspisee).

Atlantischer Ährenfisch Atherina presbyter
Größe: 10–13 cm, maximal 15 cm. *Kennzeichen:* Mehr als 55 seitliche Schuppen; mehr als 15 gegabelte Strahlen in der Rückenflosse. *Verbreitung:* An den Küsten Europas von Dänemark bis Spanien und im westlichen Mittelmeer. Schwimmt in einige Flußmündungen ein. *Fortpflanzung:* April–Juli in flachem Wasser zwischen Pflanzen. an die sich die fädigen Eier anheften. *Nahrung:* Wirbellose, besonders Krebse. *Bedeutung:* Sportlich ohne, wirtschaftlich geringe Bedeutung (Mittelmeerküste).

hrenfisch

leiner Ährenfisch

lantischer
hrenfisch

Familie Serranidae, Seebarsche

Die Serraniden oder Seebarsche, wie man viele von ihnen nennt, kommen in den meisten Meeren der Welt vor, und zwar sowohl in gemäßigten als auch in tropischen Zonen. Obwohl viele Arten marin sind, leben einige im Brack- oder Süßwasser. Es sind charakteristisch ausgebildete, hochrückige Fische mit stacheligen vorderen Rückenflossen und Ctenoidschuppen. Nur 2 Arten treten ins europäische Süßwasser über.

Bestimmungsschlüssel für europäische Seebarsche, die ins Süßwasser übertreten

1 Schuppen zwischen den Augen zykloid. Zähne nur auf dem Kopf des Pflugscharbeins. Bei Erwachsenen keine Flecken. **Dicentrarchus labrax**

Schuppen zwischen den Augen ctenoid. Zähne auf dem ganzen Pflugscharbein. Bei Erwachsenen Flecken vorhanden, die gewöhnlich Längsreihen bilden. **Dicentrarchus punctatus**

Seebarsch Dicentrarchus labrax
Größe: 40–70 cm, maximal 100 cm. Höchstgewicht etwa 12 kg. Britischer Anglerrekord: 8,220 kg. *Kennzeichen:* 2 gleichgroße Rückenflossen, die einander gerade berühren. Schuppen zwischen den Augen zykloid. Große, dunkle Zeichnung auf dem Kiemendeckel, doch nicht auf dem Körper. *Verbreitung:* Überall an den europäischen Küsten zu finden (einschließlich Mittelmeer und Schwarzes Meer) mit Ausnahme des äußersten Nordens. Tritt in die Unterläufe großer Flüsse über. *Fortpflanzung:* März–Juni im Meer. *Nahrung:* Als Jungtiere Wirbellose (besonders Weichtiere und Krebse) und Fische; als Erwachsene hauptsächlich Fische (zum Beispiel Heringe). *Bedeutung:* In manchen Ländern von gewisser wirtschaftlicher Bedeutung; ein wichtiger Sportfisch, der in einigen Flußmündungen und Küstengewässern sich für das Angeln hervorragend eignet.

Gefleckter Seebarsch Dicentrarchus punctatus
Größe: 25–40 cm, maximal 100 cm. *Kennzeichen:* 2 gleichgroße Rückenflossen, die einander gerade berühren. Schuppen zwischen den Augen ctenoid; Körper mit zahlreichen dunklen Flecken, die gewöhnlich mehrere Längsreihen bilden. *Verbreitung:* Überall an den europäischen Küsten vom nördlichen Frankreich bis zum südlichen Italien zu finden. Fehlt offensichtlich im östlichen Mittelmeer. Schwimmt in die Unterläufe von Flüssen und ihre Lagunen ein. *Fortpflanzung:* Mai–August, laicht in Flußmündungen und an Küsten. In Süß- oder Brackwasser sinken die Eier zu Boden, während sie im Meerwasser schweben. *Nahrung:* Wirbellose (besonders Weichtiere und Krebse) und Fische verschiedener Art. *Bedeutung:* Im westlichen Mittelmeer von einiger wirtschaftlicher und sportlicher Bedeutung.

Seebarsch

Gefleckter
Seebarsch

Familie Percidae, Barsche

Die Perciden oder Barsche, wie man einige Vertreter gewöhnlich nennt, sind auf die nördliche Halbkugel beschränkt und kommen in verschiedenen Gewässern in Europa, im nördlichen Asien und in Nordamerika vor. Zumindest eine Art (Barsch) hat man erfolgreich auf der südlichen Halbkugel eingeführt (Australien). Es gibt 6 Gattungen und etwa 16 Arten in der Familie. Die meisten davon findet man in Europa. Bis auf eine Art leben alle im Süßwasser, doch können einige in Flußmündungen existieren und ins Brackwasser vordringen. Eine Species ist hauptsächlich marin.

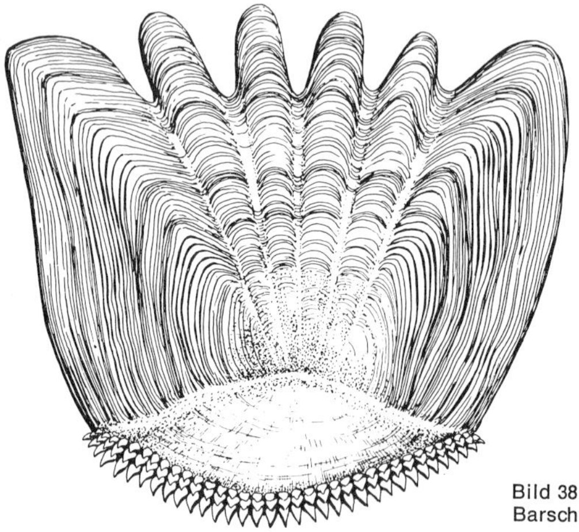

Bild 38. Ctenoidschuppe eines Barsches mit Jahresringen.

Typische Vertreter der Familie sind langgestreckt und seitlich ziemlich zusammengedrückt. Das Maul ist im allgemeinen groß und trägt mehrere Reihen von Zähnen, von denen viele spitz und einige zu Eckzähnen verlängert sind. 2 Rückenflossen kommen vor. Sie sind deutlich voneinander getrennt, und die vordere wird von 6–15 kräftigen Dornen gestützt. Die Strahlen der hinteren Rückenflosse sind weich und gegabelt. Der Körper wird bedeckt von gut ausgebildeten Schuppen, die kammähnlich (ctenoid) sind und die Haut bei Berührung rauh erscheinen lassen (Bild 38). Bei vielen Arten erstrecken sich die Schuppen bis zum Kopf, der auch von dornigen Auswüchsen des Kiemendeckels und anderer Knochen geschützt wird.

Mehrere der größeren Perciden sind für den Sportfischer wichtig, insbesondere der Barsch selbst, der Zander und andere Arten der Gattung *Stizostedion.* In Europa und Nordamerika werden große Mengen dieser Fische mit der Spinnangel und verschiedenen Ködern (auch lebenden Ködern) gefangen. In vielen Ländern sind diese größeren Arten wirtschaftlich wichtig, denn das Fleisch ist weiß, blätterig und wohlschmeckend, wenn es in geeigneter Weise gekocht wird. Man fängt die Fische in Reusen (Barsche im Frühsommer in großen Mengen) und mit Netzen verschiedener Art. 1934 belief sich der Fang von Barschen allein an der kanadischen Seite der Großen Seen auf über 25 Millionen Kilogramm. Geringere, aber noch immer bedeutende Fangquoten erzielt man in europäischen Gewässern.

Alle Perciden sind fleischfressend (carnivor), und die größeren Arten leben hauptsächlich von anderen Fischen. Aus diesem Grunde benutzt man sie manchmal, um die Zahl pflanzenfressender Fische in Fischteichen und anderswo unter Kontrolle zu halten. Bei den meisten Arten erfolgt das Laichen paarweise, zu dreien oder manchmal sogar in noch größerer Anzahl. Im allgemeinen kommen mehrere Männchen auf ein Weibchen. Die Eier werden über Pflanzen oder Steinen und Kies abgelegt. Bei einigen Arten (zum Beispiel Barsch) bilden die Eier lange Stränge, bei anderen sind sie voneinander getrennt und werden zur Laichzeit einzeln ausgeworfen.

In Europa findet man 12 Arten. Sie alle sind hier heimisch, und obwohl nordamerikanische Arten eingeführt worden sind, scheint sich keine hier eingebürgert zu haben.

Bestimmungsschlüssel für europäische Barsche

1 Augen rückseitig auf dem Kopf. **Romanichthys valsanicola**

Augen seitlich oder mehr dem Rücken zu (dorsolateral) am Kopf. **2**

2 Sinnesorgangruben seitlich oder vorn am Kopf schwach entwickelt. **3**

Große Sinnesorgangruben seitlich und rückseitig am Kopf. **9**

3 Oberkieferknochen hinten frei, nicht vom vorderen Augenhöhlenknochen bedeckt. Körper seitlich zusammengedrückt. **4**

Oberkieferknochen hinten vom vorderen Augenhöhlenknochen bedeckt. Körper spindelförmig. **7**

4 Basis der ersten Rückenflosse länger als die Basis der zweiten. Bauchseitige Flossen eng beieinander, Zwischenraum nicht größer als $^2/_3$ der Bauchflossenbreite an der Basis. (Zähne klein, ohne Ausbildung von Eckzähnen.) **Perca fluviatilis**

Basis der ersten Rückenflosse ebenso groß oder geringer als die Basis der zweiten. Raum zwischen den bauchseitigen Flossen mindestens $^2/_3$ der Bauchflossenbreite an der Basis. **5**

5 Niemals mehr als 18 gegabelte Strahlen in den Rückenflossen. Augenabstand viel größer als Augendurchmesser. (Eckzähne vorhanden.) **Stizostedion marina**

Mehr als 18 gegabelte Strahlen in den Rückenflossen. Augenabstand gleich oder kürzer als Augendurchmesser. **6**

6 Eckzähne gut entwickelt. Wangen nackt oder nur teilweise beschuppt. 80–97 Schuppen entlang der Seitenlinie. **Stizostedion lucioperca**

Keine Eckzähne bei Erwachsenen. Wangen vollständig beschuppt. 70 bis 83 Schuppen entlang der Seitenlinie. **Stizostedion volgensis**

7 Erste Rückenflosse mit 13–15 Stacheln. Zweite Rückenflosse mit 18 bis 20 Strahlen. **Aspro zingel**

Erste Rückenflosse mit 8–9 Stacheln, zweite mit 12–13 Strahlen. **8**

8 Schwanzstiel so lang oder länger als die Basis der zweiten Rückenflosse. 4–5 deutliche dunkle Streifen quer über den Körper. **Aspro streber**

Schwanzstiel kürzer als die Basis der zweiten Rückenflosse. 3 unregelmäßige dunkle Streifen quer über den Körper. **Aspro asper**

9 Rückenflossen durch deutlichen Zwischenraum getrennt. Oberkiefer hinten frei. **Percarina demidoffi**

Rückenflossen vereinigt. Oberkiefer vom vorderen Augenhöhlenknochen bedeckt. **10**

10 Schnauze kurz, ebenso lang oder kürzer als Augendurchmesser. Rückenflosse mit 11–16 Stacheln. 35–40 Schuppen entlang der Seitenlinie. **Gymnocephalus cernua**

Schnauze langgestreckt, mindestens $1^1/_2$mal so lang wie der Augendurchmesser. Rückenflosse mit 17–19 Stacheln. 50–62 Schuppen entlang der Seitenlinie. **11**

11 Körperlänge geringer als fünffache Körperhöhe. Runde schwarze Flecken auf den Körperseiten. **Gymnocephalus acerina**

Körperlänge größer als fünffache Körperhöhe. 3 oder 4 schwarze Querbänder an den Körperseiten. **Gymnocephalus schraetzer**

Flußbarsch Perca fluviatilis
Größe: 20–35 cm, maximal 51 cm. Höchstgewicht etwa 4,75 kg. Britischer Anglerrekord: 2,154 kg. *Kennzeichen:* Getrennte Rückenflossen, erste Rükkenflosse sehr stachelig. *Verbreitung:* In langsam fließenden Flüssen und Seen im größten Teil Nordeuropas, Asiens und des östlichen Nordamerika. *Fortpflanzung:* April–Juni, in flachem Wasser zwischen Pflanzen. Die in etwa 1 m langen Schnüren abgelegten Eier entwickeln sich in 15–20 Tagen. Die Jungen reifen in 2–3 Jahren und leben bis zu 10 Jahre. *Fruchtbarkeit:* 12 000–199 000 Eier je Weibchen. *Nahrung:* Wirbellose (besonders Krebse und Insektenlarven) als Jungtiere, später Wirbellose und Fische. *Bedeutung:* In einigen Ländern in wirtschaftlichem Ausmaß mit Reusen, Netzen und beköderten Leinen gefangen. Auch als Sportfisch wichtig; Fang mit Haken oder Spinnangel.

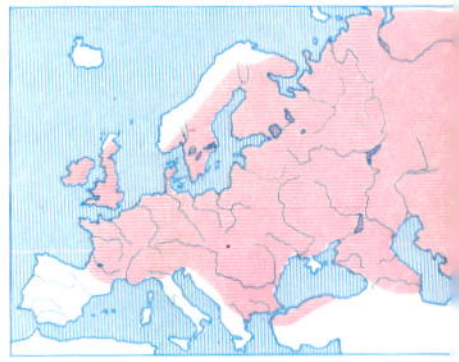

Zander Stizostedion lucioperca
Größe: 30–70 cm, maximal 130 cm. Höchstgewicht etwa 18 kg. Britischer Anglerrekord: 6,945 kg. *Kennzeichen:* Die Rückenflossen berühren sich fast. Große Eckzähne. *Verbreitung:* Langsam fließende Flüsse und Seen in Europa von den Niederlanden bis zum Kaspisee. In anderen Gebieten (zum Beispiel England) eingeführt. *Fortpflanzung:* April–Juni, zwischen Kies und Steinen. Die Eier werden von beiden Eltern bewacht und entwickeln sich in 5–10 Tagen. Die Jungen reifen in 3–5 Jahren. *Fruchtbarkeit:* 180 000–1 185 000 Eier je Weibchen. *Nahrung:* Anfangs Wirbellose, doch später fast ausschließlich Fische. *Bedeutung:* Gewerblich in Reusen und Netzen gefangen. Als Sportfisch, den man mit der Spinnangel fängt, hoch geschätzt.

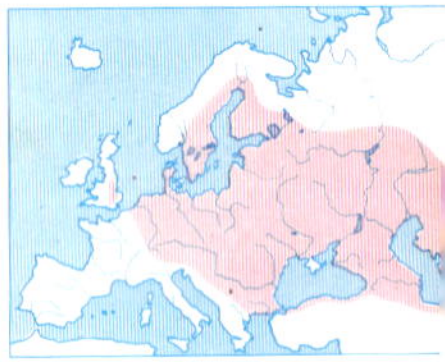

Seezander Stizostedion marina
Größe: 30–50 cm, maximal 62 cm. Ein Fisch von 54 cm Länge wiegt etwa 1,7 kg. *Kennzeichen:* Die Rückenflossen berühren sich fast. Große Eckzähne. 78–84 seitliche Schuppen. *Verbreitung:* Schwarzes Meer und Kaspisee sowie die Unterläufe der dortigen Flüsse (zum Beispiel Bug und Dnjepr). *Fortpflanzung:* April–Mai, über Steinen in Süß- und Salzwasser. Die Jungen reifen nach 3–5 Jahren und leben bis zu 10 Jahre. *Fruchtbarkeit:* 13 000 bis 125 000 Eier je Weibchen. *Nahrung:* Zunächst Wirbellose, später aber fast ausschließlich Fische. *Bedeutung:* Für die Reusen- und Netzfischerei von wirtschaftlicher Bedeutung. Selten geangelt.

Wolgazander Stizostedion volgensis
Größe: 25–40 cm, maximal 45 cm. Durchschnittsgewicht etwa 1,3 kg. *Kennzeichen:* Die Rückenflossen berühren sich fast. Bei Erwachsenen keine Eckzähne. 70–83 seitliche Schuppen. *Verbreitung:* In den Einzugsgebieten von Flüssen, die ins Schwarze Meer und den Kaspisee münden (zum Beispiel Wolga und Donau). Kommt in langsam fließenden Flüssen und Seen vor. *Fortpflanzung:* April–Mai, zwischen Steinen und Pflanzen. Die Jungen reifen nach 3–4 Jahren. *Nahrung:* Große Wirbellose, besonders Krebse, und verschiedene Fische. *Bedeutung:* Fang gewerblich mit Netzen und Reusen. Sportlich kaum interessant.

Flußbarsch

Zander

Seezander

Wolgazander

Don-Kaulbarsch Gymnocephalus acerina
Größe: 12–18 cm, maximal 21 cm. *Kennzeichen:* Die einzige Rückenflosse ist teilweise in zwei Abschnitte gegliedert, vorderer Abschnitt mit 17 bis 19 Stacheln. 50–55 seitliche Schuppen. *Verbreitung:* Zu finden nur in langsam fließenden Gewässern und Seen in den Flußbecken, die zum Norden des Schwarzen Meeres Zugang haben (zum Beispiel Dnjestr, Dnjepr, Don). *Fortpflanzung:* April–Mai, laicht zwischen Steinen und Pflanzen im flachen Wasser. *Nahrung:* Wirbellose, besonders Krebse und Insekten; manchmal kleine Fische. *Bedeutung:* Von geringem wirtschaftlichem und sportlichem Interesse.

Kaulbarsch Gymnocephalus cernua
Größe: 10–15 cm, maximal 50 cm. Britischer Anglerrekord: 113 g. *Kennzeichen:* Die einzige Rückenflosse ist teilweise in zwei Abschnitte gegliedert, vorderer Abschnitt mit 11–16 Stacheln. 35–40 seitliche Schuppen. *Verbreitung:* Im größten Teil Europas in langsam fließenden Flüssen und Seen zu finden mit Ausnahme bestimmter Gebiete im Norden und Süden. *Fortpflanzung:* April–Mai, laicht zwischen Steinen und Pflanzen in flachem Wasser. Die Eier entwickeln sich in 8–12 Tagen, und die Jungen reifen nach 2–3 Jahren. *Fruchtbarkeit:* 4000 bis 104 000 Eier je Weibchen. *Nahrung:* Am Boden lebende Wirbellose (besonders Weichtiere, Krebse und Insektenlarven) und manchmal kleine Fische. *Bedeutung:* Von geringer wirtschaftlicher und sportlicher Bedeutung, obgleich man den Fisch in einigen Gebieten fängt.

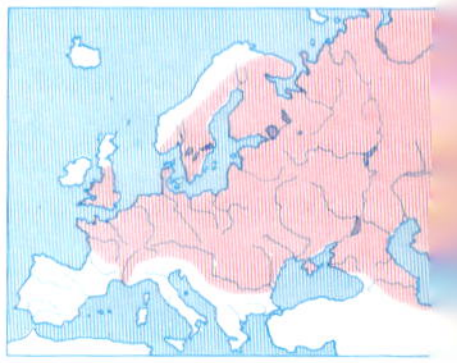

Schrätzer Gymnocephalus schraetzer
Größe: 15–20 cm, maximal 24 cm. *Kennzeichen:* Die einzige Rückenflosse ist teilweise in zwei Abschnitte gegliedert, vorderer Abschnitt mit 17 bis 19 Stacheln. 55–62 seitliche Schuppen. *Verbreitung:* Zu finden nur im Donaubecken und gelegentlich im Mündungsgebiet am Schwarzen Meer. *Fortpflanzung:* April–Mai, laicht in flachem Wasser zwischen Steinen und Pflanzen. *Nahrung:* Wirbellose (hauptsächlich Weichtiere, Krebse und Insekten), doch später auch Fische. *Bedeutung:* Von geringem wirtschaftlichem und sportlichem Interesse.

Don-Kaulbarsch

Kaulbarsch

Schrätzer

Rhône-Streber Aspro asper
Größe: 15–20 cm, maximal 22 cm. *Kennzeichen:* Zwei gut voneinander getrennte Rückenflossen, die erste mit 8–9 Stacheln, die zweite mit 12 bis 13 Strahlen. Schwanzstiel kürzer als die Basis der zweiten Rückenflosse. *Verbreitung:* Nur in der Rhône und ihren Nebenflüssen zu finden. *Fortpflanzung:* März–April, laicht zwischen Steinen und Pflanzen in flachem Wasser. *Nahrung:* Hauptsächlich am Boden lebende Wirbellose (Krebse und Insekten), aber auch Fischeier und Fischbrut. *Bedeutung:* Ohne wirtschaftliches und sportliches Interesse.

Streber Aspro streber
Größe: 12–15 cm, maximal 22 cm. *Kennzeichen:* Zwei gut voneinander getrennte Rückenflossen, die erste mit 8–9 Stacheln, die zweite mit 12 bis 13 Strahlen. Schwanzstiel so lang oder länger als die Basis der zweiten Rückenflosse. *Verbreitung:* Zu finden nur in fließendem Wasser in der Donau und ihren Nebenflüssen sowie im Vardar, der ins Ägäische Meer fließt. *Fortpflanzung:* März–April, zwischen Steinen in schnell fließendem Wasser. *Nahrung:* Wirbellose (hauptsächlich Krebse und Insektenlarven) und einige kleine Fische. *Bedeutung:* Von geringem wirtschaftlichem und sportlichem Interesse.

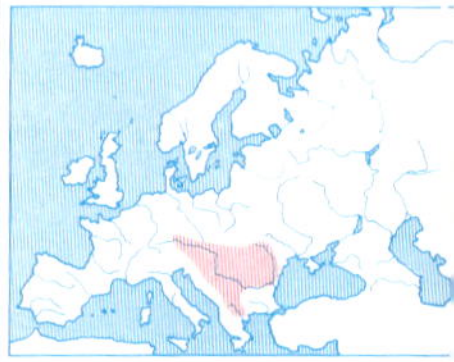

Zingel Aspro zingel
Größe: 15–30 cm, maximal 48 cm. *Kennzeichen:* Zwei gut voneinander getrennte Rückenflossen, die erste mit 13–15 Stacheln, die zweite mit 18 bis 20 Strahlen. Schwanzstiel kürzer als die Basis der zweiten Rückenflosse. *Verbreitung:* Nur in fließendem Wasser im Donaubecken zu finden. *Fortpflanzung:* März–Mai in schnell fließendem Wasser zwischen Steinen. *Fruchtbarkeit:* Ungefähr 5000 Eier je Weibchen. *Nahrung:* Benthische Wirbellose (besonders Krebse und Insektenlarven) und kleine Fische. *Bedeutung:* Ohne wirtschaftliches und sportliches Interesse.

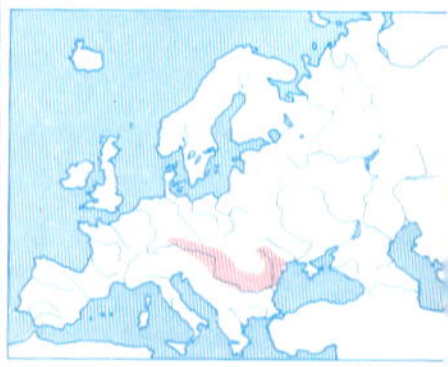

Rhône-Streber

Streber

Zingel

Percarina Percarina demidoffi
Größe: 6–9 cm, maximal 10 cm. *Kennzeichen:* Zwei gut voneinander getrennte Rückenflossen, die erste mit 9–11 Stacheln. Eine Reihe schwarzer Flecke entlang der Seitenlinie. *Verbreitung:* Zu finden nur in den nördlichen Gebieten des Schwarzen Meeres und im Asowschen Meer sowie in den Unterläufen der Flüsse, die in diese Gebiete münden. *Fortpflanzung:* Juni–Juli, laicht in flachem Wasser sowohl im Süß- als auch im Salzwasser über Sand und Schlick. Die Eier entwickeln sich in zwei Tagen, und die Jungen reifen nach einem Jahr. Die Erwachsenen leben selten länger als 3–4 Jahre. *Fruchtbarkeit:* Maximal etwa 3000 Eier je Weibchen. *Nahrung:* Wirbellose, besonders Krebse und kleine Fische. *Bedeutung:* Für örtliche Netzfischerei von gewisser wirtschaftlicher Bedeutung.

Groppenbarsch Romanichthys valsanicola
Größe: 8–12 cm, maximal 13 cm. *Kennzeichen:* Zwei gut voneinander getrennte Rückenflossen, die zweite größer als die erste. Die Augen liegen rückseitig auf dem Kopf. *Verbreitung:* Zu finden nur in schnell fließendem Wasser in den Oberläufen bestimmter Flüsse (Arges, Vilsan und Riul) im rumänischen Donaubecken. *Fortpflanzung:* Fortpflanzungsverhalten unbekannt. *Nahrung:* Wirbellose (hauptsächlich Insektenlarven) und kleine Fische. *Bedeutung:* Ohne wirtschaftliches oder sportliches Interesse.

Percarina

Groppenbarsch

Familie Centrarchidae, Sonnenbarsche

Die Centrarchiden sind ursprünglich in sehr unterschiedlichen Gewässern heimisch gewesen, besonders in pflanzenreichen Seen und langsam fließenden Flüssen im östlichen Nordamerika. Die gegenwärtige Verbreitung der Familie ist jedoch viel größer, da verschiedene Arten erfolgreich in andere Teile der Welt eingeführt worden sind, auch nach dem westlichen Nordamerika und nach Europa. Die Familie ist klein, aber wichtig. Sie enthält 30 Arten in 10 Gattungen.

Afterflosse, die in der Größe gewöhnlich dem hinteren Teil der Rükkenflosse stark ähnelt. Das Maul und die Augen sind groß, und man findet Reihen kleiner Zähne auf verschiedenen Teilen des Maules, auch auf der Zunge (Bild 39).

Die Vertreter dieser Familie umfassen mehrere leuchtend gefärbte und sehr attraktive Arten, die eine Reihe interessanter Verhaltensweisen zeigen. Die kleineren Arten sind bei Aquarianern und Teichbesitzern beliebt, die größeren bei den Anglern. Besonders der Forellenbarsch und der Schwarzbarsch sind wichtige Sportfische und bilden im östlichen Kanada ein wichtiges Element bei

Bild 39. Typisches Verhalten eines Sonnenbarsches: Ein Männchen bewacht das Nest und die Eier.

Die meisten Centrarchiden sind kleine bis mittelgroße, seitlich abgeflachte Fische mit einer gut entwikkelten Rückenflosse, deren vordere Hälfte sehr stachelige Strahlen besitzt. Der stachelige Teil und der weichstrahlige Teil der Rückenflosse sind mehr oder weniger voneinander getrennt, doch stets enger beieinander, als dies bei der verwandten Familie Percidae (Barsche) der Fall ist. Die übrigen Flossen sind ebenfalls gut ausgebildet, besonders die

den großen Sportfischereiveranstaltungen und dem damit verbundenen Tourismus. Die früher große Bedeutung dieser Fische für die Wirtschaft ist heute sehr gering.

Die Brutbiologie der meisten Arten der Sonnenbarsche ist heute gut belegt, und man findet viele gemeinsame Züge bei allen Angehörigen der Familie. Reife Fische laichen gewöhnlich im späten Frühling oder im frühen Sommer, wenn die Männchen Reviere anlegen und Nester ausheben. Diese Nester sind einfache rundliche Mulden, die in der Größe zwischen 10 und 200 cm Durchmesser schwanken können. Man findet sie im allgemeinen auf sandigem oder kiesigem Grund, doch häufig in der Nähe von Steinen, Felsen oder Pflanzenwuchs. Die Männchen können in aufeinanderfolgenden Jahren zum gleichen Nest zurückkehren, zumindest aber in die gleiche Gegend, wo das vorherige Nest lag. Nach Fertigstellung des Nests zeigt jedes Paar ein ausgiebiges Balzverhalten, das im Laichakt endet. Die Eier werden regelmäßig in einem Zeitraum von Stunden abgelegt, bis das Weibchen erschöpft ist. Die Eier sind klebrig und heften sich gewöhnlich an saubere Steine und Kies nahe des Nestmittelpunkts. Während der Entwicklung der Eier bewacht das Männchen das Nest und fächelt ihnen während dieser Zeit fortwährend Frischwasser zu. Nach dem Ausschlüpfen tragen die Larven noch einen ziemlich großen Dottersack und liegen mehrere Tage lang am Boden des Nests. Während dieser Zeit schützt und säubert sie das Männchen noch. Schließlich beginnen sie, das Nest zu verlassen, werden aber noch immer tagelang vom Männchen bewacht. Danach fällt die Familie auseinander, und die Jungen ernähren sich selbst. Man kennt 6 Arten, die sich in verschiedenen Gewässern Europas eingebürgert haben.

Bestimmungsschlüssel für die europäischen Sonnenbarsche

1 6 Afterdornen, die aus einer beschuppten Furche herausragen. Körper mit 7–9 waagrechten Reihen schwarzer Flecken unter der Seitenlinie. Basis der Afterflosse $1^1/_2$mal so groß wie die Basis der Rückenflosse. **Ambloplites rupestris**

3 Afterdornen, nicht aus einer Furche herausragend. Keine waagrechten Reihen von Flecken unter der Seitenlinie. Basis der Afterflosse etwa 2 bis 3mal so groß wie die Basis der Rückenflosse. **2**

2 Mehr als 55 Schuppen entlang der Seitenlinie. Körperlänge größer als die dreifache größte Körperhöhe. **3**

Weniger als 50 Schuppen entlang der Seitenlinie. Körperlänge kleiner als die dreifache größte Körperhöhe. **4**

3 Oberkiefer reicht nach hinten über das Auge hinaus. 60–68 Schuppen entlang der Seitenlinie. Bauchflossen nicht durch eine Haut verbunden. **Micropterus salmoides**

Oberkiefer reicht nach hinten nur bis zur Augenmitte. 68–78 Schuppen entlang der Seitenlinie. Bauchflossen durch eine Haut verbunden. **Micropterus dolomieu**

4 Kiemendeckelklappe ganz schwarz ohne eine andere Färbung am Rand. **Lepomis auritus**

Kiemendeckelklappe mit schwarzem Zentrum und gelben, orangefarbenen oder roten Flecken oder Bändern am Rand. **5**

5 Brustflossen etwa $^1/_3$ so lang wie der Körper, an der Vorderkante zugespitzt. Reusendornen knotig. Kiemendeckelklappe kurz und hinten mit einem auffallenden roten Fleck. **Lepomis gibbosus**

Brustflossen nur etwa $^1/_4$ so lang wie der Körper, an der Vorderkante gerundet. Reusendornen nicht knotig. Kiemendeckelklappe hinten ohne auffallenden roten Fleck. **Lepomis cyanellus**

Forellenbarsch Micropterus salmoides
Größe: 20–40 cm, maximal 83 cm. Höchstgewicht 6,4 kg. *Kennzeichen:* Der Oberkiefer erstreckt sich bis hinter das Auge. 60–68 seitliche Schuppen. *Verbreitung:* Im Süden von Kanada und in den USA heimisch, nach Europa eingeführt und in einer Anzahl von Ländern eingebürgert. *Fortpflanzung:* März–Juli, laicht in Vertiefungen, die in Sand und Kies ausgehoben werden. Die Eier bewacht das Männchen; sie benötigen 2–5 Tage zur Entwicklung. Die Jungen reifen nach 3–4 Jahren und leben bis zu 15 Jahre. *Fruchtbarkeit:* 751–11 457 Eier je Weibchen. *Nahrung:* Als Jungtiere Wirbellose (besonders Krebse und Insektenlarven), als Erwachsene große Wirbellose und Fische. *Bedeutung:* In Europa von geringem Interesse, doch in Nordamerika, wo man die Art auch aus wirtschaftlichen Gründen fängt, ein beliebter Sportfisch.

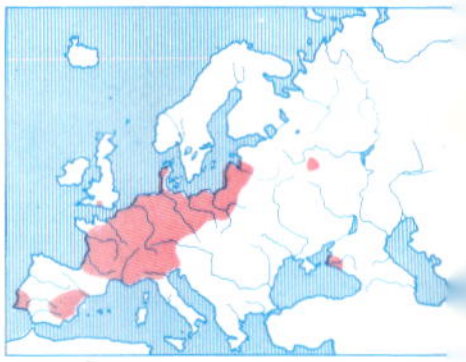

Schwarzbarsch Micropterus dolomieu
Größe: 20–40 cm, maximal 58 cm. Höchstgewicht 4,41 kg. *Kennzeichen:* Der Oberkiefer reicht bis zur Mitte des Auges zurück. 68–78 seitliche Schuppen. *Verbreitung:* Heimisch im östlichen Nordamerika, in Europa eingeführt, wo sich die Art jetzt eingebürgert hat (zum Beispiel in Frankreich). *Fortpflanzung:* Mai–Juli, laicht in einem Nest, das vom Männchen zwischen Sand oder Kies ausgehoben wird. Das Männchen bewacht Eier und Brut, die nach 4–10 Tagen ausschlüpft. Die Jungen reifen in 3–4 Jahren und können bis zu 15 Jahre leben. *Fruchtbarkeit:* 5000–14 000 Eier je Weibchen. *Nahrung:* Als Jungtiere Wirbellose (hauptsächlich Krebse und Insektenlarven), später große Wirbellose und Fische. *Bedeutung:* In Europa von geringer Bedeutung, aber früher in Nordamerika wirtschaftlich wichtig und dort heute noch ein beliebter Sportfisch.

Felsenbarsch Ambloplites rupestris
Größe: 15–20 cm, maximal 34 cm. Höchstgewicht 1,7 kg. *Kennzeichen:* Afterflosse mit 6 Dornen, die in einer beschuppten Rinne stehen. 7–9 waagrechte Reihen schwarzer Flecken unter der Seitenlinie. *Verbreitung:* Heimisch im östlichen Nordamerika, in Europa eingeführt und zumindest in einem Land (England) eingebürgert. *Fortpflanzung:* Mai–Juli, laicht in einem Nest, das vom Männchen zwischen Sand und Kies ausgehoben wird. Das Männchen bewacht die Eier (die sich in 3–4 Tagen entwickeln) und die junge Brut. Die Jungfische reifen in 2–3 Jahren und leben bis zu 10 Jahre. *Fruchtbarkeit:* 3000–11 000 Eier je Weibchen. *Nahrung:* Wirbellose (besonders Krebse und Insektenlarven) und kleine Fische. *Bedeutung:* In Europa ohne Interesse, doch in Nordamerika ein wirtschaftlich und sportlich wichtiger Fisch.

Forellenbarsch

Schwarzbarsch

Felsenbarsch

Sonnenbarsch Lepomis gibbosus
Größe: 10–15 cm, maximal 22 cm. Höchstgewicht etwa 300 g. *Kennzeichen:* Zwei Rückenflossen teilweise miteinander verbunden. Reusendornen knotig. Kiemendeckelklappe kurz und hinten mit einem auffallenden roten Fleck. *Verbreitung:* Heimisch im Süßwasser des östlichen Nordamerika, in vielen Teilen Europas eingeführt und eingebürgert. *Fortpflanzung:* Mai–Juli, laicht in flachen Senken zwischen Sand im Pflanzenwuchs. Die Eier (die sich in 3–5 Tagen entwickeln) und die Brut werden vom Männchen bewacht. Die Jungen reifen nach 2 bis 3 Jahren und können 9 Jahre leben. *Fruchtbarkeit:* 600–5000 Eier je Weibchen. *Nahrung:* Hauptsächlich Wirbellose (besonders Krebse und Insektenlarven), doch fressen Erwachsene auch kleine Fische. *Bedeutung:* In Europa von geringem Interesse, doch in Nordamerika in gewissem Ausmaß gewerblich und als Sportfisch gefangen.

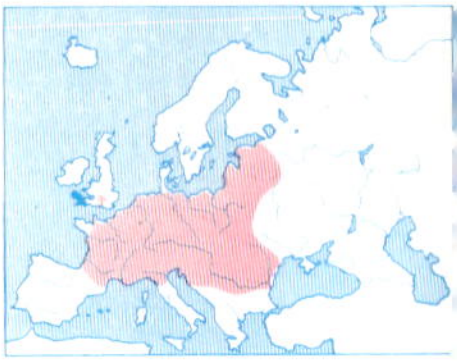

Ohrenbarsch Lepomis auritus
Größe: 12–15 cm, maximal 24 cm. *Kennzeichen:* Zwei Rückenflossen teilweise miteinander verbunden. Kiemendeckelklappe ganz schwarz ohne weitere Färbung am Rand. *Verbreitung:* Im Süßwasser des östlichen Nordamerika heimisch, in Europa eingeführt und eingebürgert. *Fortpflanzung:* Juni–Juli, laicht in einem Nest, das vom Männchen ausgehoben wird. Das Männchen bewacht auch Eier und Brut. *Nahrung:* Hauptsächlich Wirbellose (besonders Insektenlarven), doch manchmal auch kleine Fische. *Bedeutung:* In Europa ohne Bedeutung; in Nordamerika nur örtlich von geringem sportlichem Interesse.

Grüner Sonnenbarsch Lepomis cyanellus
Größe: 10–12 cm, maximal 30 cm. Dieser Fisch wiegt etwa 1 kg. *Kennzeichen:* Zwei Rückenflossen teilweise miteinander verbunden. Reusendornen nicht knotig. Farbe braun bis oliv mit einem smaragdgrünen Schimmer; kein roter Fleck auf der Kiemendeckelklappe. *Verbreitung:* Heimisch im Süßwasser des östlichen Nordamerika, in europäischen Gewässern eingeführt und in Westdeutschland eingebürgert. *Fortpflanzung:* Mai–August, laicht in flachen Nestern, die das Männchen im flachen Wasser, geschützt durch Felsen und Pflanzen, aushebt. Das Männchen bewacht und fächelt die Eier; es schützt auch die Jungen für kurze Zeit. Die Eier entwickeln sich in 3–5 Tagen und die Jungen reifen nach 2 Jahren. Sie können bis zu 9 Jahre alt werden. *Nahrung:* Hauptsächlich Wirbellose (Weichtiere und Insektenlarven), doch gelegentlich auch kleine Fische. *Bedeutung:* In Europa ohne wirtschaftliche und sportliche Bedeutung, doch in einigen Teilen der USA ein wichtiger Sportfisch.

Sonnenbarsch

Ohrenbarsch

Grüner
Sonnenbarsch

Familie Cichlidae, Buntbarsche

Die Cichliden sind eine große Fischfamilie mit vielen außerordentlich farbenprächtigen Vertretern. Sie sind hauptsächlich im tropischen Afrika, Südamerika und Zentralamerika heimisch. Die Arten treten in einer Vielzahl von Lebensräumen auf, angefangen von großen, überwachsenen Flüssen bis zu außerordentlich tiefen Seen. Sie haben nur ein Paar Nasenöffnungen, und die Seitenlinie besteht gewöhnlich aus zwei Teilen. Beim Brüten zeigen sich normalerweise Balz, Nestbau und Brutfürsorge. Obwohl in tropischen Aquarien häufig, ist nur eine Art in natürliche Gewässer Europas erfolgreich eingeführt worden.

Canchito Cichlasoma facetum
Größe: 10–15 cm, maximal 30 cm. *Kennzeichen:* Ein Paar Nasenöffnungen; große Rückenflosse mit aufrichtbaren, stacheligen vorderen Strahlen; Färbung veränderlich – messingfarben-gelb bis grünlich oder sogar schwarz, gewöhnlich mit mehreren dunklen Querbändern. *Verbreitung:* In Südamerika heimisch. Da man weiß, daß die Art viel tiefere Temperaturen als die meisten Vertreter der Familie verträgt, ist sie offenbar im südlichen Portugal erfolgreich eingeführt worden. *Fortpflanzung:* Juni –August, laicht in einem Nest, das vorher von Männchen und Weibchen hergerichtet wurde. Die Eier entwickeln sich in 2–4 Tagen und werden von den Eltern einige Zeit bewacht. *Nahrung:* Wirbellose, besonders Weichtiere und Insektenlarven. *Bedeutung:* Nur als Aquariumsfisch wichtig.

Familie Blenniidae, Schleimfische

Die Blenniiden oder Schleimfische sind in der Hauptsache kleine, marine Fische, die am Boden liegen. Sie sind gewöhnlich langgestreckt und haben lange Rückenflossen, die sich vom Kopf bis zum Schwanz erstrecken. Der Körper ist charakteristisch mit farbigen Flecken oder Streifen gezeichnet. Einige Arten haben herausragende Hautanhänge über dem Auge. Einige kommen an den Küsten rund um Europa vor, aber nur eine Species findet man im Süßwasser.

Süßwasser-Blennius Blennius fluviatilis
Größe: 8–12 cm, maximal 15 cm. *Kennzeichen:* Eine sehr große Rückenflosse verläuft vom Kopf bis zum Schwanz. Über jedem Auge ein kleiner Auswuchs. Bauchflossen vor den Brustflossen. *Verbreitung:* Zu finden im Süßwasser in Flüssen und Seen von Einzugsgebieten, die mit dem westlichen und nordöstlichen Mittelmeer in Verbindung stehen. *Fortpflanzung:* April–Juni, laicht in Nestern unter Steinen. Die Eier werden vom Männchen bewacht. *Nahrung:* Wirbellose (besonders Krebse und Insekten) und kleine Fische. *Bedeutung:* Ohne wirtschaftliches Interesse; für den Angler von geringer Bedeutung, es sei denn als Köderfisch.

Canchito

Süßwasser-Blennius

Familie Gobiidae, Grundeln

Die Grundeln, eine sehr weit verbreitete Familie kleiner Fische, findet man in vielen Teilen der Welt der tropischen und gemäßigten Zone. Die meisten Arten sind marin, viele kommen auch im Brackwasser vor und eine beträchtliche Anzahl im Süßwasser. Diese treten in fließendem wie in stehendem Wasser auf. Die enge Verwandtschaft innerhalb der Gattungen, die geringe Größe vieler Fische sowie die oft erheblichen Unterschiede zwischen den Geschlechtern in Farbe und Größe können die Bestimmung erschweren.

Das Hauptkennzeichen dieser Familie ist die Verwachsung der Bauchflossen zu einer einzigen, saugnapfartigen Flosse. Der Körper ist normalerweise ziemlich langgestreckt, wenn auch vorn häufig breit und gedrungen. Der Kopf ist groß, Lippen und Wangen sind gut entwickelt. Sensible Papillen und andere Auswüchse kommen häufig am Kopf vor, oft in charakteristischen Mustern angeordnet. Die Seitenlinie ist vollständig oder fehlend. Die Fische haben zwei gut entwickelte Rückenflossen ohne kräftige, stachelige Strahlen. Die Afterflosse ähnelt in der Größe meist der zweiten Rückenflosse.

Grundeln kommen häufig sehr zahlreich vor, leben gewöhnlich am Boden des Gewässers und treten besonders in flachen Küstenzonen auf. Eine Anzahl von Arten lebt frei im Wasser (pelagisch). Zur Laichzeit werden die Männchen recht dunkel (einige ganz schwarz), ihre Flossen verlängern sich und der Kopf verändert seine Form. Sie bauen einfache Nester, gewöhnlich im Schutz von Muscheln, Steinen oder Pflanzen. Die Männchen bewachen die klebrigen Eier, bis die Larven ausschlüpfen und davonschwimmen. Viele Arten sterben innerhalb des Jahres, in dem sie ausgeschlüpft sind.

Einige größere Grundeln sind eßbar und wirtschaftlich von Bedeutung, besonders im Schwarzen Meer und im Kaspisee. Es gibt in Europa 22 Arten, die im Süßwasser vorkommen oder von Zeit zu Zeit ins Süßwasser einschwimmen.

Bestimmungsschlüssel für die europäischen Grundeln, die im Süßwasser zu finden sind

1 Körper allgemein ohne Schuppen, wenn diese auch als Plättchen oder Dornen auftreten können. Keine Sinneskanäle oder Sinnesporen am Kopf. **2**

Körper mit Schuppen bedeckt. Sinneskanäle und Sinnesporen am Kopf vorhanden. **6**

2 Körper gänzlich nackt. Vordere Nasenöffnungen nicht in Röhren verlängert. **Caspiosoma caspium**

Körper normalerweise mit Plättchen oder Dornen bedeckt. Vordere Nasenöffnungen in Röhren verlängert. **3**

3 6 Strahlen in der ersten Rückenflosse, 12–13 Strahlen in der zweiten Rückenflosse, 9–11 Strahlen in der Afterflosse. Einige stachelige Schuppen an der Körperseite. **Benthophilus brauneri**

1–4 Strahlen in der ersten Rückenflosse, 6–11 Strahlen in der zweiten Rückenflosse, 6–10 Strahlen in der Afterflosse. Keine Schuppen an der Körperseite. **4**

4 Körper mit einförmigen, knöchernen Körnchen bedeckt, doch ohne Reihen von größeren Körnchen. **Benthophilus granulosus**

3 Reihen großer Dornen auf jeder Körperseite, gewöhnlich mit kleinen, knöchernen Körnchen dazwischen. Hinterleibs- und Brustregionen nackt. **5**

5 Körper dicht mit knöchernen Körnchen bedeckt: 22–27 Erhebungen in rückseitiger Reihe. Farbe aschgrau, keine dunklen Bänder auf dem Rücken. **Benthophilus macrocephalus**

Körper hauptsächlich mit Erhebungen bedeckt, nur sehr wenige knöcherne Körnchen. 3 bräunliche Bänder über dem Rücken. **Benthophilus stellatus**

6 Zweite Rückenflosse mit weniger als 12 gegabelten Strahlen. **7**

Zweite Rückenflosse mit mehr als 12 gegabelten Strahlen. **15**

7 Vordere Nasenöffnungen in bartfädenartige Erhebungen über das Maul hängend verlängert. 36–48 seitliche Schuppen. **Proterorhinus marmoratus**

Vordere Nasenöffnungen nicht in bartfädenartige Röhrchen verlängert. 45–79 seitliche Schuppen. **8**

8 Schwimmblase vorhanden. **Gobius ophiocephalus**

Bei Erwachsenen keine Schwimmblase vorhanden. **9**

9 Scheitel- und Hinterkopfbereiche nicht beschuppt. **10**

Scheitel- und gewöhnlich auch Hinterkopfbereiche beschuppt. **14**

10 Afterflosse mit 10–13 gegabelten Strahlen. 42–58 seitliche Schuppen. **Gobius melanostomus**

Afterflosse: 11–17 gegabelte Strahlen. Über 55 seitliche Schuppen. **11**

11 Zweite Rückenflosse hinten niedriger werdend. **Gobius fluviatilis**

Zweite Rückenflosse hinten nie niedriger werdend, am Ende gleich hoch oder höher. **12**

12 Schwanzstiel etwa 1½mal so lang wie hoch. Seitliche Läppchen auf dem Rand des Bauchflossentrichters abgestumpft. **Gobius syrman**

Schwanzstiel etwa so lang wie hoch oder nur etwas länger. Seitliche Läppchen auf dem Rand des Bauchflossentrichters zugespitzt. **13**

13 Geringste Körperhöhe größer als 8% der Körperlänge. Dicke des Schwanzstiels geringer als 66% seiner Höhe. **Gobius cephalarges**

Geringste Körperhöhe geringer als 8% der Körperlänge. Dicke des Schwanzstiels größer als 66% seiner Höhe. **Gobius kessleri**

14 65–84 seitliche Schuppen. 8 oder mehr Vertiefungen in suborbitaler Reihe. **Gobius batracocephalus**

47–69 seitliche Schuppen. 6 oder mehr Vertiefungen in einer Reihe unter dem Auge. **Gobius gymnotrachelus**

15 Mehr als 60 seitliche Schuppen. **Relictogobius kryzanovskii**

Weniger als 60 seitliche Schuppen. **16**

16 Afterflosse mit 7 gegabelten Strahlen. 35–40 Schuppen entlang der Seitenlinie. **17**

Afterflosse mit 8–11 gegabelten Strahlen. **18**

17 35 seitliche Schuppen. 8 gegabelte Strahlen in der zweiten Rückenflosse. **Padogobius panizzai**

40 seitliche Schuppen. 9 gegabelte Strahlen in der zweiten Rückenflosse. **Padogobius nigricans**

18 30 seitliche Schuppen; 8–9 gegabelte Strahlen in der Afterflosse. **19**

Mehr als 30 seitliche Schuppen; 8–11 gegabelte Strahlen in der Afterflosse. **Hyrcanogobius bergi**

19 Abstand zwischen den Rückenflossen etwa so groß wie die Länge der ersten Rückenflosse. **Pomatoschistus longicaudatus**

Abstand zwischen den Rückenflossen viel größer als die Länge der ersten Rückenflosse. **20**

20 Mehr als 40 seitliche Schuppen. **Pomatoschistus microps**

Weniger als 40 seitliche Schuppen. **21**

21 Längsstreifen an beiden Rückenflossen. **Pomatoschistus canestrini**

Keine Längsstreifen an den Rückenflossen. **Pomatoschistus caucasicus**

Kessler-Grundel Gobius kessleri
Größe: 15–20 cm, maximal 22 cm. *Kennzeichen:* Zwei Rückenflossen und verwachsene Bauchflossen. Mehr als 55 seitliche Schuppen. Zugespitzte Seitenläppchen auf dem Rand des Bauchflossentrichters. *Verbreitung:* Zu finden im Schwarzen Meer und in dem Kaspisee sowie in den Einzugsgebieten ihrer nördlichen Zuflüsse. Kommt gewöhnlich im Meer vor, im Brackwasser, in schnell fließenden Gewässern und in Seen. *Fortpflanzung:* April–Mai, laicht in einem Nest, das anschließend vom Männchen bewacht wird. *Nahrung:* Wirbellose, besonders Krebse. *Bedeutung:* Für die Netzfischerei im Schwarzen Meer und im Kaspisee von gewisser wirtschaftlicher Bedeutung. Sportlich unwichtig.

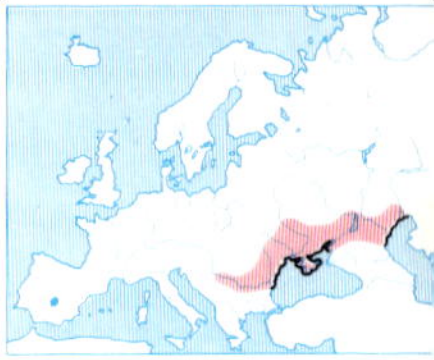

Großkopf-Grundel Gobius cephalarges
Größe: 18–22 cm, maximal 24 cm. *Kennzeichen:* Zwei Rückenflossen und verwachsene Bauchflossen. Mehr als 55 seitliche Schuppen. Zugespitzte Seitenläppchen auf dem Rand des Bauchflossentrichters. *Verbreitung:* Zu finden in flachen, steinigen Gebieten im Schwarzen Meer und im Kaspisee sowie in vielen damit verbundenen Flüssen. Viele der Süßwasserpopulationen wandern nicht und verbringen ihr ganzes Leben in klaren, steinigen Gebirgsflüssen. *Fortpflanzung:* März–Mai im Meer. Über das Fortpflanzungsverhalten ist wenig bekannt. *Nahrung:* Wirbellose (hauptsächlich Weichtiere und Krebse) und kleine Fische. *Bedeutung:* Für den lokalen Seefischfang von gewisser wirtschaftlicher Bedeutung. Wird nicht geangelt.

Syrman-Grundel Gobius syrman
Größe: 18–22 cm, maximal 25 cm. *Kennzeichen:* Zwei Rückenflossen und verwachsene Bauchflossen. Mehr als 55 seitliche Schuppen. Seitenläppchen auf dem Rand des Bauchflossentrichters abgestumpft. *Verbreitung:* Zu finden in den nördlichen Bereichen des Schwarzen Meeres (einschließlich des Asowschen Meeres) und des Kaspisees. Schwimmt in die Flußmündungen und in die Unterläufe der Flüsse in diesen Gebieten ein (zum Beispiel Bug, Don). *Fortpflanzung:* April–Mai, laicht in einem Nest, das anschließend vom Männchen bewacht wird. *Nahrung:* Wirbellose, besonders Krebse. *Bedeutung:* Für die Netzfischerei im Schwarzen Meer und im Kaspisee von einiger wirtschaftlicher Bedeutung. Für den Angler ohne Interesse.

Nackthals-Grundel Gobius gymnotrachelus
Größe: 12–15 cm, maximal 17 cm. *Kennzeichen:* Zwei Rückenflossen und verwachsene Bauchflossen. 47–69 seitliche Schuppen. 6 oder mehr Vertiefungen in einer Reihe unter dem Auge. *Verbreitung:* Zu finden in mehreren Flüssen und einigen Seen in Einzugsgebieten nördlich des Schwarzen Meeres (zum Beispiel Donau, Dnjestr, Bug). Die Art tritt hier auch ebenso wie überall im Gebiet des Kaspisees im Brackwasser auf. *Fortpflanzung:* April–Mai, laicht in einem Nest, das vom Männchen gebaut und anschließend von ihm bewacht wird. *Nahrung:* Wirbellose verschiedener Art, besonders Krebse. *Bedeutung:* Für Netzfischerei (Schwarzes Meer) geringe, sportlich ohne Bedeutung.

Kessler-
Grundel ♀

Großkopf-
Grundel ♀

♂ im Brutkleid

rman-Grundel ♀

ckthals-Grundel ♀

Kröten-Grundel Gobius batracocephalus

Größe: 25–30 cm, maximal 35 cm. *Kennzeichen:* Zwei Rückenflossen und verwachsene Bauchflossen. 65–84 seitliche Schuppen. 8 oder mehr Vertiefungen in einer Reihe unter dem Auge. *Verbreitung:* Zu finden entlang den nördlichen Küsten des Schwarzen Meeres, einschließlich des Asowschen Meeres. Kommt in Flußmündungsgebieten in Brackwasserlagunen vor, schwimmt jedoch nur gelegentlich in Flüsse ein (zum Beispiel Bug, Dnjepr). *Fortpflanzung:* März–April, in Küstengewässern. Die Eier werden in einem Nest abgelegt, das vom Männchen gebaut und bewacht wird. *Nahrung:* Wirbellose, insbesondere Krebse und einige kleine Fische. *Bedeutung:* Für die Netzfischerei im Schwarzen Meer eine wirtschaftlich recht bedeutende Fischart.

Fluß-Grundel Gobius fluviatilis

Größe: 15–18 cm, maximal 20 cm. *Kennzeichen:* Zwei Rückenflossen (die zweite wird hinten niedriger) und verwachsene Bauchflossen. 58–65 seitliche Schuppen. *Verbreitung:* Zu finden in einigen Brackwassergebieten des Schwarzen Meeres (einschließlich des Asowschen Meeres) und des Kaspisees, doch am häufigsten in großen Flüssen dieses Bereichs (zum Beispiel Donau, Dnjestr, Bug). *Fortpflanzung:* Mai–Juli, laicht in einem Nest, das vom Männchen gebaut und bewacht wird. Die Jungen reifen nach zwei Jahren. *Nahrung:* Wirbellose, besonders Krebse. *Bedeutung:* Im Gebiet des Schwarzen Meeres und des Kaspisees von beträchtlicher wirtschaftlicher Bedeutung.

Schwarzmund-Grundel Gobius melanostomus

Größe: 18–22 cm, maximal 25 cm. *Kennzeichen:* Zwei Rückenflossen und verwachsene Bauchflossen. Afterflosse mit 10–13 gegabelten Strahlen. 42 bis 58 seitliche Schuppen. *Verbreitung:* Zu finden im Schwarzen Meer und im Kaspisee sowie in den Unterläufen der großen Flußsysteme, die damit in Verbindung stehen (zum Beispiel Dnjestr, Wolga). *Fortpflanzung:* Hauptsächlich Mai–Juli, kann sich jedoch in verschiedenen Gebieten auch über diesen Zeitraum hinaus erstrecken. Laicht in Süß- und Salzwasser. Die Jungen reifen nach einem Jahr. *Nahrung:* Wirbellose, besonders Weichtiere und Krebse. *Bedeutung:* Eine häufige Art; von beträchtlicher wirtschaftlicher Bedeutung im Schwarzen Meer und im Kaspisee, wo der Fang entweder frisch oder in Büchsen gehandelt wird.

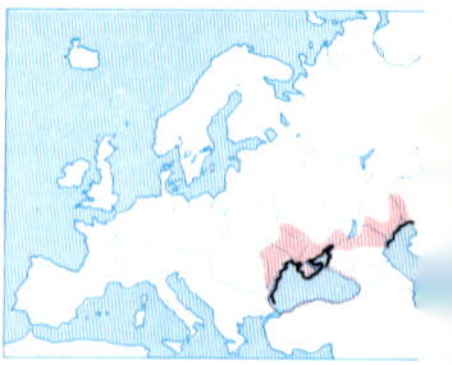

Kröten-
Grundel ♀

Fluß-
Grundel ♀

♂ im Brutkleid

Schwarzmund-Grundel ♀

♂ im Brutkleid

Schlangenkopf-Grundel Gobius ophiocephalus
Größe: 18–22 cm, maximal 25 cm. *Kennzeichen:* Zwei Rückenflossen und verwachsene Bauchflossen. 45–79 seitliche Schuppen. Schwimmblase vorhanden. *Verbreitung:* Zu finden in den Küstengewässern des nördlichen Mittelmeeres und des westlichen und östlichen Schwarzen Meeres (einschließlich des Asowschen Meeres). Kommt nur gelegentlich in Süß- und Brackwasser vor. *Fortpflanzung:* März–April, laicht in Nestern, die vom Männchen aus pflanzlichem Detritus zwischen dichtem Pflanzenwuchs gebaut werden. *Nahrung:* Wirbellose, besonders Krebse. Manchmal kleine Fische. *Bedeutung:* In den betreffenden Meeren für die Netzfischerei von gewisser wirtschaftlicher Bedeutung.

Canestrini-Grundel Pomatoschistus canestrini
Größe: 4–5 cm, maximal 6 cm. *Kennzeichen:* Zwei Rückenflossen und verwachsene Bauchflossen. 34 bis 38 seitliche Schuppen. Längsstreifen auf beiden Rückenflossen. *Verbreitung:* Nur im Süßwasser in Jugoslawien (Jodro-Fluß) und Italien zu finden. *Fortpflanzung:* Über das Fortpflanzungsverhalten dieser Art scheint wenig bekannt zu sein. *Nahrung:* Wirbellose, besonders Krebse und Insektenlarven. *Bedeutung:* Ohne wirtschaftliches und sportliches Interesse.

Kaukasische Grundel Pomatoschistus caucasicus
Größe: 2–3 cm, maximal 4 cm. *Kennzeichen:* Zwei Rückenflossen und verwachsene Bauchflossen. 30 bis 36 seitliche Schuppen. Keine Längsstreifen auf den Rückenflossen. *Verbreitung:* Zu finden überall an den Küsten des Schwarzen Meeres (einschließlich des Asowschen Meeres) und des Kaspisees sowie in den Flußmündungen und leicht zugänglichen Süßwassergebieten. *Fortpflanzung:* Das Laichverhalten dieser Art ist nicht bekannt. *Nahrung:* Wirbellose, besonders Krebse und (im Süßwasser) Insektenlarven. *Bedeutung:* Ohne wirtschaftliches und sportliches Interesse.

Schlangenkopf-
Grundel ♀

Canestrini-Grundel ♀

♂

Kaukasische
Grundel ♀

♂

Langschwanz-Grundel
Pomatoschistus longicaudatus
Größe: 3–4 cm, maximal 5 cm. *Kennzeichen:* Zwei Rückenflossen und verwachsene Bauchflossen. 36 bis 43 seitliche Schuppen. Abstand zwischen den Rückenflossen etwa so groß wie die Länge der ersten Rückenflosse. *Verbreitung:* Zu finden im Brackwasser des Schwarzen Meeres (einschließlich des Asowschen Meeres) und des Kaspisees sowie in den Unterläufen mehrerer großer Flüsse (zum Beispiel Dnjepr, Don). *Fortpflanzung:* Über das Fortpflanzungsverhalten dieser Art scheint nichts bekannt zu sein. *Nahrung:* Wirbellose, besonders Krebse. *Bedeutung:* Ohne wirtschaftliches und sportliches Interesse.

Gewöhnliche Grundel Pomatoschistus microps
Größe: 3–6 cm, maximal 7 cm. *Kennzeichen:* Zwei Rückenflossen und verwachsene Bauchflossen. 42 bis 52 seitliche Schuppen. Abstand zwischen den Rückenflossen viel geringer als die Länge der ersten Rückenflosse. *Verbreitung:* Zu finden im flachen, oft brackigen Wasser an den Küsten Europas vom südlichen Norwegen bis zum Mittelmeer und zum Schwarzen Meer. In Flußmündungen häufig. *Fortpflanzung:* April–September, laicht in einem Nest, das vom Männchen unter einer Muschel oder einem Stein angelegt wird. Das Männchen bewacht die Eier und fächelt ihnen Wasser zu, bis die Jungen ausschlüpfen. Die Fische können bis zu 8mal in einer Brutperiode laichen. Die Jungen reifen nach einem Jahr, und wenige Fische leben länger als zwei Jahre. *Nahrung:* Hauptsächlich benthische Wirbellose, besonders Krebse. *Bedeutung:* Ohne wirtschaftliches und sportliches Interesse.

Langschwanz-Grundel ♀

♂ im Brutkleid

Gewöhnliche Grundel ♀

♂ im Brutkleid

Berg-Grundel Hyrcanogobius bergi
Größe: 2–3 cm, maximal 3,5 cm. Dies ist einer der kleinsten europäischen Fische. *Kennzeichen:* Zwei Rückenflossen und verwachsene Bauchflossen. Mehr als 30 seitliche Schuppen. 8–11 gegabelte Strahlen in der Afterflosse. *Verbreitung:* Zu finden nur im nördlichen Kaspisee, besonders in den Flußmündungen der Wolga, Emba und des Urals oder in deren Nähe. *Fortpflanzung:* Juli–September. Das Fortpflanzungsverhalten ist nicht gut bekannt. *Nahrung:* Wirbellose, besonders Krebse. *Bedeutung:* Ohne wirtschaftliches und sportliches Interesse.

Kryzanovski-Grundel Relictogobius kryzanovskii
Größe: 4–6 cm, maximal 7 cm. *Kennzeichen:* Zwei Rückenflossen (die zweite mit mehr als 12 gegabelten Strahlen) und verwachsene Bauchflossen. 63 bis 72 seitliche Schuppen. *Verbreitung:* Zu finden nur in einem Salzsee an der Küste des Schwarzen Meeres im Gebiet von Novorossiisk. *Fortpflanzung:* Vom Fortpflanzungsverhalten dieser Art ist wenig bekannt. *Nahrung:* Wirbellose, hauptsächlich Krebse. *Bedeutung:* Ohne wirtschaftliches und sportliches Interesse.

Marmorierte Grundel Proterorhinus marmoratus
Größe: 5–10 cm, maximal 11 cm. *Kennzeichen:* Zwei Rückenflossen (die zweite mit weniger als 12 gegabelten Strahlen) und verwachsene Bauchflossen. 36–48 seitliche Schuppen. *Verbreitung:* Zu finden im flachen Wasser an den meisten Küsten des Schwarzen Meeres und des Kaspisees. Häufig in Lagunen, einigen Seen und den Unterläufen vieler Flüsse, die in diese einmünden (zum Beispiel Donau, Araks, Bug). *Fortpflanzung:* Fortpflanzungsverhalten unbekannt. *Nahrung:* Wirbellose, hauptsächlich Krebse und (im Süßwasser) Insektenlarven. *Bedeutung:* Ohne wirtschaftliches und sportliches Interesse.

Berg-Grundel ♀

♂

Kryzanovski-
Grundel ♀

Marmorierte
Grundel ♀

Panizza-Grundel Padogobius panizzai
Größe: 3–5 cm, maximal 6 cm. *Kennzeichen:* Zwei Rückenflossen (die zweite mit 8 gegabelten Strahlen) und verwachsene Bauchflossen. Etwa 35 seitliche Schuppen. *Verbreitung:* Zu finden nur im nördlichen Italien in Flüssen in der Nähe von Venedig (zum Beispiel Po), im Gardasee und im Lago Maggiore. *Fortpflanzung:* Von der Fortpflanzungsbiologie dieser Art ist wenig bekannt. *Nahrung:* Wirbellose, besonders Krebse und Insektenlarven. *Bedeutung:* Ohne wirtschaftliches und sportliches Interesse.

Italienische Grundel Padogobius nigricans
Größe: 4–5 cm, maximal 6 cm. *Kennzeichen:* Zwei Rückenflossen (die zweite mit 9 gegabelten Strahlen) und verwachsene Bauchflossen. Etwa 40 seitliche Schuppen. *Verbreitung:* Zu finden nur im westlichen Italien in klaren, fließenden Gewässern im Einzugsgebiet der Flüsse Tiber und Arno. *Fortpflanzung:* April–Juli, laicht unter Steinen in flachem, fließendem Wasser. *Nahrung:* Wirbellose, besonders Insektenlarven. *Bedeutung:* Ohne wirtschaftliches und sportliches Interesse.

Kaspi-Grundel Caspiosoma caspium
Größe: 3–4 cm, maximal 5 cm. *Kennzeichen:* Zwei Rückenflossen und verwachsene Bauchflossen. Körper völlig nackt. Vordere Nasenöffnungen zu Röhren verlängert. *Verbreitung:* Zu finden in den nördlichen Gebieten des Schwarzen Meeres (einschließlich des Asowschen Meeres) und des Kaspisees. In den Unterläufen großer Flüsse dieses Gebietes häufig (zum Beispiel Wolga, Don, Dnjepr). *Fortpflanzung:* Vom Fortpflanzungsverhalten dieser Art ist nichts bekannt. *Nahrung:* Wirbellose, hauptsächlich Krebse und (im Süßwasser) Insektenlarven. *Bedeutung:* Ohne wirtschaftliches und sportliches Interesse.

Panizza-Grundel ♀

♂

Italienische
Grundel ♀

Kaspi-Grundel

Kaulquappen-Grundel Benthophilus macrocephalus
Größe: 5–10 cm. *Kennzeichen:* Zwei Rückenflossen und verwachsene Bauchflossen. Körper dicht mit knöchernen Körnchen bedeckt: 22–27 Erhebungen in rückseitiger Reihe. *Verbreitung:* Überall im Kaspisee und im Asowschen Meer zu finden. In den Lagunen und Flußmündungen der Wolga und des Kuban häufig. *Fortpflanzung:* Vom Fortpflanzungsverhalten dieser Art ist wenig bekannt. *Nahrung:* Wirbellose, hauptsächlich Würmer, Weichtiere, Krebse und Insektenlarven. *Bedeutung:* Ohne wirtschaftliches und sportliches Interesse.

Sternkaulquappen-Grundel Benthophilus stellatus
Größe: 8–12 cm, maximal 14 cm. *Kennzeichen:* Zwei Rückenflossen und verwachsene Bauchflossen. Eine große Anzahl von Erhebungen in charakteristischen Mustern auf Kopf und Körper; 3 dunkelbraune Flecken auf dem Rücken. *Verbreitung:* Zu finden in Brackwassergebieten des Schwarzen Meeres, des Asowschen Meeres und des Kaspisees. Häufig in den Flußläufen im Gebiet des Schwarzen Meeres (Donau, Dnjepr, Don), tritt aber im Einzugsgebiet des Kaspisees ins reine Süßwasser über. *Fortpflanzung:* Mai–Juni. Danach sterben alle Erwachsenen, Männchen und Weibchen. So liegt die gesamte Lebensdauer bei genau einem Jahr. *Fruchtbarkeit:* 700–2500 Eier je Weibchen. *Nahrung:* Wirbellose, hauptsächlich Würmer und Weichtiere. *Bedeutung:* Ohne wirtschaftliches und sportliches Interesse.

Gebänderte Kaulquappen-Grundel
Benthophilus brauneri
Größe: 4–5 cm, maximal 6 cm. *Kennzeichen:* Zwei Rückenflossen und verwachsene Bauchflossen. Zwei dunkelbraune Bänder um den Körper; zwei schräge Streifen auf den Wangen. *Verbreitung:* Im Kaspisee und den Unterläufen von Dnjepr und Bug zu finden. *Fortpflanzung:* Das Laichen findet in flachem Brackwasser statt, doch ist vom Fortpflanzungsverhalten wenig bekannt. *Nahrung:* Wirbellose, besonders Krebse. *Bedeutung:* Ohne wirtschaftliches und sportliches Interesse.

Rauhe Kaulquappen-Grundel
Benthophilus granulosus
Größe: 3–4 cm, maximal 6 cm. *Kennzeichen:* Zwei Rückenflossen und verwachsene Bauchflossen. Körper mit einförmigen knöchernen Körnchen bedeckt, doch ohne Reihen größerer Körnchen. *Verbreitung:* Überall am Kaspisee und in der Flußmündung der Wolga häufig. *Fortpflanzung:* Vom Fortpflanzungsverhalten dieser Art ist nichts bekannt. *Nahrung:* Wirbellose, besonders Krebse und einige kleine Fischlarven. *Bedeutung:* Ohne wirtschaftliches und sportliches Interesse.

Kaulquappen-Grundel ♀

Stern-Kaulquappen-Grundel ♀

Gebänderte
Kaulquappen-Grundel ♀

Rauhe Kaulquappen-Grundel ♀

Familie Cottidae, Groppen

Die Cottiden oder Groppen sind hauptsächlich kleine, am Boden lebende Fische, die in Europa, Asien und Nordamerika vorkommen. Sie sind meist marin, und man hat mehr als 300 Arten beschrieben. Nur 3 treten im Süßwasser Europas auf.

Bestimmungsschlüssel für die europäischen Groppen des Süßwassers

1 Kiemenhaut nicht mit dem Isthmus verwachsen, eine Falte bildend. 4 gelbe Auswüchse auf dem Kopf. **Myoxocephalus quadricornis**

Kiemenhaut mit dem Isthmus verwachsen, ohne freie Falte, Kopf ohne Auswüchse. **2**

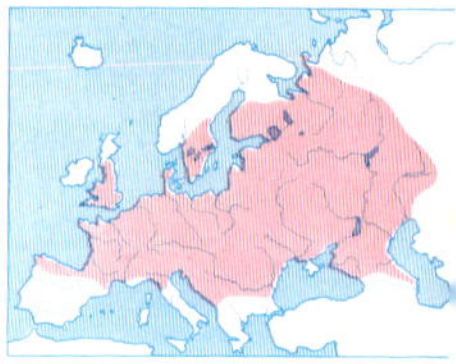

2 Seitenlinie reicht bis zur Schwanzflosse. Innerer unpigmentierter Bauchflossenstrahl mehr als halb so lang wie der längste Strahl. **Cottus gobio**

Seitenlinie endet unter der zweiten Rückenflosse. Innerer unpigmentierter Bauchflossenstrahl kürzer als die halbe Länge des längsten Strahls. **Cottus poecilopus**

Groppe, Koppe Cottus gobio
Größe: 10–15 cm, maximal 18 cm. *Kennzeichen:* Seitenlinie endet an der Schwanzflosse. *Verbreitung:* In steinigen Flüssen und einigen Seen im größten Teil Europas mit Ausnahme des äußersten Nordens und Südens. *Fortpflanzung:* März–Mai, laicht in Nestern unter Steinen, die vom Männchen bewacht werden. Die Eier entwickeln sich in 20 bis 25 Tagen, und die Jungen reifen in 2 Jahren. Werden selten älter als 6 Jahre. *Fruchtbarkeit:* Etwa 100 Eier je Weibchen. *Nahrung:* Hauptsächlich Wirbellose, besonders Insektenlarven, aber auch Fischeier und Fischbrut. *Bedeutung:* Ohne wirtschaftliches und sportliches Interesse.

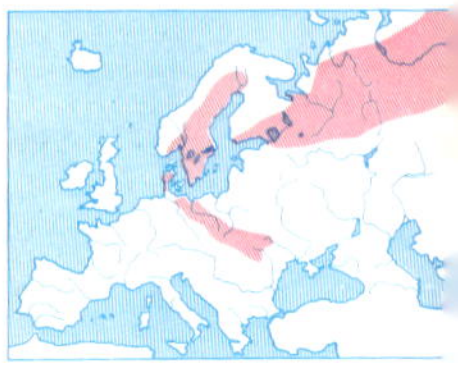

Sibirische Groppe Cottus poecilopus
Größe: 8–10 cm, maximal 13 cm. *Kennzeichen:* Seitenlinie endet unter der zweiten Rückenflosse. *Verbreitung:* In steinigen Strömen, Flüssen und einigen Seen im nördlichen und mittleren Europa und im nördlichen Asien. *Fortpflanzung:* Februar–April, laicht in Nestern unter Steinen. *Nahrung:* Wirbellose, besonders Krebse und Insektenlarven. *Bedeutung:* Wirtschaftlich und sportlich unwichtig.

Vierhörniger Seeskorpion
Myoxocephalus quadricornis
Größe: 10–25 cm, maximal 60 cm. *Kennzeichen:* Zwei Paar schwammige Auswüchse auf dem Kopf. *Verbreitung:* Im Meer und im Brackwasser an den arktischen Küsten Europas, Asiens und Nordamerikas. Kommt in isolierten Populationen in großen Seen vor (zum Beispiel Mälarsee). *Fortpflanzung:* Dezember–Januar, laicht zwischen Steinen in Gebieten, die vom Männchen bewacht werden. *Nahrung:* Benthische Wirbellose, besonders Krebse. *Bedeutung:* Für die lokale Fischerei von gewisser Bedeutung. Ohne sportliches Interesse.

Groppe

Sibirische Groppe

Vierhörniger
Seeskorpion

Familie Pleuronectidae, Plattfische

Die Plattfische, eine große Familie vor allem mariner Fische, sind in allen Meeren der Welt verbreitet. Nur 2 von den vielen Gattungen dringen in Europa ins Süßwasser vor (beide katadrom, s. S. 17). Die Fische sind charakteristisch abgeplattet und unsymmetrisch: beide Augen liegen auf der gleichen Seite (meist rechts, selten links).

Bestimmungsschlüssel für die europäischen Plattfische, die ins Süßwasser vordringen

1 Knöcherne Hautwarzen am Grund der Rückenflossen- und Afterflossenstrahlen vorhanden. Knöcherne Hautwarzen oder Plättchen auf dem Körper. 15–22 Reusendornen auf dem ersten Kiemenbogen. **Platichthys flesus**

Keine knöchernen Hautwarzen am Grund der Rückenflossen- und Afterflossenstrahlen, auch keine knöchernen Hautwarzen oder Plättchen auf dem Körper. 10–14 Reusendornen auf dem ersten Kiemenbogen. **Liopsetta glacialis**

Flunder Platichthys flesus
Größe: 20–30 cm, maximal 50 cm. *Kennzeichen:* Abgeplattet, unsymmetrisch, mit beiden Augen auf der gleichen Seite. Knöcherne Hautwarzen und Plättchen auf dem Körper. 15–22 Reusendornen auf dem ersten Kiemenbogen. *Verbreitung:* Überall an den europäischen Küsten vom Arktischen Ozean bis zum nördlichen Mittelmeer und bis zum Schwarzen Meer zu finden. Auch in Flußmündungen und Tieflandflüssen sowie einigen Seen häufig, die vom Meer aus leicht zu erreichen sind. *Fortpflanzung:* Februar–Mai, laicht im Meer im tiefen Wasser. Die Eier entwickeln sich in 4–8 Tagen. Die Larven leben etwa 50 Tage lang frei im Wasser (pelagisch), ehe sie zu Boden sinken und ihre abgeplattete Form annehmen. Die Jungen reifen nach 3–4 Jahren. *Fruchtbarkeit:* 500 000–2 000 000 Eier je Weibchen. *Nahrung:* Als Jungtiere Zooplankton, später benthische Wirbellose, besonders Würmer, Weichtiere und Krebse. *Bedeutung:* An vielen sandigen Küsten wirtschaftlich sehr wichtig. Fang in Reusen und Netzen verschiedener Art. In vielen Küstenbereichen auch bei Anglern beliebt.

Arktische Flunder Liopsetta glacialis
Größe: 15–25 cm, maximal 35 cm. *Kennzeichen:* Abgeplattet, unsymmetrisch, mit beiden Augen auf der gleichen Seite. Ohne knöcherne Hautwarzen und Plättchen auf dem Körper. 10–14 Reusendornen auf dem ersten Kiemenbogen. *Verbreitung:* Zu finden nur in den arktischen Küstengewässern einschließlich Flußmündungen und Unterläufen einiger Flüsse. *Fortpflanzung:* Februar–Mai, im Meer. *Nahrung:* Benthische Wirbellose, besonders Weichtiere. *Bedeutung:* Für Netzfischerei an den Küsten örtliche, sportlich ohne Bedeutung.

Flunder

Arktische Flunder

Zusammenhang zwischen Alter und Größe bei einigen Fischarten

Die Kurven informieren über den Zusammenhang zwischen Alter und Größe bei jeweils einer Art innerhalb einer Familie der europäischen Süßwasserfische, soweit Unterlagen zur Verfügung standen. Sie können dazu dienen, das Alter abzuschätzen, wenn die Länge bekannt ist, oder umgekehrt. Hierbei wird der bekannte Wert (Länge oder Alter) an der Kurve aufgesucht und der unbekannte Wert auf der dazugehörigen Achse abgelesen.

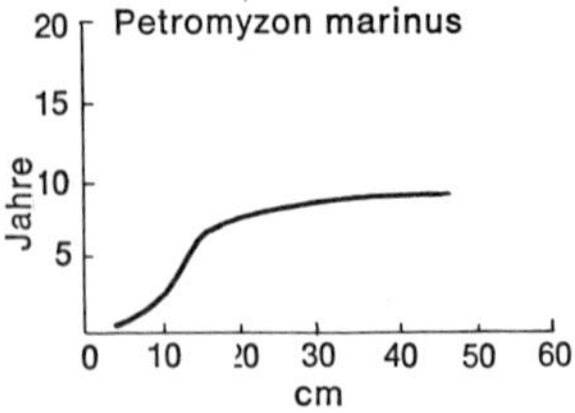

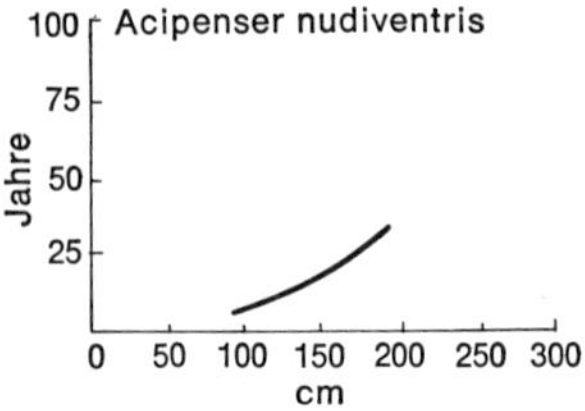

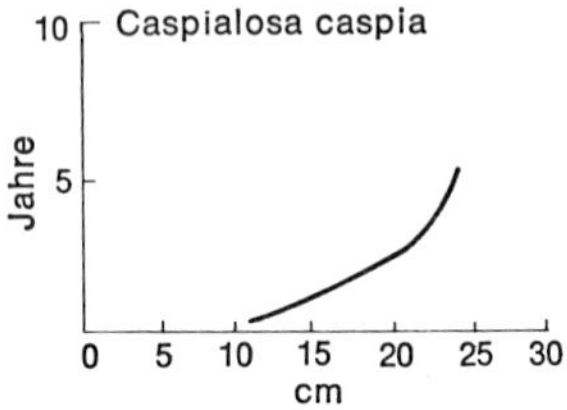

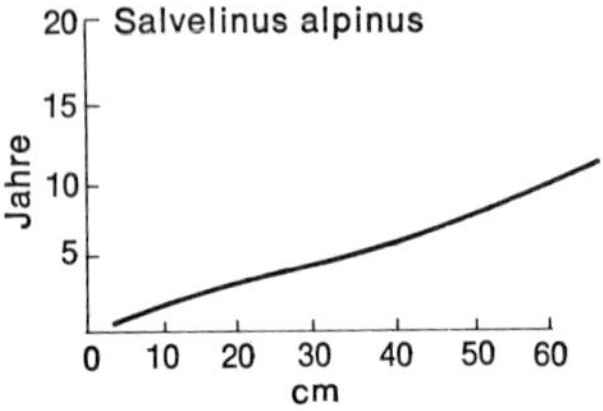

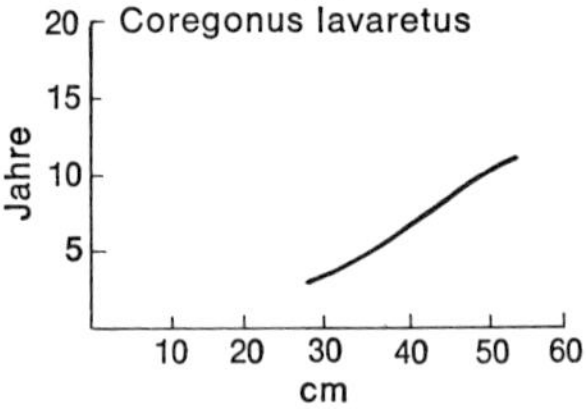

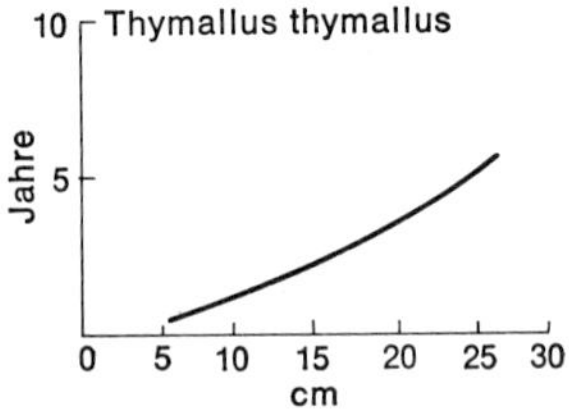

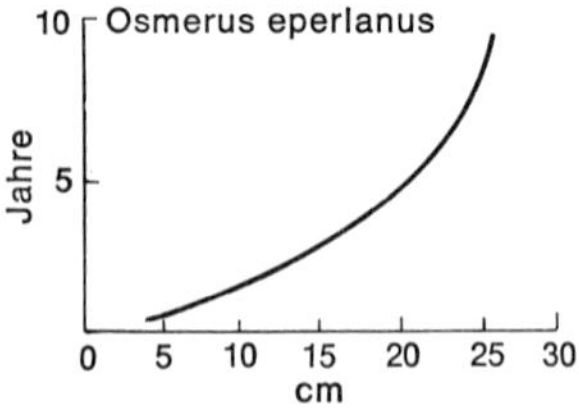

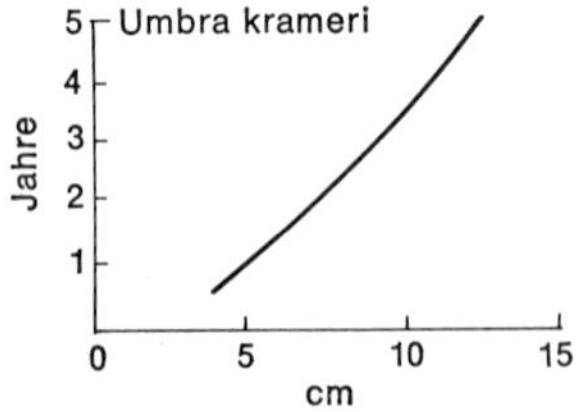

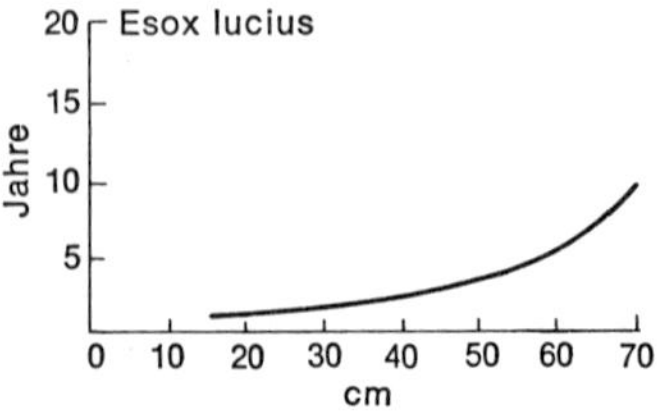

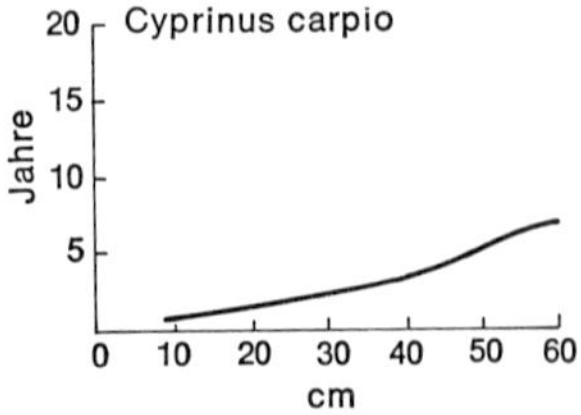

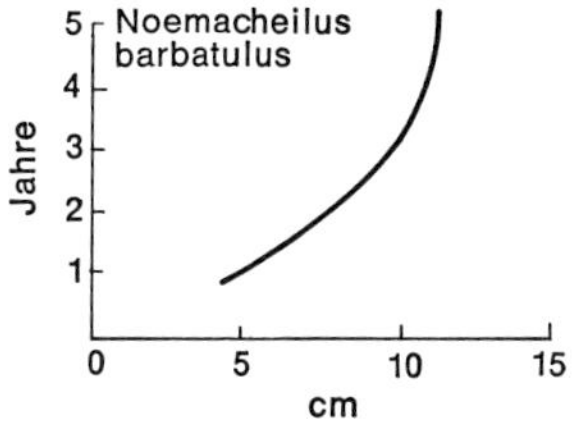
Noemacheilus barbatulus
Jahre
1 2 3 4 5
0 5 10 15
cm

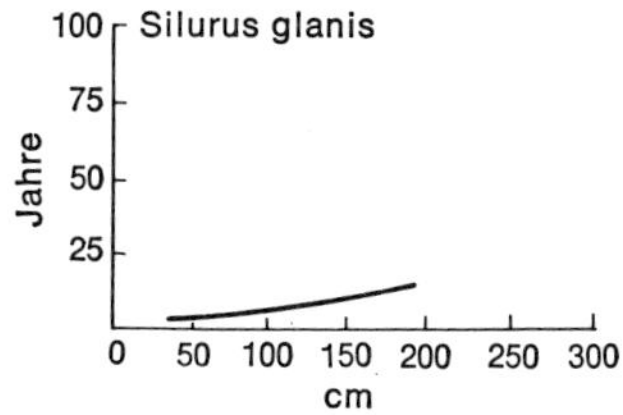
Silurus glanis
Jahre
25 50 75 100
0 50 100 150 200 250 300
cm

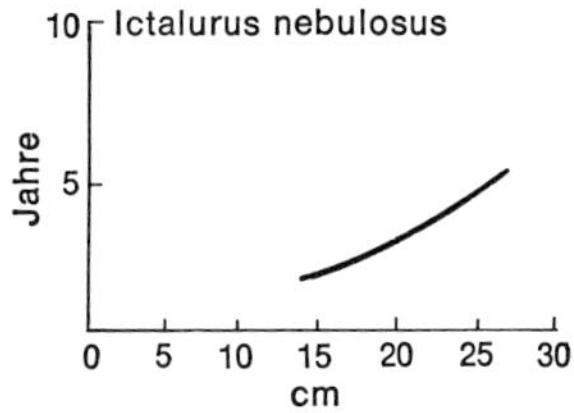
Ictalurus nebulosus
Jahre
5 10
0 5 10 15 20 25 30
cm

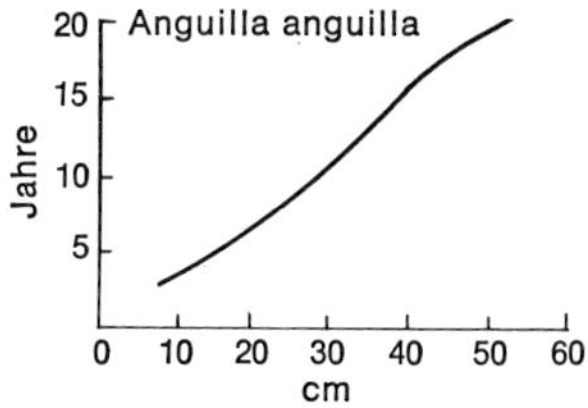
Anguilla anguilla
Jahre
5 10 15 20
0 10 20 30 40 50 60
cm

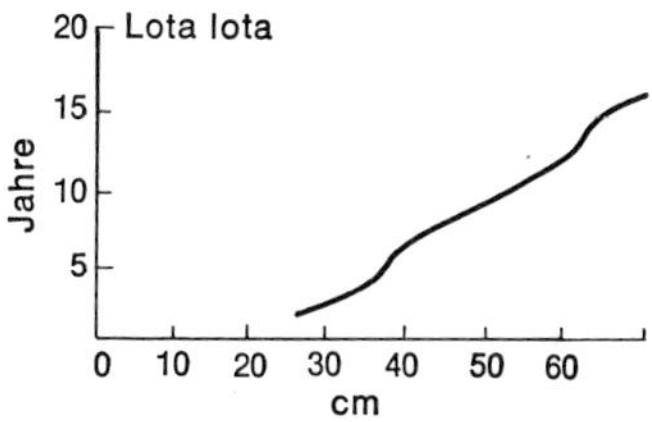
Lota lota
Jahre
5 10 15 20
0 10 20 30 40 50 60
cm

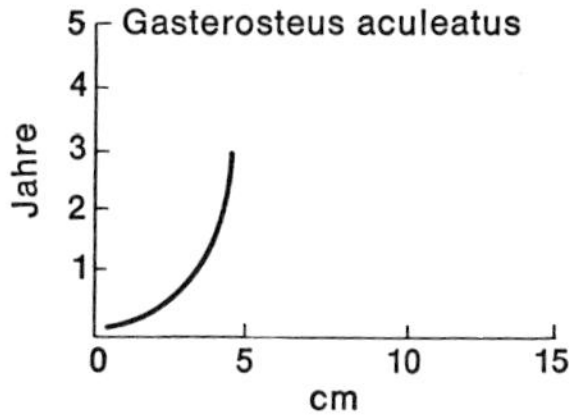
Gasterosteus aculeatus
Jahre
1 2 3 4 5
0 5 10 15
cm

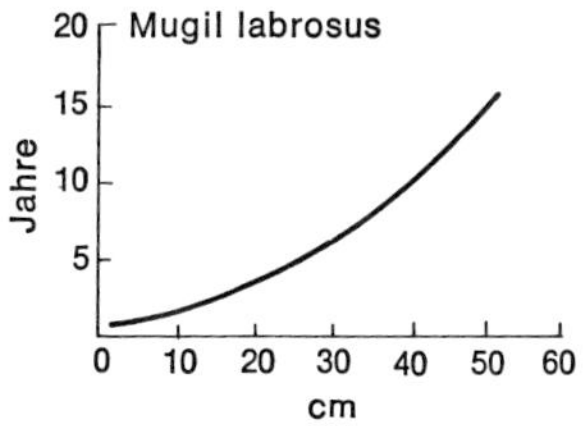
Mugil labrosus
Jahre
5 10 15 20
0 10 20 30 40 50 60
cm

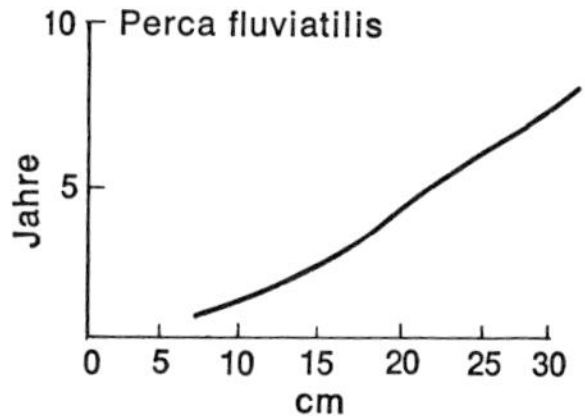
Perca fluviatilis
Jahre
5 10
0 5 10 15 20 25 30
cm

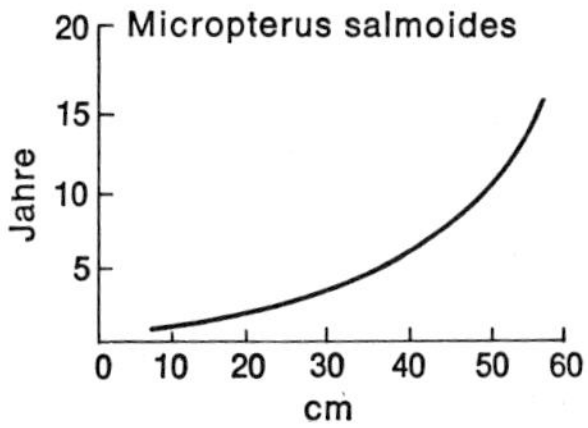
Micropterus salmoides
Jahre
5 10 15 20
0 10 20 30 40 50 60
cm

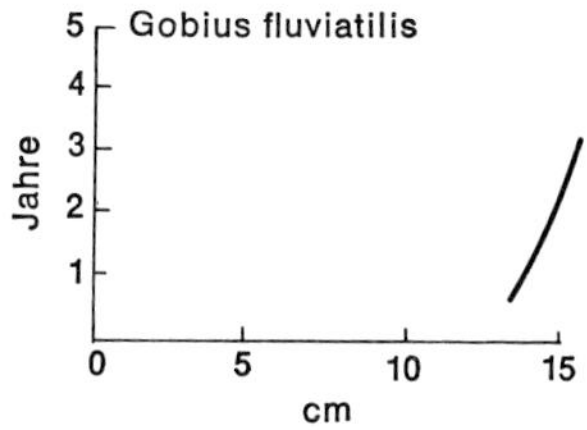
Gobius fluviatilis
Jahre
1 2 3 4 5
0 5 10 15
cm

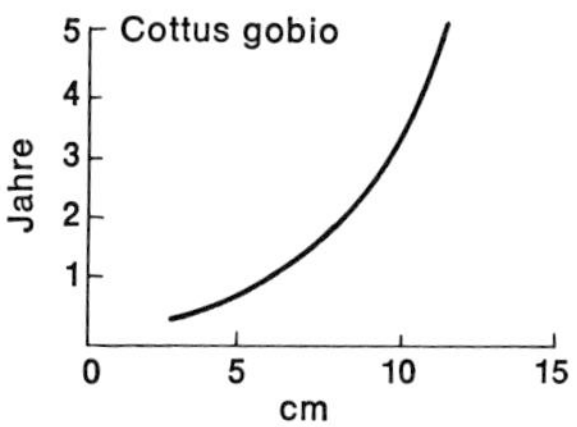
Cottus gobio
Jahre
1 2 3 4 5
0 5 10 15
cm

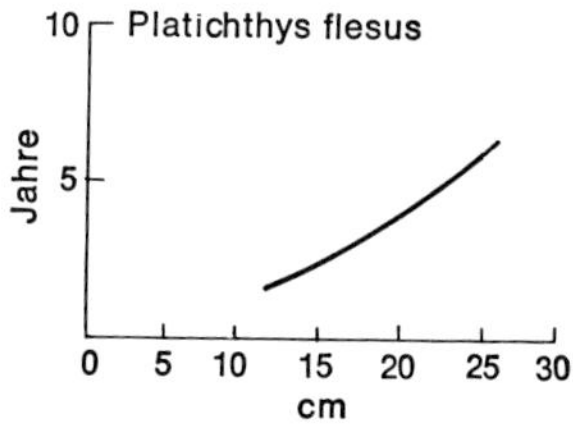
Platichthys flesus
Jahre
5 10
0 5 10 15 20 25 30
cm

Literaturhinweise

Aichele, D., Das fängt man mit der Angel. Kosmos, Stuttgart. 1970

Albuquerque, R. M., Peixes de Portugal e ilhas adjacentes. Port. Acta biol., B, 5, 1956

Alexander, R. M., Functional design in fishes. Hutchinson, London. 1967

Banaresch, P., Blanc, M., Gaudet, J. L., Hureau, J. C., European inland water fish: a multilingual catalogue. Fishing News, London. 1971

Bauch, G., Die einheimischen Süßwasserfische. Neumann, Berlin. 1953

Berg, L., Classification of fishes both recent and fossil. Edwards, Ann Arbor. 1947

Berg, L. S., Freshwater fishes of the USSR and adjacent countries. Israel Program of Scientific Translation, Jerusalem. 1962

Bini, G., I pesci delle aque interne d'Italia. Garzanti, Roma. 1962

Cabo, F. L., Los peces de las aguas continentales espanolas. SNPFC, Madrid. 1964

Flauaus, G., Der Goldfisch. Kosmos, Stuttgart. 1977

Greenwood, P. H., Miles, R. S., & Patterson, C., Interrelationships of fishes. Academic Press, New York. 1973

Hervey, G. F. & Hems, J., The book of the garden pond. Paul, London. 1958

Hoar, W. S. & Randall, D. J., Fish physiology. Academic Press, New York. 1971

Huet, M., Textbook of fish culture: breeding and cultivation of fish. Fishing News, London. 1971

Hutchinson, G. E., A treatise on limnology. Wiley, New York. 1975

Innes, W. T., Exotic aquarium fishes. Innes, Philadelphia. 1959

Kosmos-Handbuch Aquarienkunde. Das Süßwasseraquarium, Kosmos, Stuttgart. 1977

Ladiges, W. & Vogt, D., Die Süßwasserfische Europas. Parey, Hamburg. 1965

Lagler, K. F., Bardach, J. E., & Miller, R. R., Ichthyology. Wiley, New York. 1967

Maitland, P. S., A key to the freshwater fishes of the British Isles with notes on their distribution and ecology. Sci. Publ. Freshw. Biol. Ass., 27, 1972

Marshall, N. B., The life of fishes. Weidenfeld & Nicolson, London. 1965

Muus, B. J. & Dahlstrom, P., Süßwasserfische. BLV München. 1968

Nikolsky, G. V., The ecology of fishes. Academic Press, London. 1963

Norman, J. R. & Greenwood, P. H., A history of fishes. Benn, London. 1975

Paysan, K., Welcher Zierfisch ist das? Kosmos, Stuttgart 1975

Perry, F., The garden pool. Collingridge, London. 1951

Reid, G. K., Ecology of inland waters and estuaries. Reinhold, New York. 1961

Rounsefell, G. A. & Everhart, W. H., Fishery science: its methods and applications. Wiley, New York. 1953

Schindler, O., Unsere Süßwasserfische. Kosmos, Stuttgart. 1975

Schubert, G., Krankheiten der Fische. Kosmos, Stuttgart 1975

Scott, W. B. & Crossman, E. J., Freshwater fishes of Canada. Bull. Fish. Res. Bd. Canada, 184, 1—966. 1973

Spillman, C. J., Poissons d'eau douce. Lechevalier, Paris. 1961

Sterba, G., Süßwasserfische aus aller Welt. Neumann-Neudamm, Melsungen. 1970

Vierke, J., Zwergbuntbarsche im Aquarium. Kosmos, Stuttgart 1977

Welch, P. S., Limnology. McGraw-Hill, New York. 1951

Wheeler, A., The fishes of the British Isles and north-west Europe. Macmillan, London. 1969

Fachwörterverzeichnis

Anadrom Fische, die im Meer leben, aber zum Laichen ins Süßwasser wandern
Axillarfortsatz Spitze, die aus der Basis einer Flosse herauswächst
Benthisch Am Boden lebend
Bifid Gegabelt
Biota Flora und Fauna eines Gebietes
Branchial Die Kiemen betreffend
Branchiostegal Die Kiemendeckel betreffend
Chromatophore Pigmentzelle, die zum Zweck des Farbwechsels ihre Gestalt ändern kann (siehe Bild 40)

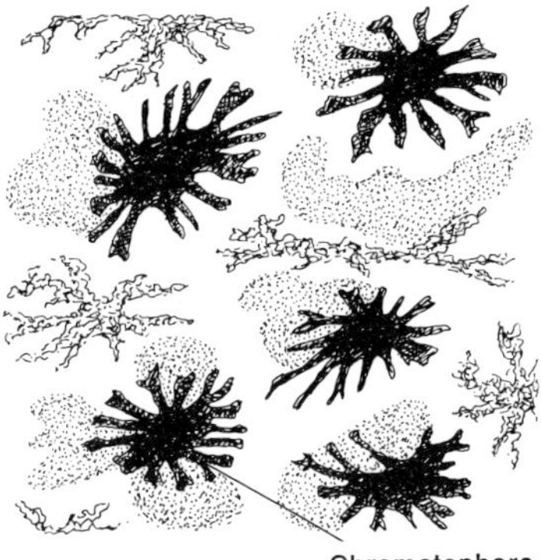

Bild 40.

Ctenoidschuppe Schuppe mit einem kammähnlichen Rand
Dentiform Zahnähnlich
Diatomeen Einzellige Algen mit Kieselsäureschalen
Dichotom Gabelig verzweigt
Dorsoventral Sich von der Rücken- zur Bauchseite erstreckend
Epithel Deckgewebe
Erythrozyt Rotes Blutkörperchen
Eutroph Nährstoffreich
Fettflosse Abgewandelte strahlenlose hintere Rückenflosse bei Lachsfischen und einigen anderen Familien
Gen Erbeinheit in lebenden Zellen
Gen-pool Die Gesamtheit der in einer Population vorhandenen Erbeinheiten
Heterocercal Schwanzflosse, bei der der obere Teil größer als der untere ist und das nach oben auslaufende Ende der Wirbelsäule enthält
Holocercal Schwanzflosse mit gleichgroßen oberen und unteren Teilen
Hyoid Knochen an der Basis der Zunge
Infra-oral Unter dem Maul liegend
Interorbital Zwischen den Augen liegend
Isthmus Schmales Gewebestück, das zwei größere Strukturen verbindet
Katadrom Fische, die im Süßwasser leben, aber zum Laichen ins Meer wandern

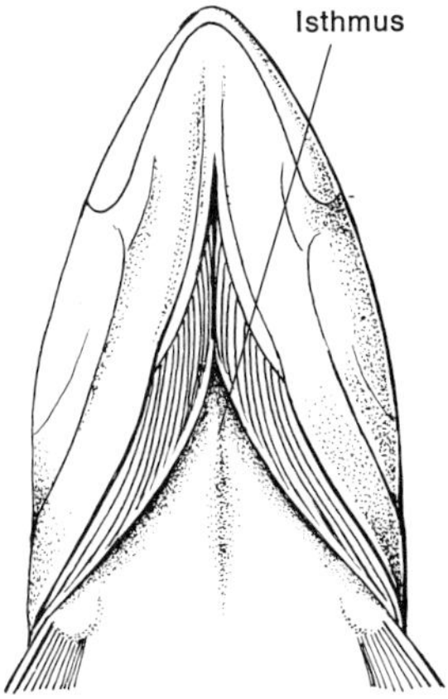

Bild 41.

Labial Auf Teile von Lippen bezogen
Lateral An der Seite gelegen
Leukozyt Farbloses Blutkörperchen
Lingual Auf die Zunge bezogen
Litoral Flachwasserzone am Rand von Teichen oder Seen
Mandibular Auf den Unterkiefer bezogen
Maxillar Auf den Oberkiefer bezogen
Occipital Auf den oberen Teil des Kopfes bezogen
Operculum Kiemendeckel (siehe Bild 8)
Otolith Kalkiges Körperchen im Innenohr von Fischen (siehe Bild 10)
Palatinum Gaumenknochen (siehe Bild 45)

Bild 42.

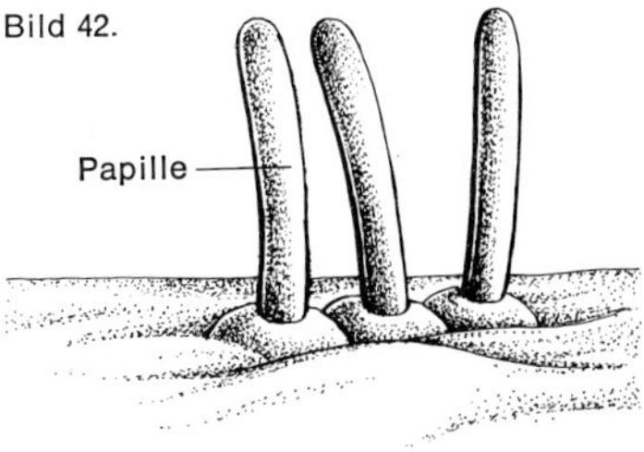

Papille Kleine Ausstülpung aus einer Oberfläche (siehe Bild 42)
Parietale Bei Fischen gewöhnlich die paarigen Knochen auf dem Schädeldach (siehe Bild 45)
Pelagisch Freiwasserzone zwischen dem Ufer und dem Grund eines Teiches oder Sees
Pharynx Schlund; vorderster Abschnitt des Verdauungskanals
Photosynthese Vorgang in grünen Pflanzen, bei dem aus Kohlendioxid und Wasser unter Einwirkung von Licht Kohlenhydrate gebildet werden
Phytoplankton Mikroskopisch kleine Pflanzen (meist Algen), die frei im Wasser schweben
Postorbital Hinter dem Auge liegend
Präopercular Vor dem Kiemendeckel liegend
Präorbital Vor dem Auge liegend
Pylorische Blindsäcke Kleine, blind endende Ausstülpungen des hinteren Magenabschnittes (siehe Bild 43)

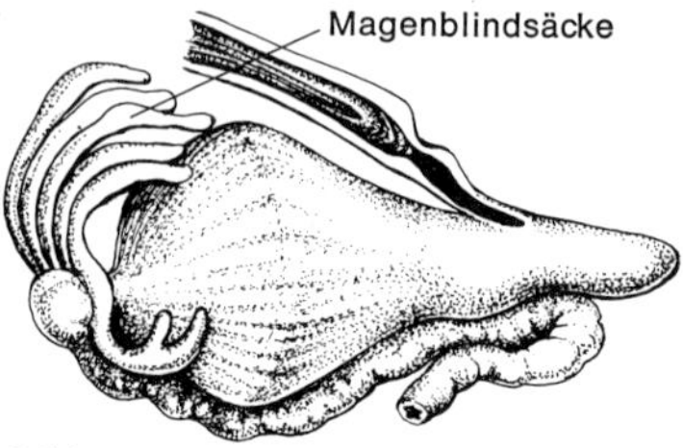

Bild 43.

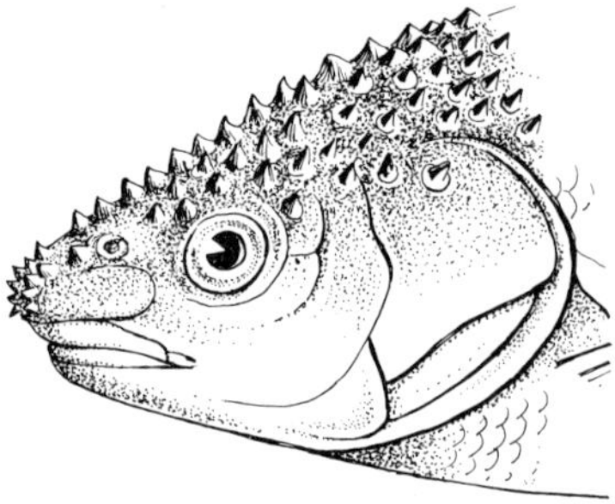

Bild 44.

Suborbital Unter dem Auge liegend
Subterminal Fast, aber nicht ganz am Ende einer Struktur liegend
Supra-oral Über dem Maul gelegen
Terminal Am Ende einer Struktur gelegen
Triserial In drei Reihen angeordnet
Tuberkel Kleine, runde Knötchen (Bild 44)
Uniserial In einer Reihe angeordnet
Vomer Pflugscharbein
Zooplankton Mikroskopisch kleine Tiere, die frei im Wasser schweben
Zykloidschuppe Schuppe mit geschwungenem, ungezähntem Rand (siehe Bild 32)

Bild 45. Die wichtigsten äußeren Knochen am Kopf eines Fisches (*Salmo*). ▼

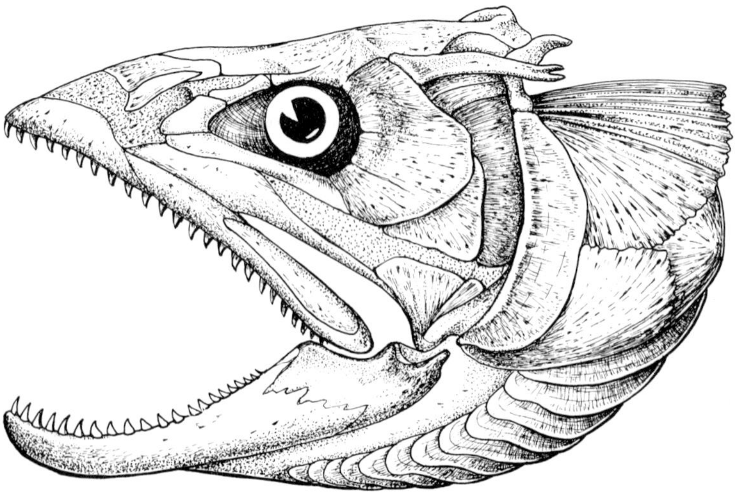

Register

Die fettgedruckten Ziffern weisen auf Abbildungen hin